基礎會計學

主　編　吳建新、馬鐵成

財經錢線

前 言

　　現代市場經濟環境下，人們無論是從事社會經濟活動，還是個人理財活動，掌握一定的財會知識、正確理解和應用會計信息都是十分重要的。因此，對高等院校經濟、管理類專業學生而言，財務會計學是一門不可或缺的專業基礎必修課。

　　基礎會計學是會計學科的基礎課程，主要闡述會計的基本知識、基本方法和基本技能，目的是培養學生的職業理念，為後續專業課程的學習奠定基礎。

　　隨著經濟和科學技術的快速發展，會計理論和會計實踐也發生著深刻的變化。本書是在廣泛借鑑同類教材先進經驗的基礎上編寫而成的，力圖反應會計學的最新發展和人們對會計學的最新認識，力求內容的新穎性和實用性。本書共分為 11 章。書中首先闡述了會計的基本概念、基本原理和基本方法，然後重點介紹了設置會計科目、複式記帳、填制和審核會計憑證、登記帳簿、財產清查和編制財務會計報告等會計內容，並結合工業企業資金運動的過程說明了借貸記帳法的具體運用。為便於初學者理解和掌握，本書每個章節都設有學習目標、引導案例和課後思考與練習題，以達到理論與實際應用相結合的目的。

　　本書由吳建新、馬鐵成任主編，楊孝海、徐永凡、王靜玉任副主編。參加編寫的人員具體分工如下：第一章、第二章和第十章由吳建新編寫；第四章、第八章和第十一章由馬鐵成編寫；第三章由楊孝海編寫；第五章和第七章由徐永凡編寫；第六章和第九章由王靜玉編寫。

　　雖然我們對本書的編寫做了大量工作，但由於時間倉促，加之水平所限，書中難免有不當或錯誤之處，懇請讀者批評指正！

編者

目 錄

第一章 總論 …………………………………………………… (1)
 第一節 會計的含義 ……………………………………… (1)
 第二節 會計的對象和目標 ……………………………… (6)
 第三節 會計核算的基本前提和會計信息質量要求 …… (10)
 第四節 會計基礎與會計計量 …………………………… (14)
 第五節 會計核算方法 …………………………………… (17)
 本章小結 …………………………………………………… (19)
 思考題 ……………………………………………………… (19)
 練習題 ……………………………………………………… (20)

第二章 會計科目與帳戶 ……………………………………… (23)
 第一節 會計要素與會計等式 …………………………… (23)
 第二節 會計科目 ………………………………………… (33)
 第三節 帳戶及其結構 …………………………………… (39)
 本章小結 …………………………………………………… (43)
 思考題 ……………………………………………………… (43)
 練習題 ……………………………………………………… (43)

第三章 複式記帳 ……………………………………………… (48)
 第一節 複式記帳原理 …………………………………… (48)
 第二節 借貸記帳法 ……………………………………… (50)
 本章小結 …………………………………………………… (64)
 思考題 ……………………………………………………… (65)
 練習題 ……………………………………………………… (65)

1

第四章　借貸記帳法在工業企業中的應用 (69)

第一節　工業企業經濟業務概述 (69)

第二節　資金籌集業務的核算 (70)

第三節　供應過程業務的核算 (76)

第四節　生產過程業務的核算 (83)

第五節　銷售過程業務的核算 (90)

第六節　財務成果業務的核算 (97)

本章小結 (104)

思考題 (105)

練習題 (105)

第五章　會計憑證 (111)

第一節　會計憑證概述 (111)

第二節　原始憑證的填制與審核 (119)

第三節　記帳憑證的填制與審核 (121)

第四節　會計憑證的傳遞與保管 (124)

本章小結 (126)

思考題 (127)

練習題 (127)

第六章　會計帳簿 (131)

第一節　會計帳簿概述 (131)

第二節　會計帳簿的設置與登記 (135)

第三節　會計帳簿的使用規則 (143)

第四節　對帳和結帳 (148)

第五節　會計帳簿的更換與保管 (150)

本章小結 (151)

思考題 (151)

練習題 ………………………………………………………（152）

第七章　帳戶分類 ………………………………………………（156）

　　第一節　帳戶按經濟內容分類 …………………………………（156）

　　第二節　帳戶按用途和結構分類 ………………………………（158）

　　本章小結 …………………………………………………………（166）

　　思考題 ……………………………………………………………（166）

　　練習題 ……………………………………………………………（167）

第八章　財產清查 ………………………………………………（170）

　　第一節　財產清查概述 …………………………………………（170）

　　第二節　財產清查的程序和方法 ………………………………（173）

　　第三節　財產清查結果的處理 …………………………………（184）

　　本章小結 …………………………………………………………（189）

　　思考題 ……………………………………………………………（189）

　　練習題 ……………………………………………………………（190）

第九章　財務會計報告 …………………………………………（195）

　　第一節　財務會計報告概述 ……………………………………（195）

　　第二節　資產負債表 ……………………………………………（200）

　　第三節　利潤表 …………………………………………………（210）

　　第四節　現金流量表 ……………………………………………（213）

　　第五節　所有者權益變動表 ……………………………………（221）

　　第六節　財務報表附註 …………………………………………（223）

　　本章小結 …………………………………………………………（224）

　　思考題 ……………………………………………………………（224）

　　練習題 ……………………………………………………………（224）

第十章　會計核算形式 ……………………………………（229）

第一節　會計核算形式概述 ……………………………（229）
第二節　記帳憑證核算形式 ……………………………（231）
第三節　科目匯總表核算形式 …………………………（262）
第四節　匯總記帳憑證核算形式 ………………………（271）
第五節　日記總帳核算形式 ……………………………（275）
第六節　多欄式日記帳核算形式 ………………………（278）
第七節　通用日記帳核算形式 …………………………（280）
本章小結 …………………………………………………（282）
思考題 ……………………………………………………（283）
練習題 ……………………………………………………（283）

第十一章　會計工作組織 …………………………………（288）

第一節　會計工作組織概述 ……………………………（288）
第二節　會計機構和會計人員 …………………………（289）
第三節　會計工作的組織形式 …………………………（297）
第四節　會計法規體系 …………………………………（298）
第五節　會計檔案管理 …………………………………（300）
第六節　會計工作交接 …………………………………（303）
本章小結 …………………………………………………（305）
思考題 ……………………………………………………（305）
練習題 ……………………………………………………（305）

第一章　總論

【學習目標】 通過本章的學習，學生應瞭解會計的產生和發展及其與人類社會發展的關係；理解並掌握基礎會計學中的一些重要理論知識，包括會計的含義、會計的對象和職能、會計核算的基本前提和基本原則、會計確認與計量的方法，另外學生還應對會計核算的基本方法有一定認識。

【引導案例】 小張、小王、小李、小劉四位是好朋友，一次聚會聊起會計這個話題時，大家都非常感興趣。但究竟什麼是會計呢，四個人的意見卻不統一。

小張：「我認為會計就是指一個人，比如我們公司的周會計，是我們公司的會計人員，這裡會計不是指人是指什麼？」

小王：「不對，會計不是指人，會計是指一項工作，一個職業，比如我們常常這樣問一個人，你在單位是做什麼的？他說，我在公司當會計，這裡會計當然是指會計工作了。」

小李：「會計不是指一項工作，也不是指一個人，而是指一個部門，一個機構，即會計機構。你們看，每個公司都有一個會計部，或者會計科什麼的，這裡會計就是指會計部門，顯然是一個機構。」

小劉：「你們都錯了，會計既不是一個人，也不是一項工作，更不是指一個機構，而是指一門學科。我姐姐在大學就是學會計的，這當然指的是一門學科。」

結果，他們各執一詞，誰也說服不了誰。很顯然，四個人的看法都只說明了會計含義的一部分，都不全面。相信同學們學習了本章內容後，就會對會計有一個較全面的認識了。

第一節　會計的含義

一、會計的產生和發展

會計活動伴隨著人類的生產活動和對這些生產活動進行管理的客觀需要而產生，並隨著人類社會經濟的發展和科學技術的進步而不斷提高和完善。早在原始社會末期，人類就有了對經濟活動進行簡單計量和記錄的行為。中國原始氏族公社時代出現的「結繩記事」和「刻契記數」「壘石計數」以及古巴比倫時代出現的「原始算板」等記錄行為便是會計的萌芽，只不過這種簡單的記錄和計量在當時還只是生產職能的附帶部分。隨著社會經濟的不斷發展和生產力水平的不斷提高，社會產品出現了大量剩餘，

出現了私有制和社會分工，也有了專門的人員對產品進行管理，同時出現了相對成熟的文字和初等算術，為對社會產品的收入、分配和結餘進行記錄和計量提供了條件。自此，會計逐漸從生產的職能中分離出來，成為一種專職的、獨立的管理活動。

會計在中國有著悠久的歷史。據史料記載，「會計」一詞在中國西周時代即已出現，當時周王朝由天官「大宰」總攬國家財政大權，下設「司會」官職，「司會」的權限是「掌國之百物財用，凡在書契版圖者之式，以逆群吏之治，而聽其會計」，意思是說他掌管全國財物收支，並利用書契往來和丈量版圖的副本，來考核王朝官吏管理地方的情況和他們經手的財物。周王朝還建立了「以參互考日成，以歲要考月成，以歲會考歲成」的會計檢查制度，說明在當時，會計的核算和檢查工作已受到相當的重視，這也對當時社會的發展起到了積極的推動作用。

到了宋代，會計的單式簿記方法發展為完善的「四柱清冊」。「四柱」即「舊管、新收、開除、實在」，相當於現在的「期初結存、本期收入、本期支出、期末結存」。對財物的核算通過「舊管＋新收＝開除＋實在」公式進行，人們通過這種平衡計算可以方便地瞭解本期帳務記錄是否存在差錯。「四柱清冊」代表了單式記帳法的最高成就。明末清初，在「四柱清冊」的基礎上，出現了「龍門帳」，它把全部帳目分為「進、繳、存、該」，相當於現在的「收入、支出、資產、負債」，並運用「進－繳＝存－該」計算盈虧，分別編制「進繳表」和「存該表」，兩表計算結果應完全相符，稱為「合龍門」。後來清代在此基礎上又產生了「天地合」即「四腳帳」。它將一切帳項分為「來帳」和「去帳」。帳簿記錄採用垂直書寫方式，直行分上下兩格，上格記收謂天，下格記付為地，上下兩格所記數額必須相等，為「天地合」。「四腳帳」因既登記來帳，又登記去帳，以反應同一帳項的來龍去脈，已運用了複式記帳的原理。從「四柱清冊」到「龍門帳」「天地合」，會計在中國歷史上已經有了相當的發展水平。但是，由於長期的封建統治，商品經濟的發展很有限，後來中國會計的發展相對於西方國家來講是比較緩慢的。

國外早期會計的發展與中國類似，直到中世紀義大利商業城市的興起，才為會計學的發展提供了條件。早在9～10世紀，義大利北方的一些城市便形成了商業中心。11～13世紀的十字軍東徵促進了這些義大利商業城市和東方貿易的發展，使其累積了大量財富，其中比較著名的有威尼斯、熱那亞和佛羅倫薩等。這些城市的商人積聚了大量的財富，並將其投入到工業和銀錢業中，刺激了手工業和金融業的發展。從十二世紀開始，隨著海上貿易的發展和仲介貿易的需求，原來以經營貨幣兌換業務為主的銀錢業開始轉變經營方式，它們不僅吸收存款和對外放款，而且還代客戶辦理現金結算和轉帳結算。銀行業務活動內容的擴展，要求複式記帳法取代單式記帳法，以全面地反應借貸資本的來源和去向。13世紀初，佛羅倫薩的銀錢業簿記開始採用複式記帳法，這標誌著近代會計的開端。其後，複式記帳法經過近三個世紀的發展，經歷了佛羅倫薩簿記、熱那亞簿記和威尼斯簿記三個發展階段，基本上奠定了借貸記帳法的基礎。1494年，義大利數學家盧卡‧帕喬利（Luca Pacioli）著述了《算術、幾何、比與比例概要》一書，在其第三篇《簿記論》中全面系統地介紹了地中海沿岸流行了幾百年的複式記帳實踐，並從理論上給予了論證。《簿記論》的問世宣告了會計學的誕生。

19世紀以後，特別是進入20世紀以來，資本主義經濟迅速發展。隨著企業生產規模的擴大和市場競爭的加劇，會計在經濟管理方面的作用越來越重要，會計的內容、形式、方法和技術都有了突飛猛進的發展，複式簿記變成了會計的記錄部分。除了複式簿記之外，會計的一些新的內容和組成部分，如成本計算、財務報表分析、貨幣計量屬性與方法也相繼出現，並且發展很快，財務會計系統得到完善。同時，企業為加強經濟管理的需要，不但需要會計對經濟活動進行事後的核算，更需要其對經濟活動進行事前的預測、決策，為企業經營制定目標，編制預算，進行事中的控製、分析以及事後的業績考核和評價。如此，逐步形成了專門為企業經營管理需要而服務的管理會計。由此，會計從對企業經濟活動（以後統稱為交易或者事項）的結果進行確認、計量、記錄和報告，發展到對企業生產經營的全過程進行控製和監督，參與企業的預測和決策，逐漸成為一個具有獨立的管理職能並為其他管理職能服務的信息系統。

從上述會計的發展過程可以得出結論：經濟越發展，會計越重要。隨著社會經濟的發展，會計的內涵和外延在不斷地豐富和拓展，這一發展過程從來就沒有停止過。

二、會計的職能

所謂會計的職能，就是會計在企業管理中所具有的功能，即人們在經濟管理中用會計幹什麼。會計的職能隨著經濟的發展和管理要求的提高以及會計內容、作用的不斷擴大而發展著。會計的基本職能通常有兩個，即會計核算和會計監督，會計的拓展職能主要是預測經濟前景、參與經濟決策、評價經營業績等。

(一) 會計的基本職能

1. 核算職能

會計的核算職能又稱會計的反應職能，是指會計以貨幣為主要計量單位，通過確認、計量、記錄和報告等程序，對特定經濟主體的經濟活動進行記帳、算帳、報帳，為有關方面提供會計信息的功能。

反應職能是會計最基本的職能之一，因為會計從產生開始就是對發生的經濟業務的數量方面進行計量和記錄，通過核算，客觀地反應經濟活動的過程和結果。會計的核算職能主要有以下特點：

（1）會計以貨幣為主要計量單位。

會計在對各單位經濟活動進行反應時，主要從價值方面綜合反應企業的交易或者事項。計量單位有三種：實物量度、勞動量度、貨幣量度。在不同情況下，如對於不同的產品，由於實物量度和勞動量度的計量單位不相同，會計不能對其進行全面、綜合的核算。以貨幣為計量單位就可以將不同類的產品匯總在一起，綜合反應單位總的資產價值。以貨幣為主要計量單位是會計區別於其他核算形式的主要特點。

（2）會計反應具有連續性、系統性和全面性。

連續性是指會計反應應當按照各項交易或者事項的時間順序依次進行，而不應當間斷。系統性是指會計反應的數據必須是在科學分類的基礎上形成的相互聯繫的有序整體，使雜亂無章的會計數據系統化為有用的會計信息。全面性是指凡屬於會計能夠

反應的內容都必須予以確認、計量、記錄和報告,而不應當有任何遺漏。

(3) 會計核算以真實合法的憑證為依據。

會計核算收集的信息必須真實可靠,要取得或填制證明經濟業務發生的原始憑證,並進行嚴格的審核,確認真實、合法、無誤後才能進行填制記帳憑證、登記帳簿等一系列會計處理。

(4) 會計核算是對單位經濟活動的全過程進行反應。

會計核算職能不僅要反應過去,還要反應未來。為了提高經營管理水平,必須加強事前的預測、決策和事中的控製。會計利用它提供的信息,可以對經濟活動進行事前核算和事中核算。事前核算就是對未來的經濟活動進行的核算,主要通過預測、決策和規劃來實現。事中核算是在經濟業務執行過程中進行的核算,主要是對計劃執行過程中實際與計劃的差異進行記錄、分析,以控製經濟活動。將事後核算、事前核算和事中核算結合起來的會計核算才能充分發揮會計的反應職能。

2. 會計的監督職能

會計的監督職能是指會計人員在進行會計核算的同時,利用會計信息,依據國家法規、政策和會計準則等對單位經濟活動的真實性、合法性、合理性進行審查和監督,使之達到預期目標的功能。

會計的監督職能具有以下特點:

(1) 會計監督主要是利用反應職能所提供的會計信息進行的貨幣監督。如利用資產指標可以瞭解企業一定日期的資產規模及其結構,考核企業資產的利用情況;利用成本指標可以綜合考核各項生產費用消耗水平和成本標準執行情況,以控製各項消耗,提高企業經濟效益。

(2) 會計監督是在會計反應交易或者事項的同時進行的,包括事前、事中和事後監督。事前監督是指會計在參與企業預測和決策過程中,依據有關政策、法規、製度、準則和標準對企業未來交易或者事項的合規性和有效性進行審查,它是對企業未來經濟活動的指導;事中監督是指利用會計核算資料,對已發現的問題提出意見和建議,促使有關部門採取整改措施,及時調整經濟活動,使其按照預定的目標和要求進行;事後監督是指會計以企業事先制定的目標、標準為準繩,通過分析已取得的會計核算資料,對企業已經發生的交易或者事項的合法性和有效性進行考核和評價。

會計反應和會計監督是會計的兩項基本職能,它們是相輔相成,辯證統一的。沒有會計反應,會計監督就會失去基礎;沒有會計監督,會計反應則會失去意義。所以,會計反應和會計監督是一個不可分割的統一體,會計反應居於主導地位,會計監督寓於會計反應之中。

(二) 會計的拓展職能

1. 預測經濟前景

預測經濟前景是指根據財務會計報告等信息,定量或定性地判斷和推測經濟活動的發展變化規律,以指導和調節經濟活動,提高經濟效益。

2. 參與經濟決策

參與經濟決策是指根據財務會計報告等信息，運用定量或定性分析方法，對備選方案進行經濟可行性分析，為企業生產經營管理提供與決策相關的信息。正確的決策可以使企業獲得最大效益，決策失誤將會造成重大損失與浪費。決策必須建立在科學預測的基礎上，而預測與決策都需要掌握大量的財務信息，這些信息都必須依靠會計來提供。因此，為企業取得最大經濟效益奠定基礎的參與決策的職能，是會計的一項重要職能。

3. 評價經營業績

評價經營業績是指利用財務會計報告等信息，採用適當的方法，對企業一定經營期間的資產營運、經濟效益等經營成果，對照相應的評價標準，進行定量及定性對比分析，做出真實、客觀、公正的綜合評判。

會計作為一項經濟管理活動，是經濟管理的一個重要組成部分。會計要發揮相應的管理功能，就必須對經濟活動進行預測、計劃、記帳、算帳、分析、控制、檢查、反饋等。應當指出，各個工作環節綜合地體現著會計的各項職能，而不是一個工作環節孤立地只和某一項職能相聯繫。

三、會計的概念和特點

通過上述對會計發展歷史及會計職能的認識，我們可以瞭解到，人類發展到現在，全球信息化、經濟全球化使作為「國際商業公共語言」的會計內涵及外延不斷豐富發展。現代會計概念可以表述為：會計是以貨幣為主要計量單位，以憑證為依據，用一系列專門的技術方法，對一定會計主體的交易或事項進行全面、綜合、連續、系統的核算和監督，並向有關方面提供企業財務狀況、經營成果和現金流量等會計信息的一種經濟管理活動。

會計的特點，主要有以下三個方面。

（一）以貨幣作為主要的計量尺度

儘管有時會計也要運用實物量度和勞動量度作為輔助量度，但是貨幣量度始終是會計最基本、最統一、最主要的計量尺度。

（二）以憑證為依據

會計的任何記錄和計量都必須以會計憑證為依據，這就使會計信息具有真實性和可驗證性。只有審核無誤的原始憑證（憑據）才能作為編制記帳憑證、登記帳簿的依據，這一特徵也是其他經濟管理活動所不具備的。

（三）具有連續性、系統性、全面性和綜合性

會計在利用貨幣量度計算和監督經濟活動時，應以經濟業務發生時間的先後順序進行連續、不間斷的登記，且應對每一次經濟業務都無一遺漏地進行登記，不能任意取捨，做到全面完整。同時，登記時要進行分類整理，使之系統化，不能雜亂無章，還應通過價值量進行綜合、匯總，以完整地反應經濟活動的過程和結果。

通過上述對會計職能和特徵的分析來看，我們可以把會計的含義概括為：以貨幣為主要計量單位，運用專門的方法和程序，對一定會計主體的經濟活動進行全面、綜合、連續、系統的核算和監督，提供以財務信息為主的經濟信息，以提高經濟效益，取得最好經濟效果的經濟管理活動。

為了進一步地把握會計的含義，我們還需要對會計的對象、目標以及會計核算方法等作進一步地瞭解。

第二節　會計的對象和目標

一、會計的對象

（一）會計的一般對象

會計的對象是指會計反應和監督的內容。由於會計是以貨幣為主要計量單位，對特定經濟主體的經濟活動進行核算和監督，因此，凡是特定主體能用貨幣表現的經濟活動，都是會計核算和監督的對象。以貨幣表現的經濟活動又稱為價值運動。由於不同主體經濟活動的內容與性質不同，會計的具體對象也不完全相同。在市場經濟條件下，會計的對象是社會再生產過程中主要以貨幣表現的經濟活動，即企事業單位、政府和非營利組織等經濟主體的資金運動。

從表面上看，各經濟主體在社會再生產過程中的工作性質和任務均有所不同，但是它們的經濟活動都不同程度地與社會再生產中的生產、交換、分配和消費有關，都是社會再生產過程的組成部分。因此，社會再生產過程中發生的能夠用貨幣表現的經濟活動，就構成了會計的一般對象。

可見，會計的對象不是社會再生產過程中發生的全部經濟活動，而是其中能夠用貨幣表現的部分。

（二）會計的具體對象

由於不同類型的經濟主體在社會再生產過程中所擔負的任務不同、經濟活動的內容不同，所以，其資金運動的具體形式和內容也有所不同，即會計的具體對象是不同的。

1. 企業會計的對象

典型的現代會計是在企業範圍內進行的，鑒於工業企業的資金運動相對比較完整，這裡只以工業企業為例闡述會計的具體對象。在市場經濟下，企業是自主經營、自負盈虧的商品生產者和經營者，而資金是企業進行生產經營的物質基礎。企業要進行生產經營，首先要籌集到一定的資金，然後把資金投入到生產經營中，並加以合理運用，生產出適銷對路的產品，最後把產品銷售出去，收回資金，再開始下一個生產經營過程。隨著企業生產經營連續不斷地進行，資金不停地運動。在企業生產經營的不同階段，資金的形態會發生相應的變化，資金的數量也會發生增減變動。具體來說，工業

企業的生產經營過程是由供應、生產和銷售三個主要階段組成的，工業企業的資金運動與生產經營過程之間的關係如圖 1-1 所示。

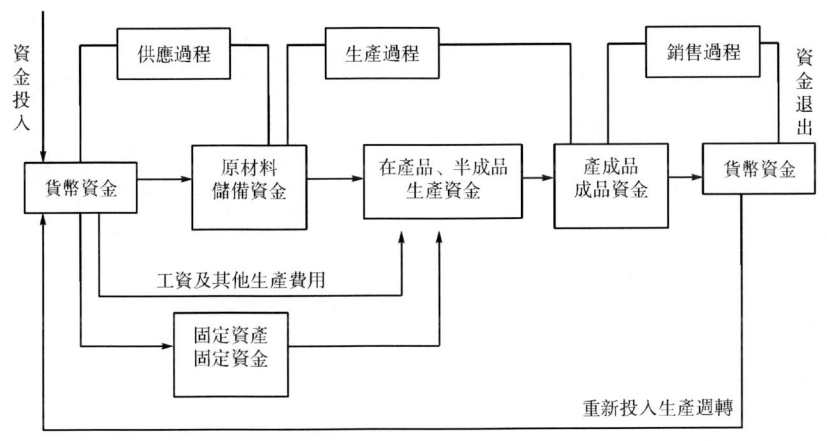

圖 1-1　工業企業生產環節及資金運動示意圖

如圖 1-1 所示，隨著工業企業生產經營活動的進行，企業的資金運動可分為資金投入、資金週轉和資金退出三個基本環節。

首先，資金投入企業。資金投入企業，是指企業通過吸收投資、發行股票、發行債券或向銀行借款等方式籌集到生產經營所需資金。不同渠道籌集的資金，按照權益的不同，通常分為所有者權益和負債兩大類。

其次，資金週轉、增值。企業把籌集的資金投入企業的生產經營活動中，並按照供應、生產和銷售三個環節循環週轉，使其在不停的運動中增值。在供應環節，企業以貨幣資金購買原材料等勞動對象，為生產做準備，貨幣資金轉化為以原材料形態存在的儲備資金。在生產環節，企業把原材料投入生產，由企業勞動者利用勞動資料（機器設備等）對其進行生產加工，製造出產品。在生產過程中除發生原材料耗費外，還要發生勞動資料的磨損（即固定資產的折舊費用）以及支付工人的人工費用，從而使企業的生產儲備資金、以固定資產形態存在的固定資金以及貨幣資金轉化為以在產品形態存在的生產資金。當生產過程結束，產品完工入庫時，在產品轉化為產成品，生產資金轉化為以產成品形態存在的成品資金。在銷售環節，企業把產品銷售出去，取得銷售收入，收回貨幣資金。隨著企業供、產、銷過程的不斷進行，企業的資金也周而複始地循環和週轉著，由貨幣資金開始，依次轉化為儲備資金、生產資金、成品資金，最後又回到貨幣資金狀態。企業資金週轉的過程，也是費用發生的過程，投入的資金表現為各種耗費，企業再在銷售環節銷售產品，取得收入，收回貨幣資金。正常情況下，企業的收入大於費用，企業就獲得了盈利，也即收回的貨幣資金大於投入的貨幣資金，實現了資金增值。

最後，資金退出企業。資金退出企業，是指企業由於償還各種債務或減資等原因，部分資金將不再參加週轉而流出企業。例如，企業用銀行存款歸還銀行借款、償還各

種應付款、交納各種稅金以及分配利潤、股票回購等。

工業企業的資金在再生產過程的不同階段表現為不同的占用形態，形成了企業不同類型的資產。企業的各類資產就其來源而言，或由投資者出資，或由債權人提供，前者稱為所有者權益，後者稱為負債。企業銷售產品所取得的貨幣資金稱為收入，企業為取得收入而發生的資金耗費稱為費用。收入大於費用的差額與企業生產經營活動之外的利得和損失共同構成了企業的利潤。

資產、負債、所有者權益、收入、費用和利潤統稱為六大會計要素。前三個要素反應了企業資金運動的結果，即企業資金的來源渠道和存在狀態；後三個要素反應了企業資金運動的過程，即價值增值過程。

通過上述分析我們可以得出結論：工業企業供、產、銷過程即是工業企業會計反應和監督的具體對象，而工業企業會計的具體對象又可以進一步分解為資產、負債、所有者權益、收入、費用和利潤，即工業企業會計要素。關於工業企業會計要素的有關知識，本書將在下一章做詳細闡述。

2. 行政、事業單位會計的研究對象

行政、事業單位，如國家機關、學校等，它們一般不從事產品的生產經營，但也需要資金的幫助才能執行國家和社會所賦予的職能。它們所需的資金通常由財政部門撥付，是國家預算支出的一部分。國家對這部分資金一般不要求收回，也不要求這部分資金產生多少經濟效益，而是著眼於行政事業單位是否能充分利用這部分資金為國家和社會做出更多的事情，更好地履行國家和社會賦予它們的職能和任務。這部分資金稱為「預算資金」，行政、事業單位會計的對象是預算資金的運動。

二、會計的目標

會計目標是會計的最終目的，會計應當向誰、以什麼樣的方式、提供什麼樣的會計信息、達成什麼樣的目的，這是會計工作的基本導向。

（一）會計的一般目標

會計的一般目標是會計的最終目的。它在會計目標系統中居支配地位並起導向作用，制約著具體會計目標。理論界對會計一般目標的認識主要基於兩種有代表性的觀點，一是受託責任觀，二是決策有用觀。

1. 受託責任觀

受託責任觀產生於公司制企業形成時期，是企業所有權與經營權分離在會計目標上的體現。企業所有者將資源委託給經理人員（受託人）經營，他們之間便形成了一種委託受託責任關係。由於客觀上要求會計系統應當反應受託經營責任，以解除受託責任為目標的受託責任觀便產生了。

2. 決策有用觀

決策有用觀認為會計的目標是為了向現實的投資者和潛在的投資者提供與其決策有關的會計信息。決策有用觀是在資本市場日益擴大和規範的背景下形成的。企業為了從資本市場籌集資金，必須向資本市場上現實的和潛在的投資者提供大量有用的會

計信息，以供投資者決策時使用，因此會計系統必須以提供決策有用的會計信息為目標取向。

受託責任觀與決策有用觀分別從不同的角度提出了會計的目標，二者之間並不矛盾。明確受託者是提供決策有用會計信息的基礎，決定向誰提供信息、提供決策有用信息是明確受託責任的保障。所以，中國《企業會計準則》同時採納了兩種觀點，即財務會計的目標是向企業的投資者、債權人、政府及其有關部門、社會公眾以及企業管理層等會計信息使用者提供與企業財務狀況、經營成果和現金流量等有關的會計信息，反應企業管理層受託責任履行情況，有助於財務會計信息使用者做出經濟決策。

(二) 會計的具體目標

會計的具體目標是會計一般目標的具體化，是指在一般目標的約束下所要達到的具體目的，也即會計的基本目的：會計應當向誰、以什麼樣的方式、提供什麼樣的會計信息。

1. 會計信息應當滿足國家宏觀經濟管理的需要

企業是社會再生產的基本單位和市場經濟的主體，企業生產經營情況的好壞、經濟效益的高低以及行為是否合法直接影響著整個國民經濟的運行情況和市場經濟秩序。因此，在社會主義市場經濟條件下，政府及其有關部門通過一定的宏觀經濟政策和管理措施對國民經濟運行情況進行適度的干預和調節是十分必要的。政府及其有關部門進行宏觀經濟決策所需要的信息是多種多樣的，但這些信息主要是會計信息。通過對企業提供的財務會計信息進行匯總和分析，政府及其有關部門可以瞭解各行業、各地區和整個國民經濟的運行，並對國民經濟的運行狀況做出正確的判斷，從而制定出合理有效的管理措施和調控政策，以確保國民經濟健康有序地發展。

2. 會計信息應當滿足外部利益相關者的需要

在社會主義市場經濟條件下，企業處於錯綜複雜的經濟關係之中，其生產經營活動除了與投資者和債權人有密切的聯繫外，還與客戶、供應商以及社會公眾等的利益有關。企業的投資者（包括現實的投資者和潛在的投資者）出於資本保全和增值的考慮，需要利用會計信息瞭解企業資產的運用情況和經營成果，以便對企業的獲利能力、資本保值和增值程度做出正確的判斷，從而做出正確的投資決策。企業的債權人出於自身債權安全的考慮，需要利用會計信息瞭解企業的財務狀況、經營成果和現金流量，以便對企業的償債能力和財務風險做出正確的判斷。企業的客戶和供應商出於購銷業務和自身經營戰略的考慮，需要利用會計信息正確評價企業的產品供應能力和現金支付能力。社會公眾也需要利用會計信息正確評價企業對社會責任的履行情況。

3. 會計信息應當滿足企業內部經營管理的需要

在社會主義市場經濟條件下，企業是一個自主經營、自負盈虧的經濟實體。企業要想在激烈的市場競爭中生存和發展，必須提高企業內部的經營管理水平，以保證企業管理層做出科學的決策。管理的核心是決策，而決策又離不開相關的會計信息，如反應企業資金來源與運用、費用消耗水平、資產保值增值等信息的支持。

第三節　會計核算的基本前提和會計信息質量要求

一、會計核算的基本前提

會計核算的基本前提又稱會計假設，是指為了保證會計信息質量，對會計確認、計量、報告的空間、時間範圍、內容、程序和方法所做的限定。之所以稱之為假設，是因為會計核算前提只是對變化不定的會計環境所做的推斷和人為限定——儘管這種推斷和限定是科學的、合乎情理的。會計核算的基本前提通常有四個。

（一）會計主體

會計主體是指會計所服務的特定單位。會計主體假設是指企業應當對其本身發生的交易或者事項進行會計確認、計量和報告。會計主體假設是為了設定會計核算的空間範圍，目的是把會計主體的經濟活動與其他會計主體經濟活動區別開來。

會計主體不同於法律主體。一般來說，法律主體往往是一個會計主體，例如，一個企業作為一個法律主體，應當建立會計核算體系，獨立反應其財務狀況、經營成果和現金流量。但是，會計主體不一定是法律主體，比如在企業集團裡，一個母公司擁有若干個子公司，子公司在企業集團母公司的統一領導下開展經營活動，為了全面反應這個企業集團的財務狀況、經營成果和現金流量，就有必要將這個企業集團作為一個會計主體編制合併財務報表。在這種情況下，儘管企業集團不屬於法律主體，但它卻是會計主體。有時，為了內部管理需要，企業內部部門也進行獨立核算，並編制內部會計報表，這種企業內部劃出的核算單位也可以視為一個會計主體，但它不是一個法律主體。

（二）持續經營

持續經營是指企業會計的確認、計量和報告應當以持續、正常的生產經營活動為前提，而不考慮其是否將破產清算。持續經營假設明確了會計確認、計量和報告的時間範圍。只有以持續經營為前提，會計確認才能建立在權責發生制基礎之上，才有可能採用歷史成本屬性進行會計計量，才有必要提供分期財務會計報告，才能保持會計核算程序的一致性和穩定性。

由於持續經營是根據企業發展的一般情況所做的設定，而企業在生產經營過程中縮減經營規模乃至停業的可能性總是存在的，因此，往往要求定期對企業持續經營這一前提做出分析和判斷。一旦判定企業不符合持續經營前提，就應當改變會計核算的方法，並在企業財務報告中作相應披露。

（三）會計分期

會計分期是指企業應當劃分會計期間，分期結算帳目和編制財務會計報告。會計分期假設是對會計確認、計量和報告的時間範圍所做的限定。有了會計分期作為前提，我們才能及時地確認、計量和報告企業的財務狀況和經營成果。會計分期也是權責發

生制賴以存在的前提。

會計分期的目的是將持續經營的生產活動劃分為連續、相等的期間，據以結算盈虧，按期編製財務報告，從而及時地向各方面提供有關企業財務狀況、經營成果和現金流量的信息。

會計分期對會計原則和會計政策的選擇有著重要影響，由於會計分期，產生了當期與其他期間的差別，從而出現權責發生制和收付實現制的區別。

最常見的會計期間是一年，按年度編制的財務會計報表也稱為年報。在中國，會計準則明確規定採取公歷年度，即每年1月1日至12月31日。為滿足企業的投資者和債權人等信息使用者對企業會計信息的需求，企業會計準則也要求企業按短於一年的期間編制財務報告，如要求上市公司每個季度提供財務報告。

(四) 貨幣計量

貨幣計量是指對企業所有的交易或者事項採用同一種貨幣作為統一尺度進行計量，並把企業的財務狀況、經營成果以及現金流量轉化為按統一貨幣單位反應的會計信息。中國《企業會計準則》規定企業會計應當以貨幣計量。企業通常應選擇人民幣作為記帳本位幣，業務收支以人民幣以外的貨幣為主的企業，可以選定其中一種貨幣作為記帳本位幣，但是編報的會計報表應當折算為人民幣。記帳本位幣是指企業經營所處主要經濟環境中的貨幣。

在會計核算過程中，之所以選擇貨幣作為計量單位，是由貨幣本身的屬性決定的。貨幣是商品的一般等價物，是衡量一般商品價值的共同尺度。而其他的計量單位，如實物計量單位（件、臺、個等），勞動計量單位（天、小時等），只能從一個方面反應企業的生產經營情況，無法在「量」上進行匯總和比較，不便於企業管理和會計計量。所以，為全面反應企業的生產經營、業務收支等情況，會計核算就選擇了以貨幣作為計量單位。當然，統一採用貨幣尺度，也有不利之處。許多影響企業財務狀況和經營成果的一些因素並不都能用貨幣計量，比如企業經營戰略、在消費者當中的信譽度、企業的地理位置、企業的技術開發能力等。為了彌補貨幣量度的局限性，企業應當採用一些非貨幣指標作為會計報表的補充。

綜上所述，會計核算首先應當明確其服務的特定單位，然後以貨幣為統一計量尺度，在持續經營的前提下，運用會計程序和方法確認、計量該單位所發生的交易或者事項，最後按照規定的會計期間編製財務會計報告。

二、會計信息質量要求

會計信息質量要求是對企業財務報告中所提供的會計信息質量的基本要求，是使財務報告提供的會計信息對使用者決策有用應具備的基本特徵，它主要包括八個方面。

(一) 可靠性

可靠性是指企業應當以實際發生的交易或者事項為依據進行會計確認、計量和報告，如實反應符合確認和計量要求的各項會計要素及其他相關信息，保證會計信息真實可靠、內容完整。為了貫徹可靠性要求，企業應當做到以下幾點：

（1）以實際發生的交易或者事項為依據進行確認、計量和報告。將符合會計要素定義及其確認條件的資產、負債、所有者權益、收入、費用和利潤等如實反應在財務報表中，不得根據虛構的、沒有發生的或者尚未發生的交易或者事項進行確認、計量和報告。

（2）在符合重要性和成本效益原則的前提下，保證會計信息的完整性。包括應當編報的報表及其附註內容等應當保持完整，不得遺漏或者減少應予披露的信息，即與報表使用者決策相關的有用信息都應當充分披露。

（3）在財務報告中列示的會計信息應當是中立的。如果企業在財務報告中為了達到事先設定的結果或效果，通過選擇或列示有關會計信息來影響決策和判斷，這樣的財務報告信息就不是中立的。

（二）相關性

相關性要求企業提供的會計信息應當與投資者等財務報告使用者的經濟決策需要相關，有助於財務報告使用者對企業過去、現在或者未來的情況做出評價或者預測。

會計信息是否有用，是否具有價值，關鍵是看其與使用者的決策需要是否相關，是否有助於決策或者是否能夠提高決策水平。相關的會計信息應當能夠有助於使用者評價企業過去的決策，證實或者修正過去的有關預測，因而其具有反饋價值。相關的會計信息還應當具有預測價值，有助於使用者根據財務報告所提供的會計信息預測企業未來的財務狀況、經營成果和現金流量。

會計信息質量的相關性要求，需要企業在確認、計量和報告會計信息的過程中，充分考慮使用者的決策需要，滿足各方面的具有共性的信息需求。相關性是以可靠性為基礎的，兩者之間並不矛盾，不應將兩者對立起來。這就是說，會計信息在達到可靠性要求的前提下，應盡可能地做到具有相關性，以滿足財務報告使用者的決策需要。

（三）可理解性

可理解性又稱明晰性，是指企業提供的會計信息應當清晰明了，便於財務會計報告使用者理解和使用。會計信息是否有用，取決於其是否能夠為使用者所理解。所以，可理解性是針對會計信息用戶的一項質量要求，是決策者與決策有用性的聯結點。

可理解性要求會計信息必須清晰、簡明、易懂，數據文字說明要一目了然。對於複雜的交易或者事項必須加以說明，使用文字要規範，表達要準確、清楚，不能含糊其辭。

（四）可比性

可比性是指企業提供的會計信息應當相互可比。這主要包括兩層含義：

（1）同一企業不同時期可比。這是為了便於投資者等財務報告使用者瞭解企業財務狀況、經營成果和現金流量的變化趨勢，比較企業在不同時期的財務報告信息，全面、客觀地評價過去、預測未來，從而做出決策。會計信息質量的可比性要求同一企業不同時期發生的相同或者相似的交易或者事項，應當採用一致的會計政策，不得隨意變更。但是，滿足會計信息可比性要求，並非表明企業不得變更會計政策，如果按

照規定或者在會計政策變更後可以提供更可靠、更相關的會計信息,可以變更會計政策。有關會計政策變更的情況,應當在附註中予以說明。

(2)不同企業相同會計期間可比。這是為了便於投資者等財務報告使用者評價不同企業的財務狀況、經營成果和現金流量及其變動情況。會計信息質量的可比性要求不同企業同一會計期間發生的相同或者相似的交易或者事項,應當採用規定的會計政策,確保會計信息口徑一致、相互可比,以使不同企業按照一致的確認、計量和報告要求提供有關會計信息。

可比性能夠使會計信息使用者利用會計信息鑑別出不同企業或者同一企業不同時期在財務狀況或經營成果等上的差異。

(五)實質重於形式

企業應當按照交易或者事項的經濟實質進行會計確認、計量和報告,不應僅以交易或者事項的法律形式為依據。

例如,租入的固定資產一般不應當作為承租人的自有資產進行核算,因為從法律形式上看,承租人並不擁有該資產的所有權。但是,如果租賃合同的期限非常長,以至於接近了租入固定資產的使用壽命(而且租賃合同一般又不可撤銷),那麼從經濟實質上看,承租人事實上已經完全控制了該資產未來的經濟利益,承擔了該資產未來的價值變動風險。所以,在後一種情況下,承租人應當把租入的固定資產納入自有資產進行核算。

(六)重要性

企業提供的會計信息應當反應與企業財務狀況、經營成果和現金流量等有關的所有重要交易或者事項。

重要性是指當一項會計信息被遺漏或被錯誤地表達時,造成會計信息使用者誤判的可能性大小。重要的交易或者事項應重點揭示和單獨反應,次要的交易或者事項可以採用簡化的會計程序和方法進行反應。

在判斷某一交易或者事項的重要性時,應當從質和量兩個方面進行考慮。從性質上看,如果某一交易或者事項由於其特殊的性質可能對決策產生較大影響時,它就屬於重要事項;從數量上看,如果某一交易或者事項由於其金額較大可能對決策產生較大影響時,它也屬於重要事項。反之,則屬於次要的交易或者事項。

(七)謹慎性

企業對交易或者事項進行會計確認、計量和報告應當保持應有的謹慎,不應高估資產或者收益、低估負債或者費用。

在市場經濟環境下,企業的生產經營活動面臨著許多風險和不確定性,如應收款項的可收回性、固定資產的使用壽命、無形資產的使用壽命、售出存貨可能發生的退貨或者返修等。會計信息質量的謹慎性要求,需要企業在面臨不確定性因素的情況下做出職業判斷時,應當保持應有的謹慎,充分估計到各種風險和損失,既不高估資產或者收益,也不低估負債或者費用。

謹慎性是會計對市場經濟固有的不確定性和風險性所作出的謹慎反應。例如，要求企業對可能發生的資產減值損失計提資產減值準備、對售出商品可能發生的保修義務等確認預計負債等，就體現了會計信息質量的謹慎性要求。會計人員對會計反應的對象存有疑惑時，通常傾向於謹慎性的選擇，對可能發生的費用和損失預先做出估計，從而降低企業風險。

（八）及時性

及時性是指企業對於已發生的交易或者事項，應當及時進行會計確認、計量和報告，不得提前或者延後。

會計信息的價值在於幫助所有者或者其他利益相關者做出經濟決策，其具有時效性。即使是可靠、相關的會計信息，如果不及時提供，就失去了時效性，對於使用者的效用就大大降低甚至不再具有實際意義。在會計確認、計量和報告過程中貫徹及時性，一是要求及時收集會計信息，即在經濟交易或者事項發生後，及時收集整理各種原始單據或者憑證；二是要求及時處理會計信息，即按照會計準則的規定，及時對經濟交易或者事項進行確認或者計量，並編制出財務報告；三是要求及時傳遞會計信息，即按照國家規定的有關時限，及時地將編制的財務報告傳遞給財務報告使用者，便於其及時使用和決策。會計信息具有時效性，其價值往往隨著時間的推移而逐漸降低。

會計信息的有用性在於其決策相關性，決策之後的會計信息將會失去相關性。可見，會計信息的及時性實際是由相關性決定的。

第四節　會計基礎與會計計量

一、會計基礎

會計基礎是指會計確認、計量和報告的基礎。

會計分期假設確定了會計核算的時間範圍，並由此產生了具有期間特點的收入、費用和利潤三要素，但它同時也為會計核算帶來了另外的問題，如當業務的發生與收入、費用的實際實現不在同一會計期間時，收入、費用確認時點應如何確定，以及跨期處理等問題。

中國現行會計準則規定會計確認基礎有兩種，分別是權責發生制和收付實現制。

（一）權責發生制

由於會計核算是分期進行的，不可避免地會出現前期付費後期受益，或者前期受益後期付費的現象，因而需要對某些收入和費用在相鄰的會計期間進行劃分。按照權責發生制的要求，凡是當期實現的收入和已經發生或者應當負擔的費用，無論款項是否收付，都應當確認為本期的收入或者費用；凡不屬於本期的收入和費用，即使款項已在當期收付，也不應當確認為本期的收入和費用。

（二）收付實現制

收付實現制是與權責發生制相對應的一種會計確認基礎，它是以實際收到和支付現金作為收入和費用的確認依據。

收付實現制強調財務狀況的切實性，權責發生制強調經營成果的配比性。中國會計準則規定，企業應當以權責發生制為基礎進行會計確認、計量和報告。

【例1.1】興勝公司2015年1月發生下列經濟業務：
（1）預收客戶30,000元貨款，該商品下月交貨；
（2）支付本月廣告費5,000元；
（3）預付下半年保險費3,000元；
（4）收到上月A公司所欠購貨款60,000元；
（5）銷售給L公司產品一批，收到款項50,000元；
（6）支付上月水電費3,600元；
（7）企業短期借款利息實行按月計提，季末清繳。計提本月應負擔利息500元。
（8）銷售給M公司產品一批，款項70,000元，經雙方協議，M公司下月付款。

根據上述資料，用權責發生制和收付實現制分別確認本期的收入、費用，如表1-1所示。

表1-1　　　　　　權責發生制與收付實現制下收入、費用計算對比表

單位：元

項目	收入		費用	
權責發生制	收到L公司貨款	50,000	支付本月廣告費	5,000
	銷售給M公司產品	70,000	計提本月短期借款利息	500
	收入小計	120,000	費用小計	5,500
收付實現制	預收客戶貨款	30,000	支付本月廣告費	5,000
	收到上月A公司購貨款	60,000	預付下半年保險費	3,000
	收到L公司貨款	50,000	支付上月水電費	3,600
	收入小計	140,000	費用小計	11,600

二、會計計量

會計計量是指主要以貨幣為度量單位，將確認為會計要素的交易或者事項在帳戶中予以記錄，並在財務會計報告中列報的過程。會計確認是對交易或者事項定量描述的程序。會計計量主要由貨幣計量單位和計量屬性兩個要素組成，這兩個要素之間的不同組合形成了不同的會計計量模式。

如前所述，會計以貨幣為主要計量單位，這是由會計的特徵決定的，而計量屬性也稱計量基礎，是指會計要素可用貨幣計量的各種特性。企業在將符合條件的會計要素登記入帳並列報於財務報表時，應當按照規定的會計計量屬性進行計量，確定其金

額。長期以來，會計計量一直是以歷史成本為主要計量屬性的，然而由於歷史成本在相關性方面存在明顯的缺陷，所以會計界又陸續提出了重置成本、可變現淨值、現值和公允價值等計量屬性。

(一) 歷史成本

在歷史成本計量下，資產按照購置時支付的現金或者現金等價物的金額，或者按照購置資產時所付出的對價的公允價值計量；負債按照因承擔現實義務而實際收到的款項或者資產的金額，或者承擔現實義務的合同金額，或者按照日常活動中為償還負債預期需要支付的現金或者現金等價物的金額計量。

在目前會計計量中，儘管歷史成本的公允性受到通貨膨脹的強烈衝擊，其也一直占據主導地位。究其原因，主要有以下三點：

(1) 歷史成本為交易雙方所認可，並且有合法的原始憑證的支持，因而具有客觀性，減少了人為的判斷。

(2) 歷史成本信息本身具有反饋價值，是業績評價的依據，同時，它又是預測的基礎。所以，歷史成本對決策還是有用的。

(3) 歷史成本具有可驗證性，取得成本較低。

(二) 重置成本

在重置成本計量下，資產按照現在購買相同或相似資產所需支付的現金或者現金等價物的金額計量。負債按照現在償付該項債務所需支付的現金或者現金等價物的金額計量。

重置成本又稱現行成本或現時購入成本，遵循的是實物資本保全的概念，其特點是：

(1) 重置成本是一個現在時點的價值。

(2) 重置成本是以虛擬市場交易價格的形式表現的。

(3) 重置成本依據不同的情況顯示不同的價值含義。例如，購置同類資產的市場價格，該資產扣減持有資產已使用年限的累計折舊；重新購置有相同生產能力的資產的市場價格；等等。

(三) 現值

在現值計量下，資產按照預計從其持續使用和最終處置中所產生的未來現金淨流入量的折現金額計量。負債按照預計期限內需要償還的未來現金淨流出量的折現金額計量。

未來現金流量的現值又稱資本化價值，它是在正常經營中，對未來現金流量的現時折現價值的當前估計，其依據是：資產是預期的經濟利益。資產之所以會有價值，主要是因為其具有獲利（產生未來的現金淨流入）能力。按照這一屬性，資產應當按照其預期的未來現金淨流入的折現值來計量。

(四) 可變現淨值

在可變現淨值計量下，資產按照其對外正常銷售所能收到的現金或者現金等價物

的金額扣減該資產至完工時估計將要發生的成本、估計的銷售費用以及相關稅費後的金額計量。

可變現淨值又稱預期脫手價值，它是在不考慮貨幣時間價值的情況下計量資產在正常經營過程中可帶來的預期現金流入或將要支付的現金流出，其含義也可以表述為：通過正常處置出售資產、現在所能收到的現金或現金等價物的金額。

現值與可變現淨值計量屬性既有聯繫也有區別。二者的共同點是現值與可變現淨值都反應資產的變現（脫手）價值。二者的區別在於現值是基於當前的脫手價值，可變現淨值是基於未來的脫手價值，二者的變現時點不同。

顯而易見，可變現淨值僅用於計劃將來銷售的資產或未來清償既定的負債，無法適用於企業所有資產。

(五) 公允價值

在公允價值計量下，資產和負債按照在公平交易中、熟悉情況的交易雙方自願進行資產交換或者債務清償的金額計量。

歷史成本與公允價值不是相抵觸和相排斥的概念，在資產的購買日，歷史成本與公允價值幾乎是一樣的，至少在大多數交易中如此。

之所以要在歷史成本屬性之外引入公允價值屬性，是因為公允價值最忠實地反應了交易的實質。公允價值反應了市場對直接或間接地隱含在資產中的未來淨現金流量的折現價值的估計；公允價值信息有助於會計信息使用者對未來做出合理的預測，並有利於驗證其以前所作預測的合理性。相對於歷史成本信息，公允價值信息更多地反應了市場對企業資產或整體價值的評價，與決策更具有相關性。

如上所述，雖然歷史成本計量屬性存在嚴重缺陷，但是由於其在可靠性、簡便性、可驗證性以及取得成本等方面擁有巨大的優勢，所以，企業在對會計要素進行計量時一般應當採用歷史成本。如果採用重置成本、可變現淨值、現值、公允價值計量，應當保證所確認的會計要素金額能夠取得並能可靠計量。

第五節　會計核算方法

一、會計方法

會計方法是會計反應和監督會計對象、完成會計任務的手段。會計方法包括會計核算、會計分析、會計預測、會計決策等。會計核算是會計的基本環節，是會計分析、會計預測、會計決策等的基礎，也是會計初學者必須掌握的基礎知識。所以，本書只介紹會計的核算方法，會計分析、會計預測、會計決策等將放在其他相關課程裡，結合具體的會計業務進行講述。

二、會計核算方法

會計核算方法是對會計對象進行完整、連續和系統的反應和監督所應用的方法，

主要包括設置會計科目與帳戶、複式記帳、填制和審核憑證、登記帳簿、成本計算、財產清查以及編制財務會計報告等程序。

(一) 設置會計科目與帳戶

設置會計科目與帳戶是對會計核算對象的具體內容進行分類核算並予以連續和系統反應的一種專門方法，目的是反應因交易或者事項而引起的各會計要素的增減變動及變動結果。

(二) 複式記帳

複式記帳是與單式記帳相對應的一種記帳方法，其特點是對每一項交易或者事項都要以相等的金額，在兩個或兩個以上帳戶中進行相互聯繫登記的一種記帳方法。通過帳戶之間的對應關係，可以瞭解有關交易或者事項的來龍去脈，通過帳戶的平衡關係，檢查有關交易或者事項的記錄是否正確。

(三) 填制和審核憑證

填制和審核憑證是指對任何交易或者事項都必須填制或取得表明其已經發生的書面證明，並送交會計機構和會計人員審核。只有經過審核並認定無誤的書面證明才能據以編制記帳憑證和登記帳簿。填制和審核憑證不僅可以確保會計數據的真實性和可靠性，同時也是實現會計監督的重要手段。

(四) 登記帳簿

登記帳簿就是將會計憑證所記載的交易或者事項的數據資料，連續、系統地錄入有關會計簿籍的專門方法。登記帳簿必須以審核無誤的會計憑證為依據，把分散在會計憑證中的會計數據系統化為有用的會計信息，如此，有助於會計信息使用者瞭解企業經濟活動和資金運動的全貌。

(五) 成本計算

成本計算是指企業在生產經營過程中，按照一定的對象歸集和分配各種費用，以確定各成本計算對象的總成本和單位成本的一種專門方法。通過成本計算可以確定各種材料物資的採購成本、各種產品的生產成本以及已銷產品的銷售成本等，以反應和監督生產經營過程中各項生產要素的消耗水平和經營效果，為企業成本管理提供信息。

(六) 財產清查

財產清查是指通過盤點實物、核對帳目，來查實各項財產物資和債權債務的帳存數與實存數是否一致的一種方法。通過財產清查可以查明企業各項財產物資的保管和使用情況以及各項債權債務等往來款項的結算情況。在財產清查中如果發現財產物資和債權債務的帳存數與實存數不一致，應及時查明原因，通過一定的審批手續進行處理，還要在處理後及時調整帳面記錄，使帳面數與實存數保持一致，以保證會計核算資料的正確性和真實性。

(七) 編制財務會計報告

財務會計報告是指企業對外提供的、反應企業某一特定日期的財務狀況和某一會

計期間的經營成果、現金流量等會計信息的文件。通過財務會計報告，可以使分散在帳簿中的會計信息綜合為全面反應企業經濟活動的財務信息。

以上介紹的會計核算方法，雖各有特定的含義和作用，但它們卻並不是獨立的，而是相互聯繫的。

會計核算七種方法之間的關係如圖1-2所示。

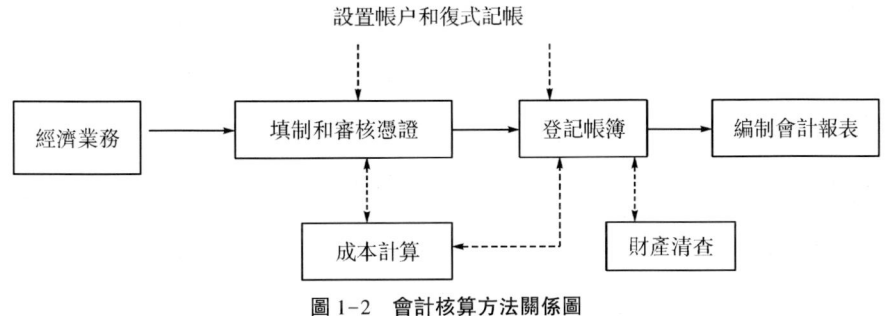

圖1-2　會計核算方法關係圖

由圖1-2可知，會計核算的方法相互依存、相互配合，構成了一個完整的方法體系。在會計核算中，應正確地運用這些方法。在日常經濟業務發生後，要按規定的手續填制和審核會計憑證；根據審核無誤的會計憑證，按照事先設置的帳戶採用複式記帳法在有關帳簿中進行登記；對於生產經營過程中所發生的各項費用，按一定方法進行歸集和分配，計算成本；一定時期終了，要通過財產清查對帳簿記錄進行核實；在帳證、帳帳、帳實相符的基礎上，根據帳簿記錄編制會計報表。

本章小結

本章從會計的產生和發展、會計的職能入手，對會計的含義和特點作了概括性的闡述，並進一步系統地介紹了會計的對象和目標、會計核算的基本前提、會計信息質量要求、會計基礎、會計計量和會計核算方法等，目的是讓大家對會計有一個全面的認識，為以後各章節的學習打下堅實的基礎。在本章的學習中，要特別注意對會計信息質量要求的掌握，完整而準確地理解其含義，把握其間的聯繫，為將來正確理解和應用會計準則提供保證。

思考題

1. 怎樣理解會計的含義？
2. 會計的基本職能是什麼？它們各自具有哪些特點？
3. 會計的對象是什麼？工業企業會計的對象包括哪些具體內容？
4. 會計的目標是什麼？會計的具體目標有哪些？

5. 什麼是會計的基本前提？如何理解它們的含義？
6. 會計基礎有哪些？它們在確認會計要素方面有什麼差別？
7. 什麼是會計的計量屬性？會計的計量屬性有哪些？它們各自的含義是什麼？
8. 會計信息的質量要求有哪些？它們各自的含義是什麼？
9. 簡述會計核算方法的組成、內容及其相互之間的關係。

練習題

一、單項選擇題

1. 會計的基本職能是（　　）。
   A. 記錄和計算　　　　　　　B. 考核收支
   C. 反應和監督　　　　　　　D. 分析和考核
2. 會計主要利用的計量單位是（　　）。
   A. 實物計量單位　　　　　　B. 貨幣計量單位
   C. 勞動計量單位　　　　　　D. 工時計量單位
3. 會計的一般對象是（　　）。
   A. 社會再生產過程中發生的經濟活動
   B. 企業、行政事業單位的經濟活動
   C. 再生產過程中的全部經濟活動
   D. 再生產過程中發生的、能用貨幣形式表現的經濟活動
4. 下列各項中，既是會計主體又是法律主體的是（　　）。
   A. 分公司　　　　　　　　　B. 子公司
   C. 子公司內設機構　　　　　D. 企業管理的證券投資基金
5. 會計主體對會計工作範圍從（　　）上進行了界定。
   A. 時間　　　　　　　　　　B. 內容
   C. 空間　　　　　　　　　　D. 空間和時間
6. 會計分期是從（　　）引申出來的。
   A. 會計主體　　　　　　　　B. 權責發生制
   C. 會計目標　　　　　　　　D. 持續經營
7. 下列關於變更會計核算方法的表述中，正確的是（　　）。
   A. 前後各期可以任意變更
   B. 前後各期應當一致，不得變更
   C. 前後各期應當一致，不得隨意變更
   D. 前後各期可以變更，但需經過批准
8. 下列哪個項目不屬於會計信息質量要求（　　）。
   A. 連續性　　　　　　　　　B. 相關性
   C. 可比性　　　　　　　　　D. 重要性

9. 下列各項中，要求企業合理核算可能發生的費用和損失的會計信息質量要求是（　　）。

  A. 可比性   B. 及時性

  C. 重要性   D. 謹慎性

10. 下列各項中，要求企業提供的會計信息應當與財務報告使用者的決策需要相關的會計信息質量要求是（　　）。

  A. 可比性   B. 相關性

  C. 重要性   D. 謹慎性

二、多項選擇題

1. 會計的基本職能是（　　）。

  A. 會計反應   B. 會計計量

  C. 會計決策   D. 會計監督

2. 會計反應職能的特點是（　　）。

  A. 反應已發生的經濟業務   B. 具有完整性、連續性、系統性

  C. 主要利用貨幣計量   D. 預測未來

3. 會計監督職能的特點是（　　）。

  A. 事後監督   B. 通過價值指標監督

  C. 事前監督   D. 事中監督

4. 會計方法包括（　　）。

  A. 會計核算方法   B. 會計分析方法

  C. 會計監督方法   D. 會計預測方法

5. 會計核算方法包括（　　）。

  A. 成本計算   B. 會計憑證

  C. 編制會計報表   D. 分析會計報表

6. 下列屬於會計工作國家監督的有（　　）。

  A. 財政監督   B. 審計監督

  C. 稅務監督   D. 會計事務所監督

7. 下列各項中屬於資金運動的具體表現過程的有（　　）。

  A. 資金投入   B. 資金運用

  C. 資金退出   D. 資金消失

8. 下列各項中屬於會計基本假設的有（　　）。

  A. 會計主體   B. 持續經營

  C. 會計分期   D. 貨幣計量

9. 下列各項中屬於會計信息質量的可比性要求的有（　　）。

  A. 同一企業不同時期可比

  B. 不同企業相同會計期間可比

  C. 不同企業不同會計期間可比

D. 不同企業相同經濟業務可比

10. 下列各項中，屬於會計對象的有（　　）。
   A. 資金運動
   B. 價值運動
   C. 再生產過程中的所有經濟活動
   D. 再生產過程中能以貨幣形式表現的經濟活動

三、判斷題（表述正確的在括號內打「√」，不正確的打「×」）

1. 會計的職能是指會計在經濟管理過程中所具有的功能。　　　　　（　　）
2. 會計核算上所使用的一系列會計原則和會計處理方法都是建立在會計主體持續經營前提的基礎上的。　　　　　　　　　　　　　　　　　　　　（　　）
3. 企業固定資產計提折舊是以持續經營假設為前提的。　　　　　　（　　）
4. 法律主體必定是會計主體，會計主體也必定是法律主體。　　　　（　　）
5. 會計只能以貨幣為計量單位。　　　　　　　　　　　　　　　　（　　）
6. 中國會計年度自公歷 1 月 1 日起至 12 月 31 日止。　　　　　　　（　　）
7. 可比性原則解決的不僅是企業之間橫向可比的問題，也包括同一企業縱向可比的問題。　　　　　　　　　　　　　　　　　　　　　　　　　　（　　）
8. 企業資金的退出包括償還各項債務、交納各項稅費、向所有者分配利潤等。
　　　　　　　　　　　　　　　　　　　　　　　　　　　　　　（　　）
9. 由於會計分期才產生了權責發生制和收付實現制。　　　　　　　（　　）
10. 會計的監督職能是指對特定主體的經濟活動和相關會計核算的真實性、合法性和合理性進行審查。　　　　　　　　　　　　　　　　　　　　　（　　）

第二章　會計科目與帳戶

【學習目標】 通過本章的學習，學生應理解會計六要素的含義、分類及包括的內容；理解會計恆等式所體現的經濟含義和平衡關係，理解會計科目與帳戶的含義、作用和分類，瞭解二者之間的聯繫和區別以及帳戶的基本結構。

【引導案例】 林強是一名計算機專業畢業的大學生，畢業後在省城一個企業工作，每月收入 5,000 元左右，扣去房租、生活費等開支後基本上就是月光族。由於父母在農村，是普通的農民，而且年事已高，林強若想要讓自己和父母過上好的生活，就必須靠自己去奮鬥，因此他決定自主創業。根據自己的專業特長，他準備成立一家電腦服務公司，可這需要多少資金呢？這些資金都需要用在哪些方面？又能通過什麼渠道取得資金？林強擔心自己考慮不周，所以他想找一個會計專業的同學來幫忙分析。請問如果是你，應從哪些方面考慮？

第一節　會計要素與會計等式

一、會計要素

會計要素是對會計對象進行的基本分類，是會計核算對象的具體化，是用於反應會計主體財務狀況、確定經營成果的基本單位。會計要素的劃分在會計核算中具有十分重要的作用。劃分會計要素的意義主要有：第一，會計要素是會計對象的科學歸類；第二，會計要素是設置會計科目、會計帳戶的基本依據；第三，會計要素是構成會計報表的基本框架。中國《企業會計準則》規定，會計要素包括資產、負債、所有者權益、收入、費用、利潤六項。

(一) 資產

1. 資產的定義與特徵

資產是指企業過去的交易或事項形成的、由企業擁有或控製的、預期會給企業帶來經濟利益的資源。一個企業從事生產經營活動，必須具備一定的物質資源，或者說物質條件。在市場經濟條件下，這些必須具備的物質條件表現為貨幣資金、廠房場地、機器設備、原材料等，它們統稱為資產，是企業從事生產經營活動的物質基礎。除以上的貨幣資金以及具有物質形態的資產以外，資產還包括那些不具備物質形態，但有助於生產經營活動的專利、商標等無形資產，也包括對其他單位的投資。

根據定義，資產要素具有如下特徵：

（1）資產是過去的交易或事項形成的。這就是說，作為企業資產，必須是現實的而不是預期的，它是企業過去已經發生的交易或事項所產生的結果，包括購置、生產、建造等行為或其他交易或事項。預期在未來發生的交易或事項不形成資產，如計劃購入的機器設備等。

（2）資產是由企業擁有或控製的。企業擁有資產，就能夠從中獲得經濟利益。有些資產雖然不為企業所擁有，但在某些條件下，一些由特殊方式形成的資源，企業雖然不享有所有權，但卻能夠控製這些資源，而且同樣能夠從中獲取經濟利益，那麼這些資源也可以作為企業資產。如企業融資性租入的固定資產，雖然法定所有權歸出租方，但由於依據租賃協議相關條款，承租人已經取得了該資產的實質控製權，包括獲取收益、優惠購買等權益，因此，融資租入固定資產應視為企業的自有資產。

（3）資產能夠給企業帶來經濟利益。如貨幣資金可以用於購買所需要的商品或用於利潤分配，廠房機器、原材料等可以用於生產經營過程。資產用於製造商品或提供勞務，出售後回收貨款，貨款即為企業所獲得的經濟利益。

2. 資產的確認條件

要將一項資源確認為資產，則該資源需要符合資產的定義，同時還應具備以下兩個條件：

（1）與該資源有關的經濟利益很可能流入企業；

（2）該資源的成本或者價值能夠可靠地計量。

3. 資產的分類

資產通常按其流動性分為流動資產和非流動資產兩大類。

（1）流動資產。流動資產是指在一年內或超過一年的一個營業週期內變現、出售或耗用的資產，主要包括庫存現金、銀行存款、交易性金融資產、應收及預付款項、存貨等。有些企業經營活動比較特殊，其經營週期可能長於一年，比如造船和大型機械製造，其從生產準備到銷售商品再到收回貨款，週期比較長，往往超過一年，在這種情況下，就不能把一年內變現作為劃分流動資產的標誌，而是將經營週期作為劃分流動資產的標誌。

（2）非流動資產。非流動資產是指不能在一年內或超過一年的一個營業週期內變現、出售或耗用的資產，主要包括長期股權投資、固定資產、無形資產等。非流動資產的變現週期往往在一年以上，所以稱為非流動資產。

按流動性對資產進行分類，有助於掌握企業資產的變現能力，從而進一步分析企業的償債能力和支付能力。一般來說，流動資產所占比重越大，說明企業資產的變現能力越強。流動資產中，貨幣資金、短期投資比重越大，則企業支付能力越強。

（二）負債

1. 負債的定義與特徵

負債是指企業過去的交易或者事項形成的、預期會導致經濟利益流出企業的現時義務。現時義務是指企業在現行條件下已承擔的義務。未來發生的交易或者事項形成的義務，不屬於現時義務，不應當確認為負債。

根據定義，負債要素具有如下特徵：

（1）負債是企業過去的交易或事項形成的。只有過去已經發生的交易或事項才能形成企業的負債，而企業潛在的義務，預計會在未來發生的交易或事項不能確認為負債。

（2）負債是企業承擔的現時義務。現時義務是指企業在現行條件下已承擔的義務。伴隨著形成負債的交易或事項的發生，企業不得不承擔由此帶來的經濟責任，如：從銀行借款後的還款義務；賒購材料或商品後的付款義務；從事經濟活動後依法交納稅金的義務。

（3）償還債務將會導致經濟利益流出企業。清償負債預期會導致經濟利益流出企業是負債的本質特徵。償還債務的形式多種多樣，如：用現金償還或以實物資產償還；以提供勞務的方式償還；將負債轉為所有者權益等。

2. 負債的確認條件

符合負債定義的義務，在同時滿足以下條件時，確認為負債。

（1）與該義務有關的經濟利益很可能流出企業；

（2）未來流出的經濟利益的金額能夠可靠地計量。

符合負債定義和負債確認條件的項目，應當列入資產負債表；符合負債定義，但不符合負債確認條件的項目，不應當列入資產負債表。

3. 負債的分類

負債按其流動性分為流動負債和非流動負債。

（1）流動負債。流動負債是指將在一年（含一年）或者超過一年的一個營業週期內償還的債務，包括短期借款、應付票據、應付帳款、預收帳款、應付職工薪酬、應付股利、應交稅費、其他應付款和一年內到期的非流動負債等；

（2）非流動負債。非流動負債是指償還期在一年或者超過一年的一個營業週期以上的負債，主要包括長期借款、應付債券、長期應付款等。

(三) 所有者權益

1. 所有者權益的定義及特徵

所有者權益是指企業資產扣除負債後由所有者享有的剩餘權益，其金額為資產減去負債的餘額。企業全部資產減去負債後的餘額可以稱為淨資產，它應該歸屬於所有者。

所有者權益的來源包括所有者投入的資本、直接計入所有者權益的利得和損失、留存收益等。直接計入所有者權益的利得和損失，是指不應計入當期損益、會導致所有者權益發生增減變動的、與所有者投入資本或者向所有者分配利潤無關的利得或者損失。利得是指由企業非日常活動所形成的、會導致所有者權益增加的、與所有者投入資本無關的經濟利益的流入。損失是指由企業非日常活動所發生的、會導致所有者權益減少的、與向所有者分配利潤無關的經濟利益的流出。所有者權益金額取決於資產和負債的計量。所有者權益項目應當列入資產負債表。所有者權益具有如下特徵：

（1）除發生減資、清算或分派現金股利外，企業不需要償還所有者權益。

（2）企業清算時，只有在清償所有的負債後，所有者權益才返還給所有者。

（3）所有者憑藉所有者權益能夠參與企業利潤的分配。

2. 所有者權益的確認條件

所有者權益體現的是所有者在企業中的剩餘權益，因此，所有者權益的確認主要依賴於其他會計要素，尤其是資產和負債的確認。所有者權益金額的確定也主要取決於資產和負債的計量。

3. 所有者權益的構成

所有者權益包括實收資本（或者股本）、資本公積、盈餘公積和未分配利潤。

（1）實收資本是指投資者按照企業章程或合同協議的約定，實際投入企業的資本。這些資本可以是貨幣資金投資，也可以是非貨幣資金如固定資產、無形資產等投資。

（2）資本公積是指企業由於資本價值增值而形成的累積資金，包括股本溢價、接受捐贈、外匯資本折算差額等。

（3）盈餘公積是指企業從淨利潤中提取形成的累積資金，包括法定盈餘公積和任意盈餘公積。

（4）未分配利潤是指企業稅後利潤按照規定進行分配後的剩餘部分。

對所有者權益作以上分類，不僅可以準確反應所有者權益的總額，清晰地反應所有者權益的構成，有利於保障企業投資人的權益，而且對企業利潤的分配、投資人按照規定動用產權的能力和做出投資決策都是有用的。

（四）收入

1. 收入的定義和特徵

收入是指企業在日常活動中形成的、會導致所有者權益增加的、與所有者投入資本無關的經濟利益的總流入。

收入的特徵有：

（1）收入是企業日常活動中形成的。日常活動是指企業為完成其經營目標所從事的經常性活動以及與之相關的活動。例如工業企業製造並銷售產品、商業企業採購銷售商品、服務企業提供勞務、金融企業存貸款業務、租賃公司出租資產等均屬於日常活動。明確界定日常活動是為了將收入與利得相區分。凡是日常活動所形成的經濟利益的流入應當確認為收入，反之，非日常活動所形成的經濟利益的流入應當確認為利得。

（2）收入會導致所有者權益的增加。這可能表現為資產的增加或負債的減少，或兩者兼而有之。與收入相關的經濟利益的流入應當會導致所有者權益的增加，不會導致所有者權益增加的經濟利益的流入不符合收入的定義，不應確認為收入。

（3）收入是與所有者投入資本無關的經濟利益的總流入。收入應當會導致經濟利益的流入，從而導致資產的增加。但是，經濟利益的流入有時是所有者投入資本的增加所致，而這不應當確認為收入，應當確認為所有者權益。

2. 收入的確認條件

收入的來源渠道不同，收入確認的條件也往往存在一些差異，但收入的確認除了

應當符合定義外，至少還應當符合以下條件：

（1）與收入相關的經濟利益很可能流入企業；

（2）經濟利益流入企業的結果會導致企業資產增加或者負債減少；

（3）經濟利益的流入額能夠可靠計量。

3. 收入的分類

收入一般包括主營業務收入和其他業務收入。

（1）主營業務收入。主營業務收入指企業通過主要生產經營活動所取得的收入。製造業企業主營業務收入主要包括銷售商品、對外提供勞務等所取得的收入。

（2）其他業務收入。其他業務收入指企業主營業務以外的、企業附帶經營的業務所取得的收入。製造業企業的其他業務收入主要包括出售原材料、出租固定資產、出租包裝物、出租無形資產等所取得的收入。

（五）費用

1. 費用的定義及特徵

費用是指企業在日常活動中發生的、會導致所有者權益減少的、與向所有者分配利潤無關的經濟利益的總流出。

費用的特徵有：

（1）費用是企業日常動中形成的。日常活動的界定與收入定義中涉及的日常活動的界定一致。在費用定義中，界定日常活動是為了將費用與損失相區分，即費用必須是日常活動所形成的經濟利益的流出，而非日常活動所形成的經濟利益的流出不應當確認為費用，應計入損失。

（2）費用會導致所有者權益的減少。這可能表現為資產的減少或負債的增加，或兩者兼而有之。與費用相關的經濟利益的流出應當會導致所有者權益的減少，不會導致所有者權益減少的經濟利益的流出不符合費用的定義，不應確認為費用。

（3）費用是與所有者投入資本無關的經濟利益的總流出。費用應當會導致經濟利益的流出，但是經濟利益的流出有時是向所有者分配利潤所致，而該經濟利益的流出屬於投資者投資回報的分配，是所有者權益的直接抵減項目，不應當確認為費用。

2. 費用的確認條件

費用的確認除了應當符合定義外，至少還應當符合以下條件：

（1）與費用相關的經濟利益很可能流出企業；

（2）經濟利益流出企業的結果會導致企業資產減少或者負債增加；

（3）經濟利益的流出額能夠可靠計量。

3. 費用的分類

費用按其歸屬對象和歸屬期的不同，可分為生產費用和期間費用。

（1）生產費用。生產費用是指企業生產產品而發生的費用支出，其歸屬對象是企業所生產和製造的產品。生產費用一般包括直接費用和間接費用，其中：直接費用是指企業直接計入某產品成本或勞務成本中的費用，例如企業為生產產品直接消耗的材料費、人工費等；間接費用是指企業發生的與生產產品相關，但不能直接計入產品成

本，而應通過分配的形式計入產品成本的各項費用，例如各生產單位為組織和管理生產所發生的管理人員工資、福利費、固定資產折舊費、辦公費、差旅費、水電費等。

（2）期間費用。期間費用是指與會計期間相關、與產品生產無直接關係的費用，包括管理費用、銷售費用和財務費用。期間費用直接計入當期損益。

（六）利潤

1. 利潤的定義和特徵

利潤是指企業在一定會計期間的經營成果，包括收入減去費用後的淨額、直接計入當期利潤的利得和損失等。直接計入當期利潤的利得和損失，是指應當計入當期損益、會導致所有者權益發生增減變動的、與所有者投入資本或者向所有者分配利潤無關的利得或者損失。利潤金額取決於收入和費用、直接計入當期利潤的利得和損失金額的計量。

2. 利潤的確認條件

利潤的確認主要依賴於收入和費用，以及直接計入當期利潤的利得和損失的確認，其金額的確定也主要取決於收入、費用、利得和損失金額的計量。

3. 利潤的構成

利潤包括收入減去費用後的淨額、直接計入當期利潤的利得和損失等。其中，收入減去費用後的淨額反應企業日常活動的經營業績；直接計入當期利潤的利得和損失反應企業非日常經營活動的業績。

利潤是企業一定期間經營成果在財務上的集中表現，是衡量企業經濟效益的重要指標。

二、會計等式

如前所述，會計要素有六個，即資產、負債、所有者權益、收入、費用和利潤。會計六要素既有不同的特點，又有內在的聯繫。這種聯繫表現為一定的數量計算關係。

（一）資產、負債和所有者權益的關係

企業要從事生產經營活動，必須取得一定數量的資產。資產表現為各種具有實物形態的有形資產和不具有實物形態的無形資產。那麼，企業擁有的資產從何而來呢？它的來源渠道通常有兩個：一是企業所有者投入的資本，二是從債權人處借入的資金。因此，為企業提供資產的單位和個人對企業的資產就有了索償權，這種索償權在會計上稱為權益。企業所有者投入的資本形成所有者權益，從債權人處借入的資金形成債權人權益，又稱為負債。因此，權益和資產是對等的，權益表明了企業的資金從何而來，資產表明了企業的資金如何使用。資產、負債和所有者權益的數量關係通常可用下列公式表示：

資產＝負債＋所有者權益

【例2.1】明達有限責任公司是一家小型印刷廠，由張明和李達各出資50萬元成立。公司因經營需要向中國工商銀行取得半年期貸款50萬元。資金使用情況如下：廠房、機器設備及辦公設備佔用資金100萬元，各種材料佔用資金30萬元，餘下的款項

存入中國工商銀行帳戶。分析明達公司成立之初資產、負債和所有者權益的數額及關係。

明達公司的資產包括固定資產100萬元，原材料30萬元，銀行存款20萬元，共計150萬元；所有者權益為張明和李達兩個投資人投入的資金即實收資本100萬元；負債為中國工商銀行貸款，即短期借款50萬元。會計等式表現為：

資產（150萬元）＝負債（50萬元）＋所有者權益（100萬元）

會計等式左邊從資金占用的具體形態和分布狀況方面來反應企業資產價值總量，具體表現為不同類別的資產，如銀行存款、存貨等流動資產，廠房、設備等固定資產。等式右邊則從資金形成、取得的渠道也即從來源方面來反應資產的價值總量，包括兩個部分，一是向銀行等金融機構借款、發行債券，向有關單位賒購物資等；二是投資者投入資本以及經營過程中形成的盈餘，即利潤。等式兩邊反應的是同一事物的兩個方面。任何形態的資產都必須有一定的形成渠道或來源，任何來源取得的資產也必須以某種形式存在和分布，所以，「資產＝負債＋所有者權益」的恆等關係是必然存在的。

上述公式是經營資金的一種靜態反應，反應了企業某一特定日期的財務狀況，說明了企業擁有資源的規模以及資產的結構和權益的結構。該等式是設置帳戶、複式記帳、試算平衡和編制報表的理論依據，在會計學中具有重要地位。

(二) 收入、費用和利潤的關係

企業把擁有和控製的經濟資源投入到生產經營活動中，預期會給企業帶來一定的經濟利益，即收入，同時，也必然會發生相應的經濟利益的流出，即費用。一定會計期間的收入與費用的差額就形成了企業一定會計期間的經營成果，即利潤或虧損。收入、費用和利潤的關係用下列公式表示：

收入－費用＝利潤

該公式從動態上反應了企業在一定會計期間的經營成果，是設定損益類帳戶、編制利潤表的理論依據。

(三) 會計六要素的數量關係

「資產＝負債＋所有者權益」是從靜態上反應企業的財務狀況，即反應某一時點上企業的資產、負債和所有者權益。「收入－費用＝利潤」從動態上反應了企業在一定會計期間的經營成果。收入和費用的發生，即利潤的形成會影響企業未來所有者權益的變化。在某一會計期間，會計期末與會計期初雖在形式上保持了「資產＝負債＋所有者權益」的恆等關係，但恆等的數量基礎已經變化，因為期末的恆等式中已經包含了本會計期間利潤的實現及其分配因素。會計六要素的關係可用下列公式表示：

資產＝負債＋所有者權益＋（收入－費用）＝負債＋所有者權益＋利潤

【例2.2】假設明達公司經過一年的經營，全年的總收入為100萬元，總費用為50萬元，則利潤為50萬元。假設新增利潤50萬元表現為銀行存款增加，其他要素項目不變，則年末明達公司總資產為200萬元（固定資產100萬元＋原材料30萬元＋銀行存款70萬元），負債仍為50萬元，原有所有者權益為100萬元，新增利潤50萬元（100萬元－50萬元）。會計六要素的關係式表現為：

資產（200萬元）＝負債（50萬元）＋所有者權益（100萬元）＋（收入－費用）（100萬元－50萬元）

資產（200萬元）＝負債（50萬元）＋所有者權益（100萬元）＋利潤（50萬元）

利潤是新形成的所有者權益，所以「資產＝負債＋所有者權益」仍然成立。

三、會計事項的發生對會計等式的影響

會計主體的資產占用形態、分布狀態及其來源構成都不是固定不變的。隨著會計主體生產經營活動的連續進行，各種會計要素也隨之不斷發生數量上的變化。那麼這些變化是否影響會計恆等關係呢？會計要素的變化是由會計事項引起的，所謂會計事項，也稱經濟業務，是指會計主體執行業務過程中引起會計要素增減變化的事項。一般而言，企業的經濟業務無外乎以下四種類型：

（1）經濟業務的發生，引起資產與權益（負債或所有者權益）同時增加，金額相等。

（2）經濟業務的發生，引起資產與權益（負債或所有者權益）同時減少，金額相等。

（3）經濟業務的發生，引起資產項目之間此增彼減，金額相等。

（4）經濟業務的發生，引起權益項目之間此增彼減，金額相等。

以上四種類型經濟業務的發生是否會破壞會計等式的平衡關係呢？現在我們通過以下例子來作說明。

【例2.3】假定博達實業公司2015年1月1日資產負債及所有者權益的構成如表2-1所示。

表2-1　　　　　　　　　　　　資產負債表（簡表）

單位名稱：博達實業公司　　　　　　　　　　　　　　　　　　　　單位：元

資產	金額	負債及所有者權益	金額
庫存現金	1,500	短期借款	5,500
銀行存款	18,000	應付帳款	5,000
應收帳款	5,500	長期借款	9,000
原材料	6,000	實收資本	25,000
生產成本	3,000	盈餘公積	2,000
庫存商品	1,500	利潤分配	10,000
固定資產	21,000		
合計	56,500	合計	56,500

該公司2015年1月份發生經濟業務（部分）如下：

（1）收到投資者轉入的固定資產，雙方確認價值為3,000元。

該項經濟業務產生的影響是：資產方的「固定資產」增加3,000元，權益方所有者權益中的「實收資本」也增加3,000元。會計等式兩邊以相等金額同時增加，不影響會計等式的平衡。

（2）借入短期借款 1,000 元，已存入銀行存款戶。

該項經濟業務產生的影響是：資產方的「銀行存款」增加 1,000 元，權益方負債中的「短期借款」也增加 1,000 元。會計等式兩邊以相等金額同時增加，不影響會計等式的平衡。

（3）以銀行存款償還短期借款 2,000 元。

該項經濟業務產生的影響是：資產方的「銀行存款」減少 2,000 元，權益方負債中的「短期借款」也減少 2,000 元。會計等式兩邊以相等金額同時減少，不影響會計等式的平衡。

（4）以銀行存款退還某單位投資 10,000 元。

該項經濟業務產生的影響是：資產方的「銀行存款」減少 10,000 元，權益方所有者權益中的「實收資本」也減少 10,000 元。會計等式兩邊以相等金額同時減少，不影響會計等式的平衡。

（5）購入材料 3,000 元，以銀行存款支付。

該項經濟業務產生的影響是：資產方的「原材料」增加 3,000 元，資產方的另一項目「銀行存款」減少 3,000 元。資產項目以相等的金額一增一減，總額不變，不影響會計等式的平衡。

（6）以現金 600 元存入銀行。

該項經濟業務產生的影響是：資產方的「銀行存款」增加 600 元，資產方的另一項目「庫存現金」減少 600 元。資產項目以相等的金額一增一減，總額不變，不影響會計等式的平衡。

（7）從銀行借入短期借款 4,000 元，償還部分應付帳款。

該項經濟業務產生的影響是：權益方負債中的「短期借款」增加 4,000 元，權益方負債中的「應付帳款」減少 4,000 元。負債項目以相等的金額一增一減，總額不變，不影響會計等式的平衡。

（8）將提取的盈餘公積金 2,000 元轉增資本。

該項經濟業務產生的影響是：權益方所有者權益中的「實收資本」增加 2,000 元，同時該方所有者權益中的「盈餘公積」減少 2,000 元。所有者權益項目以相等的金額一增一減，總額不變，不影響會計等式的平衡。

（9）經供貨單位同意，將應付帳款 1,000 元轉作對本企業的投資。

該項經濟業務產生的影響是：權益方所有者權益中的「實收資本」增加 1,000 元，同時該方負債中的「應付帳款」減少 1,000 元。權益方總金額不變，不影響會計等式的平衡。

（10）宣告向股東分派普通股股利 1,500 元。

該項經濟業務產生的影響是：權益方所有者權益中的「利潤分配」減少 1,500 元，同時該方負債中的「應付股利」增加 1,500 元。權益方總金額不變，不影響會計等式的平衡。

以上各項經濟業務產生的影響，都不會改變會計恆等式的成立，其中第（1）、（2）項經濟業務是第一種類型；第（3）、（4）項經濟業務是第二種類型；第（5）、（6）項

經濟業務是第三種類型；第（7）、(8)、(9)、(10)項經濟業務是第四種類型。

以上各項經濟業務的發生對會計要素中各項目的影響結果可匯總如表2-2所示。

表 2-2　　　　　　　　　　經濟業務對會計要素影響匯總

單位：元

資產	期初餘額	本期增加	本期減少	期末餘額	負債及所有者權益	期初餘額	本期增加	本期減少	期末餘額
現金	1,500		600	900	短期借款	5,500	5,000	2,000	8,500
銀行存款	18,000	1,600	15,000	4,600	應付帳款	5,000		5,000	0
應收帳款	5,500			5,500	長期借款	9,000			9,000
原 材 料	6,000	3,000		9,000	實收資本	25,000	6,000	10,000	21,000
生產成本	3,000			3,000	盈餘公積	2,000		2,000	0
庫存商品	1,500			1,500	利潤分配	10,000		1,500	8,500
固定資產	21,000	3,000		24,000	應付股利		1,500		1,500
合計	56,500	7,600	15,600	48,500	合計	56,500	12,500	20,500	48,500

表2-2說明無論企業發生哪種類型的會計事項，都始終不改變會計恆等式左右兩方的恆等關係。

四種經濟業務類型總結如圖2-1所示：

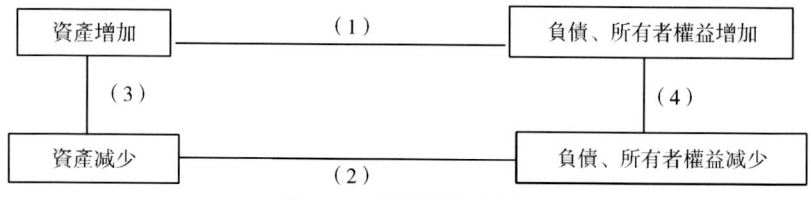

```
┌──────────┐      （1）      ┌──────────────────┐
│ 資產增加 │───────────────│負債、所有者權益增加│
└──────────┘                 └──────────────────┘
     │（3）                         │（4）
┌──────────┐      （2）      ┌──────────────────┐
│ 資產減少 │───────────────│負債、所有者權益減少│
└──────────┘                 └──────────────────┘
```

圖 2-1　四種經濟業務類型

圖2-1表明，經濟業務只可以劃分為四種類型，而每一種類型的業務顯然都不能改變會計恆等式的成立。

綜合上述，我們可以得出結論：第一，會計恆等式左右兩邊反應的是同一事物，只是角度不同，所以數量上的恆等是必然的。第二，任何經濟業務的發生都不是孤立的，它至少要引起兩個或兩個以上會計要素具體項目的變化，但這種變化是有規律的，即所有經濟業務都無外乎四種基本類型，且每種類型的經濟業務都不能改變會計恆等式。

通過分析上述經濟業務，我們得知無論企業發生哪種類型的會計事項，都始終不改變會計等式左右兩方的恆等關係。從形式上看，會計等式反應了會計要素之間的內在聯繫；從本質上看，會計等式揭示了會計主體的產權關係和基本財務狀況。會計等式是設置帳戶、複式記帳和編制資產負債表的理論根據。正確理解這種平衡關係，能

32

為掌握會計核算基本方法打下良好基礎。

第二節　會計科目

一、會計科目的含義

　　會計科目，是對會計對象具體內容進行分類核算的項目。如前所述，會計對象具體內容表現為會計要素，而每一個會計要素又包括若干具體項目，例如資產要素中包括了現金、銀行存款、原材料等項目，負債要素中包括了短期借款、長期借款、應付帳款等項目。為了全面、連續、系統地核算、監督經濟活動引起的各會計要素的增減變化，我們有必要對會計對象的具體內容按其不同特點和經營管理的要求進行科學分類，並事先確定進行分類核算的項目名稱，規定其核算內容並按一定規律賦予其編號，這便是會計科目的設置。

二、設置會計科目的原則

　　為提供科學、完整、系統的會計信息，設置會計科目應遵循如下原則：

　　（1）必須結合會計對象的具體內容和特點。不同行業的會計主體，其經濟業務的內容差別很大，會計要素的具體項目也各不相同，故對會計具體對象即會計要素的再分類，就必須考慮這些特點。例如，工業企業存在供應、生產、銷售三個主要生產經營過程，商業企業則存在商品購進、商品儲存和商品銷售三大經營環節，行政事業單位的經濟性質差異更大，因此，不同行業在設置會計科目時，必須充分考慮這些差異。會計科目既要全面反應，又要突出特點。即使是同一行業的不同會計主體，也存在規模大小、業務繁簡等方面的差異，設置會計科目時也必須考慮這些問題。

　　（2）必須符合經濟管理和經濟決策的要求。設置會計科目應充分考慮各有關方面對會計信息的需求。除國家宏觀經濟管理、企業內部經濟管理的要求外，我們還應考慮投資者、債權人等各有關方面對會計信息的需要。設置會計科目要能夠提供滿足上述各方面需求的會計信息，要有利於有關方面進行經濟決策。

　　（3）力求做到統一性與靈活性相結合。為適應國家宏觀經濟管理的需要，保證會計指標口徑一致和會計信息的可比性，中國財政部根據《企業會計準則》及行業特點統一制定了各主要行業的會計製度，其中相應規定了統一的會計科目。從發展趨勢上看，在統一各行業會計製度及相應會計科目的同時，還必須賦予會計主體一定的選擇權和自主增減或合併少數會計科目的權利，即讓會計主體保留一定的靈活性，以便更好地滿足其會計核算的實際需要。

　　（4）繁簡適度，相對穩定。對會計要素的再分類，即會計科目的設置，有一個繁簡度的問題，過繁會增加不必要的核算工作量，過簡則不能提供符合要求的會計信息。因此，在不影響會計核算質量的前提下，應盡可能簡，即做到繁簡適度。此外，會計科目的設置還應做到相對穩定，這樣不僅能保持會計信息的連貫性、可比性，還有利

於提高工作效率。相對穩定並不排斥對會計科目的適時修訂，只是不可過於頻繁。

三、會計科目的分類

會計科目的分類標準主要有兩個，一是按其經濟內容分類，二是按其提供核算資料詳略程度的不同分類。

（一）會計科目按其經濟內容進行分類

這種分類方法，便於我們瞭解和掌握各會計科目的核算內容及其性質，繼而正確運用各會計科目提供的核算資料。全部會計科目可以分為六大類，即資產類、負債類、共同類、所有者權益類、成本類和損益類。這種分類方法的結果如表 2-3 所示。

表 2-3　　　　　　　　　　　　會計科目表

順序號	編號	會計科目名稱
		一、資產類
1	1001	庫存現金
2	1002	銀行存款
3	1003	存放中央銀行款項
4	1011	存放同業
5	1012	其他貨幣資金
6	1021	結算備付金
7	1031	存出保證金
8	1101	交易性金融資產
9	1111	買入返售金融資產
10	1121	應收票據
11	1122	應收帳款
12	1123	預付帳款
13	1131	應收股利
14	1132	應收利息
15	1201	應收代位追償款
16	1211	應收分保帳款
17	1212	應收分保合同準備金
18	1221	其他應收款
19	1231	壞帳準備
20	1301	貼現資產
21	1302	拆出資金
22	1303	貸款
23	1304	貸款損失準備
24	1311	代理兌付證券

表2-3(續)

順序號	編號	會計科目名稱
25	1321	代理業務資產
26	1401	材料採購
27	1402	在途物資
28	1403	原材料
29	1404	材料成本差異
30	1405	庫存商品
31	1406	發出商品
32	1407	商品進銷差價
33	1408	委託加工物資
34	1411	週轉材料
35	1421	消耗性生物資產
36	1431	貴金屬
37	1441	抵債資產
38	1451	損餘物資
39	1461	融資租賃資產
40	1471	存貨跌價準備
41	1501	持有至到期投資
42	1502	持有至到期投資減值準備
43	1503	可供出售金融資產
44	1511	長期股權投資
45	1512	長期股權投資減值準備
46	1521	投資性房地產
47	1531	長期應收款
48	1532	未實現融資收益
49	1541	存出資本保證金
50	1601	固定資產
51	1602	累計折舊
52	1603	固定資產減值準備
53	1604	在建工程
54	1605	工程物資
55	1606	固定資產清理
56	1611	未擔保餘值
57	1621	生產性生物資產
58	1622	生產性生物資產累計折舊
59	1623	公益性生物資產

表2-3(續)

順序號	編號	會計科目名稱
60	1631	油氣資產
61	1632	累計折耗
62	1701	無形資產
63	1702	累計攤銷
64	1703	無形資產減值準備
65	1711	商譽
66	1801	長期待攤費用
67	1811	遞延所得稅資產
68	1821	獨立帳戶資產
69	1901	待處理財產損溢
		二、負債類
70	2001	短期借款
71	2002	存入保證金
72	2003	拆入資金
73	2004	向中央銀行借款
74	2011	吸收存款
75	2012	同業存放
76	2021	貼現負債
77	2101	交易性金融負債
78	2111	賣出回購金融資產款
79	2201	應付票據
80	2202	應付帳款
81	2203	預收帳款
82	2211	應付職工薪酬
83	2221	應交稅費
84	2231	應付利息
85	2232	應付股利
86	2241	其他應付款
87	2251	應付保單紅利
88	2261	應付分保帳款
89	2311	代理買賣證券款
90	2312	代理承銷證券款
91	2313	代理兌付證券款
92	2314	代理業務負債
93	2401	遞延收益

表2-3(續)

順序號	編號	會計科目名稱
94	2501	長期借款
95	2502	應付債券
96	2601	未到期責任準備金
97	2602	保險責任準備金
98	2611	保戶儲金
99	2621	獨立帳戶負債
100	2701	長期應付款
101	2702	未確認融資費用
102	2711	專項應付款
103	2801	預計負債
104	2901	遞延所得稅負債
		三、共同類
105	3001	清算資金往來
106	3002	貨幣兌換
107	3101	衍生工具
108	3201	套期工具
109	3202	被套期項目
		四、所有者權益類
110	4001	實收資本
111	4002	資本公積
112	4101	盈餘公積
113	4102	一般風險準備
114	4103	本年利潤
115	4104	利潤分配
116	4201	庫存股
		五、成本類
117	5001	生產成本
118	5101	製造費用
119	5201	勞務成本
120	5301	研發支出
121	5401	工程施工
122	5402	工程結算
123	5403	機械作業
		六、損益類
124	6001	主營業務收入

表2-3(續)

順序號	編號	會計科目名稱
125	6011	利息收入
126	6021	手續費及佣金收入
127	6031	保費收入
128	6041	租賃收入
129	6051	其他業務收入
130	6061	匯兌損益
131	6101	公允價值變動損益
132	6111	投資收益
133	6201	攤回保險責任準備金
134	6202	攤回賠付支出
135	6203	攤回分保費用
136	6301	營業外收入
137	6401	主營業務成本
138	6402	其他業務成本
139	6403	稅金及附加
140	6411	利息支出
141	6421	手續費及佣金支出
142	6501	提取未到期責任準備金
143	6502	提取保險責任準備金
144	6511	賠付支出
145	6521	保單紅利支出
146	6531	退保金
147	6541	分出保費
148	6542	分保費用
149	6601	銷售費用
150	6602	管理費用
151	6603	財務費用
152	6604	勘探費用
153	6701	資產減值損失
154	6711	營業外支出
155	6801	所得稅費用
156	6901	以前年度損益調整

（二）會計科目按其提供核算資料的詳略程度分類

這種分類可以更好地滿足企業內部經營管理的需要，也能滿足各方面會計信息使

用者對會計核算資料詳略不同的要求。採用這種分類方法，會計科目可分為總分類科目和明細分類科目。總分類科目又稱一級科目，是對各會計要素的總括分類，它提供較為概括的會計核算資料；明細分類科目，又稱明細科目，是對某一總分類科目核算內容所做的更為詳細的分類，它提供更為詳細的核算資料。明細分類科目又可按其提供指標的詳細程度的不同，進一步劃分為二級明細科目和三級明細科目，必要時還可設置四級明細科目。例如「原材料」為總分類科目，可按材料大類在「原材料」下設置「原料及主要材料」「輔助材料」「燃料」等二級明細科目，二級明細科目下再按其品種設置三級明細科目。

　　會計科目依據企業會計準則中確認和計量的規定制定，涵蓋了各類企業的交易或者事項。企業在不違反會計準則中確認、計量和報告規定的前提下，可以根據本單位的實際情況自行增設、分拆、合併會計科目。企業不存在的交易或者事項，可不設置相關會計科目。對於明細科目，企業可以比照表2-3的規定自行設置。會計科目編號供企業填制會計憑證、登記會計帳簿、查閱會計帳目、採用會計軟件系統時參考，企業可結合實際情況自行確定會計科目編號。

四、會計科目編號

　　為表明會計科目的性質及所屬類別，便於迅速、正確地使用會計科目並借助電子計算機進行處理，中國財政部統一規定的會計科目都按照一定規則予以編號。總分類科目通常採用四位數字編號法，每一位數字的特定含義規定如下：

　　（1）從左至右第一位數字表明會計科目歸屬的大類，具體來講，1表示資產類科目，2表示負債類科目，3表示共同類科目，4表示所有者權益類科目，5表示成本類科目，6表示損益類科目。

　　（2）第二位數字表示會計科目的主要大類下屬的各個小類。例如，在資產類科目中，用0表示貨幣資金類，用1表示交易性金融資產及應收帳項類，用6表示固定資產類。

　　（3）第三、四位數字表示各小類下的各個會計科目的自然序號，其中某些會計科目之間可能有空號，以便增加科目用。

第三節　帳戶及其結構

一、帳戶的含義

　　設置會計科目只是對會計要素的再分類結果規定一個名稱。要把發生的經濟業務連續、完整、系統地記錄下來，還須借助於一定的記帳實體，如帳頁等。因此，所謂帳戶，就是指根據會計科目開設的、用來分類記錄經濟業務內容的、具有一定格式和結構的記帳實體。

二、帳戶的分類

帳戶是根據規定的會計科目開設的、具有一定格式和結構、用以記錄各個會計科目所反應的經濟業務內容的載體。會計科目是帳戶的名稱，會計科目規定的經濟內容，也就是帳戶核算的經濟內容。例如，為了反應企業固定資產的增減變動情況及其結果，需要根據「固定資產」科目開設「固定資產」帳戶，一切有關固定資產增減變動的經濟業務都在該帳戶中登記。又如，為了反應現金的收入和支出情況以及現金在一定日期的實有數額，需要根據「庫存現金」科目開設「庫存現金」帳戶，一切有關現金收支的經濟業務都記入該帳戶。

由於帳戶是根據會計科目設置的，所以帳戶的分類應當與會計科目的分類一致，即應有兩種分類：

（1）帳戶按其經濟內容劃分為資產類帳戶、負債類帳戶、共同類帳戶、所有者權益類帳戶、成本類帳戶和損益類帳戶。其中損益類帳戶又可分為收入類帳戶和費用類帳戶。

（2）帳戶按提供會計信息的詳細程度分為總分類帳戶和明細分類帳戶。根據總分類科目設置的帳戶稱為總分類帳戶，又稱總帳帳戶或一級帳戶。根據明細分類科目設置的帳戶稱為明細分類帳戶，也稱明細帳戶。

總分類帳戶是所屬明細分類帳戶的統制帳戶，它以貨幣作為統一的計量單位，總括地反應各項會計要素的增減變化情況；明細分類帳戶是總分類帳戶的輔助帳戶，它是總分類帳戶的補充和具體化。明細分類帳戶除了應用貨幣計量單位外，有時還需要應用實物計量單位和勞動計量單位。例如，為了具體地瞭解掌握各種原材料的收入、發出和結存情況，需要在「原材料」總分類帳戶下面，按照原材料的品種、規格設置原材料明細分類帳戶。在原材料明細分類帳戶中，既要使用貨幣度量，又要使用實物度量，並且兩者應同時進行登記，以便加強對實物和資金的管理。

另外，帳戶作為記帳實體，存在一個結構問題，因此，帳戶還可以按其用途結構分類。帳戶按經濟內容和按用途結構分類將在本書以後章節中述及。

三、帳戶的基本結構

所謂帳戶結構是指帳戶應由哪幾部分組成以及如何在帳戶上記錄會計要素的增加、減少及其結餘情況等。簡略地說，帳戶結構就是指組成帳戶的各個部分及其結合方式。帳戶的結構是由它所反應的經濟內容決定的（帳戶的基本結構是由會計要素的數量變化情況決定的）。經濟業務的發生，必然引起相關的會計要素發生增減變動，儘管這種變動表現形式複雜多樣，但從數量上看，不外乎增加和減少兩種情況。因此，用來分類記錄經濟業務的帳戶在結構上也應分為兩個基本部分，即左、右兩方，一方登記增加，一方登記減少。

（一）帳戶的基本內容及一般格式

帳戶的格式取決於它所反應指標的具體內容。在會計實務中，帳戶的具體格式可

根據實際需要來設計，並不完全相同，可以多種多樣，但一般來說，任何一種帳戶格式的設計，都應包括以下基本內容：

(1) 帳戶的名稱（會計科目）；
(2)「登帳」的日期（說明經濟業務發生的時間）；
(3) 記帳憑證號數（作為登記帳戶來源和依據的記帳憑證的編號）；
(4) 摘要（概括地說明經濟業務的內容）；
(5) 增加和減少的金額。

上列帳戶格式所包括的內容是帳戶的基本結構，這種帳戶格式是手工記帳經常採用的格式。在採用電子計算機記帳的情況下，儘管會計數據存儲在磁盤或磁帶等介質中，帳戶的格式不明顯，但仍要按上列格式的內容提供核算資料。

(二) T 型帳戶

為了更加直觀地說明問題，也為了學習的方便，我們可以用一種簡化的形式給出帳戶的基本格式，這種帳戶的結構可簡化為「T 型帳」，或者稱之為「丁字帳」。在教材和教學實踐的對帳工作中，通常用簡化的格式 T 型帳來說明帳戶的結構。這時，帳戶省略了若干欄次。T 型帳戶的左、右兩方分別用來記錄增加金額和減少金額，增加金額和減少金額相抵後的差額，稱之為帳戶餘額。餘額按其表現的時間，分為期初餘額和期末餘額。會計期間內的增加額、減少額稱之為發生額。通過帳戶記錄，可以提供期初餘額、本期增加額、本期減少額和期末餘額四個核算指標。

(1) 期初餘額。上期的期末餘額就是本期的期初餘額，因此該欄數據來源於相同帳戶上期期末餘額的結轉。
(2) 本期增加額。本期增加額指一定會計期間內帳戶所登記的增加金額的合計數。
(3) 本期減少額。本期減少額指一定會計期間內帳戶所登記的減少金額的合計數。
(4) 期末餘額。在沒有期初餘額的情況下，期末餘額是本期增加額和本期減少額相抵後的差額；在有期初餘額的情況下，期末餘額＝期初餘額＋本期增加額發生額－本期減少額發生額。

發生額（本期增加發生額和本期減少發生額）屬於動態核算指標，它們反應會計要素在一定時期內增減變動情況；餘額（期初餘額和期末餘額）屬於靜態核算指標，它們反應會計要素在一定時期內增減變動的結果、各項會計要素在一定日期的狀態。

每個帳戶的本期增加額和本期減少額都應分別記入該帳戶左、右兩方的金額欄，以便分別計算增減發生額和餘額。如果在左方記增加額，則在右方記減少額，餘額反應在左方；如果在右方記增加額，則在左方記減少額，餘額反應在右方。至於帳戶的左、右兩方叫什麼名稱，哪一方登記增加額，哪一方登記減少額，則取決於所採用的記帳方法和帳戶的性質，我們將在下一章詳細講解。

實際工作中，帳戶的結構、格式也千差萬別，表 2-4 列示了帳戶的一般結構與格式。

表 2-4　　　　　　　　　　　帳戶名稱（會計科目）

年		憑證號數	摘要	左方	右方	餘額
月	日					

　　為簡化起見，教學實踐和教材中多採用丁字帳或 T 型帳來代替實際的帳戶。常用的 T 型帳格式如圖 2-2 所示：

帳戶名稱	
期初餘額	
本期增加	本期減少
本期增加發生額合計	本期減少發生額合計
期末餘額	

帳戶名稱	
	期初餘額
本期減少	本期增加
本期減少發生額合計	本期增加發生額合計
	期末餘額

圖 2-2　T 型帳示意圖

四、會計科目與帳戶的關係

　　會計科目與帳戶是兩個既有聯繫又相互區別的概念。會計科目僅僅是會計要素按經濟內容所作分類的名稱或標誌，若要將經濟業務產生的原始數據加工成有用的會計信息，還需要按照一定結構（增加、減少、餘額等）登記經濟業務引起的會計要素的增減變動及其結果，這個按照會計科目設置的結構就叫作帳戶。帳戶是按照規定的會計科目，在帳簿中對各項經濟業務進行分類、系統、連續記錄的形式，或者說是分類核算的工具。設置帳戶的作用在於，它能夠經常提供有關會計要素增減變動情況和結果的數據。

　　會計科目是帳戶的名稱，帳戶是按照會計科目設置的。會計科目和帳戶在會計學中是兩個既有聯繫又有區別的不同概念。科目是帳戶的名稱，帳戶是科目的內容。

（一）會計科目與帳戶的共同點

　　會計科目和帳戶都是對會計對象的具體內容所進行的科學分類，都說明一定的經濟業務內容；會計科目和帳戶反應的經濟內容是一致的，並且會計科目是帳戶的名稱（帳戶以會計科目作為自己的名稱）；會計科目是開設會計帳戶的依據，有一個會計科目就應設置一個相同名稱的會計帳戶。

（二）會計科目與帳戶的不同點

　　（1）會計科目是在實際經濟業務發生之前，根據經濟管理的需要而制定的；帳戶是會計科目在記帳過程中的應用，是經濟業務發生之後所進行的分類記錄。

　　（2）會計科目僅是分類的名稱或標誌，只能表明某項經濟內容，沒有結構。帳戶則具有相應的結構，可以記錄經濟業務、加工會計信息。會計科目只是把會計具體對

象按經濟內容進行了歸類，規定其核算內容與相關科目之間的對應關係，本身沒有結構；帳戶作為分類記錄經濟業務的一種形式，必須有特定的結構和格式，以便提供具體的數據資料。

在實際工作中，我們常把會計科目和帳戶看成是一回事，這主要是針對它們之間的共同點而言的。在學習了會計學之後，我們應瞭解它們的異同。

本章小結

會計要素是對會計對象的基本分類。會計要素包括資產、負債、所有者權益、收入、費用和利潤。會計要素之間的內在聯繫表現為會計等式，即「資產＝負債＋所有者權益；收入－費用＝利潤」。會計等式是設置帳戶、複式記帳和編制會計報表的理論依據。會計科目是對會計對象的具體內容進行分類核算的項目。會計科目按其經濟內容分類，可分為資產類、負債類、共同類、所有者權益類、成本類和損益類六大類。會計科目按其提供核算指標的詳略程度的不同分類，可分為總分類科目和明細分類科目兩種。帳戶是根據會計科目開設的、具有一定格式和結構的記帳實體。帳戶的結構是指帳戶應由哪幾部分組成以及在帳戶上如何記錄會計要素的增加、減少及其結餘等情況。會計科目與帳戶既有聯繫又有區別。

思考題

1. 什麼是會計要素？會計要素有哪幾個？它們的定義是什麼？
2. 會計恆等式有哪些表達形式，怎樣理解？
3. 什麼是會計科目？怎樣設置會計科目？設置會計科目應遵循哪些原則？
4. 什麼是帳戶？它與會計科目是什麼關係？它的基本結構是什麼？
5. 會計科目如何分類？它對帳戶分類有何影響？

練習題

一、單項選擇題

1. 下列各項中，不屬於反應企業一定期間經營成果要素的是（　　）。
   A. 所有者權益　　　　　　　　B. 收入
   C. 利潤　　　　　　　　　　　D. 費用
2. 對會計要素具體內容進行再分類的項目稱為（　　）。
   A. 會計項目　　　　　　　　　B. 會計科目
   C. 會計帳戶　　　　　　　　　D. 報表項目
3. 下列說法中，符合「資產＝負債＋所有者權益」會計等式的是（　　）。

A. 資產和負債項目的此增彼減

B. 資產和負債項目的同增或同減

C. 資產內部項目的同增或同減

D. 負債及所有者權益項目的同增或同減

4. 下列項目中屬於收入要素特徵的是（　　）。

　　A. 收入是企業日常活動形成的　　B. 會引起所有者權益的增加

　　C. 會引起負債的增加　　D. 會引起資產的減少

5. 下列各項中，屬於企業對會計要素進行計量時一般應當採用的計量屬性的是（　　）。

　　A. 歷史成本　　B. 重置成本

　　C. 可變現淨值　　D. 公允價值計量

6. 下列各項中，屬於損益類科目的是（　　）。

　　A. 資本公積　　B. 財務費用

　　C. 製造費用　　D. 固定資產

7. 屬於總分類帳戶與明細分類帳戶主要區別的是（　　）。

　　A. 記帳內容不同　　B. 記帳方向不同

　　C. 記帳依據不同　　D. 記帳的詳細程度不同

8. 下列各項中，屬於負債類科目的是（　　）。

　　A. 原材料　　B. 應收帳款

　　C. 預收帳款　　D. 實收資本

9. 下列各項中，屬於所有者權益類科目的是（　　）。

　　A. 銀行存款　　B. 本年利潤

　　C. 應收帳款　　D. 應付利息

10. 下列各項中，屬於成本類科目的是（　　）。

　　A. 實收資本　　B. 管理費用

　　C. 生產成本　　D. 主營業務成本

二、多項選擇題

1. 反應企業財務狀況的要素有（　　）。

　　A. 收入　　B. 費用

　　C. 負債　　D. 所有者權益

2. 反應企業資金運動動態表現的會計要素有（　　）。

　　A. 成本　　B. 利潤

　　C. 收入　　D. 資產

3. 下列屬於資產要素特點的有（　　）。

　　A. 必須是有形的經濟資源

　　B. 必須是企業擁有或控制的

　　C. 必須能給企業帶來未來的經濟利益

D. 必須是交易或事項形成的
4. 費用可能引起（　　）。
   A. 資產的減少　　　　　　　　B. 資產的增加
   C. 負債的增加　　　　　　　　D. 負債的減少
5. 下列各項中屬於期間費用的有（　　）。
   A. 管理費用　　　　　　　　　B. 銷售費用
   C. 製造費用　　　　　　　　　D. 財務費用
6. 下列各項中，屬於企業在設置會計科目時應遵循的原則有（　　）。
   A. 統一性和靈活性相結合
   B. 必須結合會計對象的具體內容和特點
   C. 重要性原則
   D. 繁簡適度，相對穩定
7. 下列各項中，屬於負債要素特點的有（　　）。
   A. 由現在的交易或事項形成
   B. 由未來的交易或事項形成
   C. 在未來通過資產或勞務予以清償
   D. 必須能以貨幣計量
8. 下列各項中，不屬於收入要素特點的有（　　）。
   A. 由現在的交易或事項引起
   B. 必須是企業擁有或控製的
   C. 必須是有形的
   D. 能為企業帶來經濟效益
9. 關於會計要素之間的關係，下列表達中正確的有（　　）。
   A. 資產＝負債＋所有者權益
   B. 資產＝負債＋所有者權益＋收入－費用
   C. 資產＝權益
   D. 資產＝負債＋所有者權益＋利潤
10. 所有者權益中，應包括的內容有（　　）。
    A. 實收資本　　　　　　　　　B. 主營業務收入
    C. 資本公積　　　　　　　　　D. 未分配利潤

三、判斷題（表述正確的在括號內打「√」，不正確的打「×」）

1. 所有總分類科目都應設置明細分類科目，進行明細分類核算。（　　）
2. 設置會計科目的相關性原則是指所設置的會計科目應當符合國家統一會計製度的規定。（　　）
3. 所有者權益等於資產減去負債後的餘額，也稱淨資產。（　　）
4. 總分類科目對明細分類科目起著補充說明和統馭控製的作用。（　　）
5. 企業的資產，其所有權必須屬於企業。（　　）

6. 會計要素中的收入，是指日常業務活動中所形成的經濟利益的總流入。（　）
7. 收入可能引起資產的增加或負債的減少。（　）
8. 會計科目和帳戶都具有一定的結構。（　）
9. 會計科目是對會計要素具體內容進行再分類的項目。（　）
10. 向投資人分配利潤會導致企業經濟利益的流出，故這些分配的利潤應歸為費用。（　）

四、業務練習題

練習一

（一）目的：練習會計要素具體項目的分類，正確理解會計等式。

（二）資料：宏陽摩托車廠2015年3月31日資產、負債、所有者權益項目如下表所示：

序號	內容	金額（元）	資產、負債或所有者權益項目名稱
1	生產車間用房屋	1,600,000	
2	倉庫用房屋	1,100,000	
3	行政管理部門用房屋	400,000	
4	生產用機器設備	3,280,000	
5	貨車	100,000	
6	庫存生產用鋼材	1,230,000	
7	庫存機器用潤滑油	5,000	
8	庫存其他用輔助材料	10,000	
9	成品倉庫中的摩托車	950,000	
10	由出納員保管的現金	2,000	
11	存在工商銀行的款項	200,000	
12	應收市五交化公司的銷售款	450,000	
13	國家投入企業的資金	6,600,000	
14	聯營單位投入企業的資金	2,000,000	
15	向銀行借入的短期借款	327,000	
16	應付給某供貨單位的材料款	380,000	
17	應交未交的稅金	20,000	

（三）要求：分析各項目應歸屬的會計要素類別，即資產、負債或所有者權益類，指出其相應的會計科目，列表檢驗會計等式是否成立。

習題二

（一）目的：練習經濟業務的發生對資產、負債和所有者權益之間恆等關係的影響。

（二）資料：宏陽摩托車廠2014年4月1日的資產、負債及所有者權益資料如習題一所示。

該企業4月份發生下列經濟業務：
1. H公司投資轉入新機器設備10臺，價值200,000元。
2. 從銀行取得兩年期銀行借款300,000元。
3. 購進鋼材一批，貨款計420,000元，材料已驗收入庫，貨款尚未支付。
4. 把現金5,000元存入銀行。
5. 從銀行提取現金1,000元備用。
6. 收到市五交化公司前欠貨款400,000元，存入銀行。
7. 以銀行存款歸還前欠購貨單位材料款200,000元。
8. 以銀行存款償還短期銀行借款250,000元。
9. 購進一批潤滑油，貨款700元，以現金支付。
10. 以銀行存款交納上月應交稅金20,000元。

(三) 要求：

1. 根據4月份發生的經濟業務，分別寫明這些經濟業務涉及資產、負債、所有者權益的哪些項目，它們的增加或減少金額分別是多少？

2. 將要求1的結果匯總填入下表中「本期發生額」欄內的「增加」或「減少」欄，並計算各帳戶的期末餘額。

資產類帳戶	期初餘額	本期發生額 增加	本期發生額 減少	期末餘額	負債及所有者權益類帳戶	期初餘額	本期發生額 增加	本期發生額 減少	期末餘額
合計					合計				

3. 試算資產總額與負債和所有者權益總額是否相等。

第三章　複式記帳

【學習目標】 通過本章的學習，學生應瞭解記帳方法的種類，理解複式記帳法的基本原理和特點，重點掌握借貸記帳法的含義、特點、帳戶結構及記帳規則；掌握借貸記帳法下會計分錄的含義、編制方法，能夠編制出簡單業務的會計分錄；理解和掌握試算平衡基本原理和方法。

【引導案例】 小王的朋友經營一家小公司，公司原來的會計小張因工作調動離開了，請小王幫忙將當月帳目結清。小王將小張已編好的記帳憑證入帳後，進行了試算平衡，並編制了報表。幾天後，出納員從銀行取回了對帳單，對帳的時候發現，銀行存款的餘額比日記帳的餘額多了 9,000 元。經過逐筆核對後發現，當月一筆銷售業務通過銀行轉帳收款 10,000 元，但公司原來的會計將其誤記為 1,000 元。出納員感到奇怪，小王在結帳時明明已進行了試算平衡，為什麼沒有發現這個問題？請運用本章知識回答這個問題。

第一節　複式記帳原理

一、記帳方法概述

根據會計科目設置帳戶，僅僅為記錄經濟業務、生成會計信息提供了加工的場所，然而採用什麼方式、怎樣在帳戶中記錄經濟業務的數據，就需要運用一定的記帳方法來進行了。

記帳方法是指會計核算工作中在簿記系統中登記經濟業務的方法。在會計的發展過程中，人們曾經採用過單式記帳法和複式記帳法，其中複式記帳法已成為現代會計工作普遍採用的記帳方法。本章將對單式記帳法和複式記帳法進行比較，以此說明複式記帳法的科學性，並重點介紹借貸記帳法。

（一）單式記帳法

單式記帳法是會計最早採用的一種記帳方法。它的主要特點是對經濟業務只作單方面的登記，而不反應經濟業務的來龍去脈，並且它一般只記錄庫存現金和銀行存款的收支業務以及債權債務的結算業務。例如，以銀行存款 10,000 元購入生產用原材料，只在「銀行存款」帳戶中登記減少銀行存款 10,000 元，而不登記原材料的增加；再如，賒銷產品一批 20,000 元，只在「應收帳款」帳戶中登記增加 20,000 元，而不登記銷售收入的增加。這種記帳方法既不能反應銀行存款減少的原因，又不能反應應

收帳款增加的原因，各帳戶之間的記錄沒有直接的聯繫，無法形成相互對應的關係，沒有一套完整的帳戶體系，因而不能全面、系統地反應經濟業務的來龍去脈，不能提供完整、客觀的會計信息，也不便於檢查帳戶記錄的正確性，是一種簡單而不嚴密的記帳方法。單式記帳法由於無法適應現代管理的要求，已經被現代會計所淘汰。

(二) 複式記帳法

複式記帳法是在單式記帳法的基礎上逐步發展起來的一種比較完善的記帳方法。其基本內容是，對於任何一筆經濟業務都必須同時在兩個或兩個以上相互聯繫的帳戶中，以相等的金額進行全面、連續、系統的登記。這種記帳方法可以系統地反應經濟活動的過程和結果。如前述例子中，以銀行存款 10,000 元購入生產用原材料，在複式記帳法下，不僅要在「銀行存款」帳戶中登記減少 10,000 元，而且還要在「原材料」帳戶中登記增加 10,000 元，這就說明銀行存款減少的原因是用於購買了原材料；又如，賒銷產品一批 20,000 元，既要在「應收帳款」帳戶中登記應收帳款增加 20,000 元，又要在銷售收入帳戶中登記銷售收入增加 20,000 元，說明應收帳款增加的原因是銷售產品、貨款尚未收到形成的債權。還有一些經濟業務，需要在兩個以上的帳戶中進行登記。例如，企業購買原材料 10,000 元，因資金不足，經協商，先用銀行存款支付 5,000 元，其餘款項一個月後支付。對這項經濟業務就需要在三個帳戶中登記，一是在「原材料」帳戶中登記增加 10,000元，二是在「銀行存款」帳戶中登記減少 5,000 元，三是在「應付帳款」帳戶中登記增加 5,000 元，這樣就全面反應出銀行存款減少 5,000 元和債務（應付帳款）增加 5,000 元的原因是購買了原材料 10,000 元。由此，可以看出複式記帳法能全面、系統地反應資金運動的來龍去脈和客觀實際，滿足會計信息輸出的需要。複式記帳法是一種科學的記帳方法，它已成為現代企業會計普遍採用的記帳方法。

二、複式記帳法的特點

複式記帳法是以會計等式為依據建立的一種記帳方法。其特點是：

(1) 複式記帳法需要設置完整的帳戶體系。複式記帳法作為一種科學的記帳方法，它不僅要對每一筆經濟業務進行全面反應，而且對發生的全部經濟業務都要進行記錄。因此，企業必須設置一整套帳戶用於反應各種各樣的經濟業務。

(2) 複式記帳法必須對每筆經濟業務都進行反應和記錄，這既有必要性，又有可能性。其必要性在於複式記帳要求全面反應各單位的經濟活動；其可能性在於複式記帳法具有完整的帳戶體系，能夠全面反應記錄每一經濟業務的內容。

(3) 複式記帳法要反應每筆經濟業務的來龍去脈，這是複式記帳的最基本特點。只有這樣，通過複式記帳才能全面瞭解每一筆經濟業務的內容。

(4) 採用複式記帳，可以對一定時期所發生的全部經濟業務的會計記錄進行全面的綜合試算。因為所有經濟業務在各個帳戶中都有反應，而每筆經濟業務金額又是相等的，所以，採用複式記帳法，必然能對一定時期的全部經濟業務進行全面試算平衡。

採用複式記帳法，對每一項經濟業務都在相互聯繫的兩個帳戶或兩個以上的帳戶中做雙重記錄，這不僅可以反應每一項經濟業務的來龍去脈，而且在把全部的經濟業

務都相互聯繫地登記到帳簿以後，可以通過帳戶記錄，完整、系統地反應經濟活動的過程和結果。同時，由於對每一項經濟業務都以相等的金額進行了分類登記，因而對記錄的結果，我們可以進行試算平衡以檢查帳戶記錄是否正確。複式記帳法是在市場經濟長期發展的過程中，通過會計實踐逐步形成和發展起來的。因為複式記帳法具有上述特點，所以其逐步取代了單式記帳法。

根據記帳符號、記帳規則等的不同，複式記帳法又可分為借貸記帳法、收付記帳法和增減記帳法。目前，世界各國廣泛採用的複式記帳法是借貸記帳法。這是因為借貸記帳法經過數百年的實踐，已被全世界的會計工作者普遍接受，是一種比較成熟、完善的記帳方法。另外，從實務角度看，企業間記帳方法不統一，會給企業間橫向經濟聯繫和國際經濟交往帶來諸多不便；不同行業、企業間記帳方法不統一，也必然會加大跨行業的公司和企業集團會計工作的難度，使經濟活動信息和經營成果不能及時、準確地反應。因此，統一全國各個行業企業和行政事業單位的記帳方法，對會計核算工作的規範和更好地發揮會計的作用具有重要意義。

第二節　借貸記帳法

一、借貸記帳法的歷史沿革

借貸記帳法是以會計等式作為記帳原理、以「借」「貸」作為記帳符號來反應經濟業務增減變化的一種複式記帳方法。據史料記載，借貸記帳法大約起源於十二三世紀封建社會開始瓦解、資本主義開始萌芽的義大利，到十四五世紀已逐步形成比較完備的複式記帳法，並流行於義大利工商業和銀行業比較發達的沿海城市。

借貸記帳法是隨著資本主義經濟關係的萌芽，伴隨著資本主義經濟關係的發展而產生的，而後，為適應資本主義經濟管理的需要，逐步形成了一整套較為科學的會計核算方法。在借貸記帳法的形成與發展過程中，早期義大利佛羅倫薩式簿記、熱那亞式簿記和威尼斯式簿記起了重要作用，它們是借貸記帳法發展的良好開端。1494 年，義大利數學家，近代會計之父盧卡‧帕喬利（Luca Pacioli）在威尼斯出版了《算術、幾何與比例概要》一書，這是世界會計發展史上極為重要的大事。書中系統地闡述了複式簿記的理論與方法，是人類最早關於複式記帳的文獻。這部著作的發表不僅轟動了義大利數學界，而且也引起了會計界人士的關注。人們認為，這部著作不僅是歐洲數學發展史上的光輝篇章，而且它還開創了世界會計發展史上的新紀元。1494 年後，盧卡‧帕喬利的著作先後被譯為英文、法文、荷蘭文、德文、西班牙文等，借貸記帳法在世界各國得到迅速傳播。在亞洲，日本是學習借貸記帳法的先行者。從「明治維新」開始，日本通過引進、推廣歐美先進的會計方法與理論，不僅在會計改革中獲得了成功，而且在促進借貸記帳法的發展方面也做出了一定的貢獻。

在中國，最早介紹借貸記帳法的書籍是 1905 年由蔡錫勇所著的《連環帳譜》。1907 年，由謝霖和孟森合作編纂的《銀行簿記學》在日本東京發行，成為中國第二部

介紹借貸記帳法的著作。借貸記帳法進入中國，首先應用於那些由外國人開辦的工廠、商行、銀行以及根據不平等條約受帝國主義控製的中國海關、鐵路和郵政部門。1858年（咸豐八年）後，由英國人控製的海關是中國最早運用借貸記帳法的部門。1897年（光緒二十三年），盛宣懷創辦的中國第一個商業性質的銀行——中國通商銀行，是中國自辦銀行採用借貸記帳法的先驅。國民政府實業部於 1930 年推行了借貸記帳法的統一辦法，從此借貸記帳法逐漸成為中國工商界、銀行界習慣運用的記帳方法之一。

20 世紀 50 年代以後，中國開始改革記帳方法，一些新的記帳方法先後出現，如收付記帳法和增減記帳法等。一段時間裡，還出現過各種記帳方法並存的局面。為了統一記帳方法、促進國際經濟往來、規範會計核算工作，1993 年 7 月 1 日，中國《企業會計準則》中明確規定「各經濟單位會計核算應採用借貸記帳法」。目前，中國企業和行政事業單位所採用的記帳方法都屬於借貸記帳法。

二、借貸記帳法的基本內容

我們主要從記帳符號、帳戶結構、記帳規則、帳戶的對應關係和會計分錄、試算平衡五個方面來介紹借貸記帳法。

（一）記帳符號

借貸記帳法以「借」「貸」為記帳符號，這既是借貸記帳法命名的由來，也是借貸記帳法區別於其他記帳方法的標誌。

記帳符號是為了使會計記錄簡明扼要地表達其基本經濟內容而使用的一對既簡單明了，又固定劃一的記錄符號。「借」「貸」作為記帳符號，最早見於 13 世紀初的義大利沿海城市。借貸的含義最初是從借貸資本家的角度來解釋的，用來記錄債權（應收款）和債務（應付款）的增減變動，即在帳戶中分為兩方來登記資本家與債權人和債務人的關係。帳戶的一方登記收進的存款，記在貸主名下，表示債務；另一方登記付出的存款，記在借主名下，表示債權。這便是借貸記帳法的由來。後來隨著商品經濟的發展，經濟活動的範圍日益擴大，內容日益複雜，記帳對象也隨之擴大，在帳簿中不僅要登記債權、債務的借貸關係，還要登記財產物資和經營損益的增減變化。這樣，「借」「貸」就失去了原來的含義，變為單純的記帳符號。

（二）帳戶結構

明確帳戶的結構，是記帳的前提條件。我們知道，帳戶的基本結構分為左、右兩方。通常規定，帳戶的左方為「借」方，帳戶的右方為「貸」方。帳戶的一般格式如表 3-1 所示。

表 3-1　　　　　　　　　　　帳戶的一般格式

年		憑證號數	摘要	借方	貸方	借或貸	餘額
月	日						

為了便於說明，還可以用簡化的帳戶格式——T型帳戶表示，如圖3-1所示。

借方	帳戶名稱	貸方

圖 3-1　T 型帳戶

確定借貸記帳法下的帳戶結構就是要規定帳戶的借方與貸方所登記的內容以及可能存在的帳戶餘額的方向和內容。採用借貸記帳法時，帳戶的借貸兩方必須做相反方向的記錄，即對每一個帳戶來說，如果規定借方用來登記增加額，則貸方就用來登記減少額；如果規定借方用來登記減少額，則貸方就用來登記增加額。至於帳戶哪一方用來登記增加額，哪一方用來登記減少額，則要看帳戶的性質。帳戶的性質不同，帳戶的結構就不同。帳戶的四個金額要素（期初餘額、期末餘額、本期增加發生額、本期減少發生額）在借貸記帳法下帶有符號色彩。在一個會計期間，借方記錄的合計數稱為借方發生額，貸方記錄的合計數稱為貸方發生額，借方發生額、貸方發生額視帳戶性質的不同分別表示增加發生額和減少發生額（或減少發生額和增加發生額）。在每個會計期間的期末要將借貸發生額進行比較，其差額稱為期末餘額。如果餘額在借方則表示借方餘額，如果餘額在貸方則表示貸方餘額。下面，我們就不同性質的帳戶說明帳戶的結構。

1. 資產類帳戶的結構

資產類帳戶是用來記錄資產的帳戶，帳戶的借方登記資產的增加額，帳戶的貸方登記資產的減少額。帳戶如有餘額，一般為借方餘額，表示期末資產餘額。資產帳戶的結構如圖3-2所示。

借方	資產類帳戶	貸方
期初餘額　××× 本期增加額××× ⋮		本期減少額××× ⋮
本期發生額×××		本期發生額×××
期末餘額　×××		

圖 3-2　資產類帳戶的結構

資產帳戶的期末餘額可以根據下列公式計算：

期末借方餘額＝期初借方餘額＋本期借方發生額－本期貸方發生額

【例3.1】立華實業公司2015年1月1日倉庫結存原材料96,000元，本月購進原材料6,000元，生產領用20,000元，問月末能結存多少原材料？

月末結存材料（82,000）= 月初結存材料（96,000）+本月購進材料（6,000）-本月生產領用材料（20,000）。如果用 T 型帳戶表示，則如圖 3-3 所示。

借方	原材料帳戶	貸方
期初餘額：96,000 本期購進：6,000		本期領用：20,000
本期發生額：6,000		本期發生額：20,000
期末餘額：82,000		

圖 3-3　原材料帳戶的結構

2. 負債類帳戶的結構

負債類帳戶是用來記錄負債的帳戶，帳戶的貸方登記負債的增加額，帳戶的借方登記負債的減少額。帳戶如有餘額，一般為貸方餘額，表示期末負債餘額。負債帳戶的結構如圖 3-4 所示。

借方	負債類帳戶	貸方
	期初餘額　×××	
本期減少額××× ⋮	本期增加額××× ⋮	
本期發生額×××	本期發生額×××	
	期末餘額　×××	

圖 3-4　負債類帳戶的結構

負債帳戶的期末餘額可以根據下列公式計算：

期末貸方餘額＝期初貸方餘額+本期貸方發生額-本期借方發生額

【例 3.2】立華實業公司 2015 年 1 月 1 日有尚未支付的購料款 50,000 元，本月支付前欠購料款 20,000 元，本月新購進材料 30,000 元，尚未支付款項，則 1 月末尚未支付的購料款是多少？

月末應付購料款（60,000）= 月初應付購料款（50,000）+本月新增應付購料款（30,000）-本月支付的前欠購料款（20,000）。如果用 T 型帳戶表示，則如圖 3-5 所示。

借方	應付帳款帳戶	貸方
	期初餘額：50,000	
本期支付：20,000	本期增加額：30,000	
本期發生額：20,000	本期發生額：30,000	
	期末餘額：60,000	

圖 3-5　應付帳款帳戶的結構

3. 所有者權益類帳戶的結構

所有者權益類帳戶是用來記錄所有者權益的帳戶，帳戶的貸方登記所有者權益的增加額，借方登記所有者權益的減少額。帳戶如有餘額，一般為貸方餘額，表示期末所有者權益餘額。所有者權益類帳戶的結構如圖 3-6 所示。

借方	所有者權益類帳戶	貸方
	期初餘額 ×××	
本期減少額×××	本期增加額×××	
⋮	⋮	
本期發生額×××	本期發生額×××	
	期末餘額 ×××	

圖 3-6　所有者權益類帳戶的結構

所有者權益類帳戶期末餘額的計算公式與負債類帳戶相同。

4. 成本類帳戶的結構

企業在生產經營中會有各種耗費，發生的成本和費用，其實質是一種資產的耗費形態，可以將其看成是一種資產。因此，成本類帳戶的結構與資產類帳戶的結構基本相同，帳戶的借方記錄成本費用的增加額，帳戶的貸方記錄成本費用的減少額或轉出額。期末餘額一般在借方，有時也可能無餘額。成本類帳戶的結構如圖 3-7 所示。

借方	成本類帳戶	貸方
期初餘額×××		
本期增加額×××	本期減少額或轉出額×××	
⋮	⋮	
本期發生額×××	本期發生額×××	
期末餘額×××		

圖 3-7　成本類帳戶的結構

5. 損益類帳戶的結構

損益類帳戶包含了兩種截然不同的要素性質，因此這類帳戶也有兩種截然不同的結構。

（1）收入類帳戶的結構。企業取得的收入最終會導致所有者權益增加，因此決定了收入類帳戶的結構與所有者權益類帳戶的結構基本相同。收入類帳戶的貸方登記收入的增加額，帳戶的借方登記收入的減少額或轉出額。一般來說，收入類帳戶沒有期末餘額，其帳戶結構如圖 3-8 所示。

借方	收入類帳戶	貸方
本期減少額或轉出額×××		本期增加額×××
⋮		⋮
本期發生額×××		本期發生額×××

圖 3-8　收入類帳戶的結構

（2）費用類帳戶。企業發生的費用最終會導致所有者權益減少，因此決定了費用類帳戶的結構與所有者權益類帳戶的結構正好相反。費用類帳戶的借方登記費用的增加額，帳戶的貸方登記費用的減少額或轉出額。一般來說，費用類帳戶沒有期末餘額，其帳戶結構如圖 3-9 所示。

借方	費用類帳戶	貸方
本期費用增加額×××		本期費用減少額或轉出額×××
⋮		⋮
本期發生額×××		本期發生額×××

圖 3-9　費用類帳戶的結構

從上述分析中我們不難看出，「借」「貸」作為記帳符號，其所記錄的經濟內容隨著帳戶經濟性質的不同而有所不同，但是各類帳戶的期末餘額應與記錄該帳戶增加額的方向是一致的。因此，根據帳戶餘額所在方向來判斷帳戶的性質，是借貸記帳法的一個重要特點。

在借貸記帳法下，借方登記資產、成本費用的增加額，負債、所有者權益的減少額和收益的轉銷額；貸方登記資產的減少額和成本費用的轉銷額，負債、所有者權益和收益的增加額。用 T 型帳戶表示全部帳戶結構，如圖 3-10 所示。

借方	帳戶名稱	貸方
資產增加額		資產減少額
成本、費用增加額		成本、費用減少或轉出額
負債減少額		負債增加額
所有者權益減少額		所有者權益增加額
收入減少或轉出額		收入增加額
期末餘額：資產（成本費用）結存數		期末餘額：負債、所有者權益結存數

圖 3-10　全部帳戶的 T 型結構

(三) 借貸記帳法的記帳規則

記帳規則是指採用某種記帳方法登記具體經濟業務時應遵循的規律。由於複式記

帳法是以會計等式作為理論基礎的，因此我們運用借貸記帳法記錄各項經濟業務時，可以總結出一定的規則。我們在採用借貸記帳法核算經濟業務時，應從下面三個方面進行考慮。

首先，根據發生的經濟業務設置相應的會計科目和帳戶並判斷其性質。其次，確定該項經濟業務所涉及的帳戶是增加還是減少。最後，決定該帳戶的結構，即應記錄的方向是借方還是貸方。

下面依據上述步驟，採用借貸記帳法，舉例說明借貸記帳法的記帳規則。

【例 3.3】假定立信實業公司 2015 年 1 月 1 日有關帳戶餘額如表 3-2 所示。

表 3-2　　　　　　　　　立信實業公司有關帳戶餘額
2015 年 1 月 1 日　　　　　　　　　　　單位：元

資產帳戶	借方餘額	負債及所有者權益帳戶	貸方餘額
庫存現金	1,000	短期借款	40,000
銀行存款	50,000	應付帳款	51,000
應收帳款	40,000	實收資本	520,000
原材料	100,000	資本公積	40,000
固定資產	460,000		
合計	651,000	合計	651,000

立信實業公司 2015 年 1 月發生如下經濟業務，按借貸記帳法的記帳規則分析應如何進行帳務處理。

（1）收到投資者投入貨幣資金 200,000 元，手續已辦妥，款項已轉入本公司存款戶。

該項業務屬於資產與所有者權益同增的會計事項，應設置資產類帳戶的「銀行存款」帳戶和所有者權益類帳戶的「實收資本」帳戶，同時根據借貸記帳法的帳戶結構，將 200,000 元記入「銀行存款」帳戶的借方及「實收資本」帳戶的貸方。該項業務用 T 型帳戶登記如圖 3-11 所示。

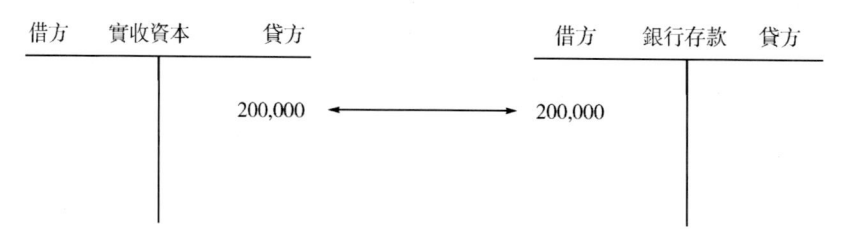

```
    借方  實收資本  貸方          借方  銀行存款  貸方
                200,000  ←——→  200,000
```

圖 3-11　帳戶的 T 型結構

（2）向 B 公司購買所需原材料，原材料已入庫，但由於資金週轉緊張，購料款 45,000 元尚未支付，假定不考慮增值稅因素。

該項業務屬於資產與負債同增的會計事項，應設置資產類帳戶的「原材料」帳戶和負債類帳戶的「應付帳款」帳戶，同時根據借貸記帳法的帳戶結構，將 45,000 元記

入「原材料」帳戶的借方及「應付帳款」帳戶的貸方。該項業務用 T 型帳戶登記如圖 3-12 所示。

```
   借方    應付帳款    貸方              借方    原材料    貸方
                    45,000        ←→      45,000
```

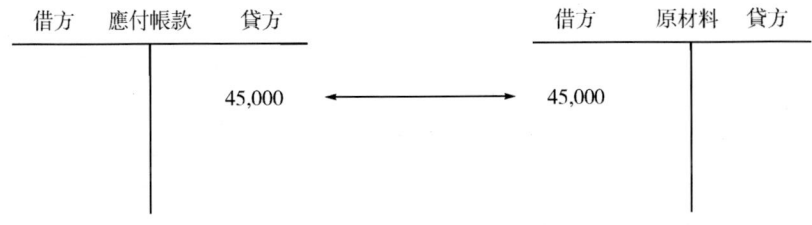

圖 3-12　帳戶的 T 型結構

（3）通過銀行轉帳支付本月到期的銀行借款 30,000 元。

該項業務屬於資產與負債同減的會計事項，應設置資產類帳戶的「銀行存款」帳戶和負債類帳戶的「短期借款」帳戶，同時根據借貸記帳法的帳戶結構，將 30,000 元記入「銀行存款」帳戶的貸方及「短期借款」帳戶的借方。該項業務用 T 型帳戶登記如圖 3-13 所示。

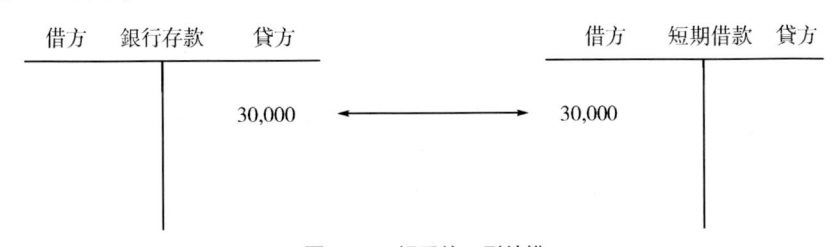

```
   借方    銀行存款    貸方              借方    短期借款    貸方
                    30,000        ←→      30,000
```

圖 3-13　帳戶的 T 型結構

（4）上級主管部門按法定程序將一臺價值 40,000 元的設備調出，以抽回國家對本公司的投資。

該項業務屬於資產與所有者權益同減的會計事項，應設置資產類帳戶的「固定資產」帳戶和所有者權益類帳戶的「實收資本」帳戶，同時根據借貸記帳法的帳戶結構，將 40,000 元記入「固定資產」帳戶的貸方及「實收資本」帳戶的借方。該項業務用 T 型帳戶登記如圖 3-14 所示。

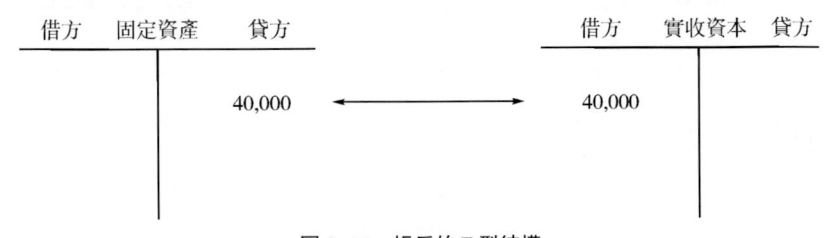

```
   借方    固定資產    貸方              借方    實收資本    貸方
                    40,000        ←→      40,000
```

圖 3-14　帳戶的 T 型結構

（5）開出轉帳支票一張，提現 10,000 元備用。

該項業務屬於資產內部有增有減的會計事項，應設置同屬資產類帳戶的「銀行存

款」帳戶和「庫存現金」帳戶，同時根據借貸記帳法的帳戶結構，將 10,000 元記入「銀行存款」帳戶的貸方及「庫存現金」帳戶的借方。該項業務用 T 型帳戶登記如圖 3-15 所示。

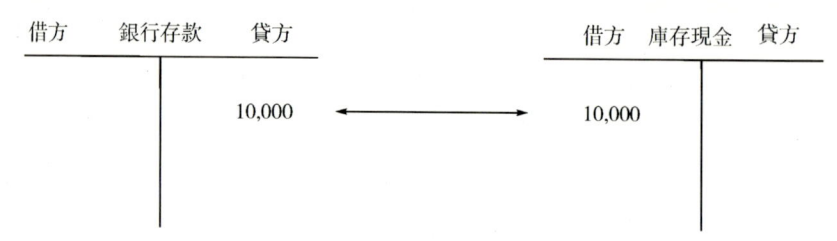

```
   借方   銀行存款   貸方              借方   庫存現金   貸方
                                    
           10,000    ←────→    10,000
```

圖 3-15　帳戶的 T 型結構

（6）取得銀行短期借款 45,000 元，直接償還應付帳款。

該項業務屬於負債內部有增有減的會計事項，應設置同屬負債類帳戶的「短期借款」帳戶和「應付帳款」帳戶，同時根據借貸記帳法的帳戶結構，將 45,000 元記入「短期借款」帳戶的貸方及「應付帳款」帳戶的借方。該項業務用 T 型帳戶登記如圖 3-16 所示。

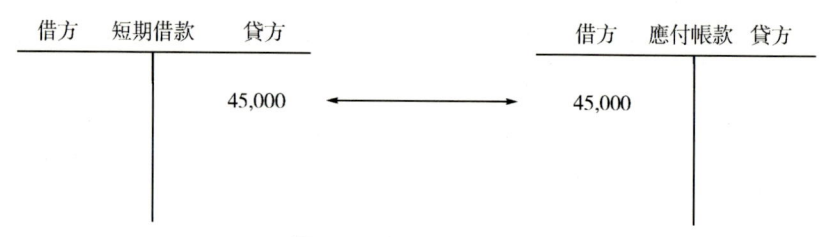

```
   借方   短期借款   貸方              借方   應付帳款   貸方
                                    
           45,000    ←────→    45,000
```

圖 3-16　帳戶的 T 型結構

（7）按法定程序將資本公積 30,000 元轉增資本金。

該項業務屬於所有者權益內部有增有減的會計事項，應設置同屬所有者權益類帳戶的「實收資本」帳戶和「資本公積」帳戶，同時根據借貸記帳法的帳戶結構，將 30,000 元記入「實收資本」帳戶的貸方及「資本公積」帳戶的借方。該項業務用 T 型帳戶登記如圖 3-17 所示。

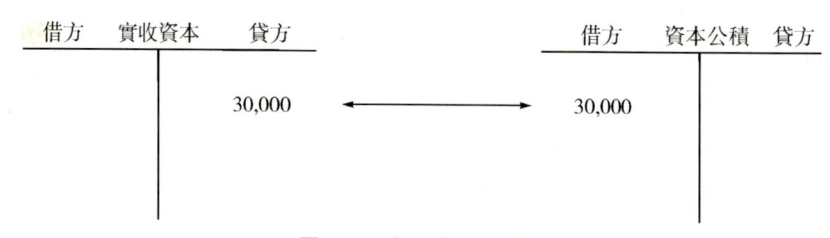

```
   借方   實收資本   貸方              借方   資本公積   貸方
                                    
           30,000    ←────→    30,000
```

圖 3-17　帳戶的 T 型結構

（8）與 D 公司簽訂協議，承擔 D 公司所欠 C 公司貨款 30,000 元，作為 D 公司對本公司投資的減少。

該項業務屬於負債與所有者權益之間此增彼減的會計事項，應設置負債類帳戶的

「應付帳款」帳戶和所有者權益類帳戶的「實收資本」帳戶，同時根據借貸記帳法的帳戶結構，將 30,000 元記入「應付帳款」帳戶的貸方及「實收資本」帳戶的借方。該項業務用 T 型帳戶登記如圖 3-18 所示。

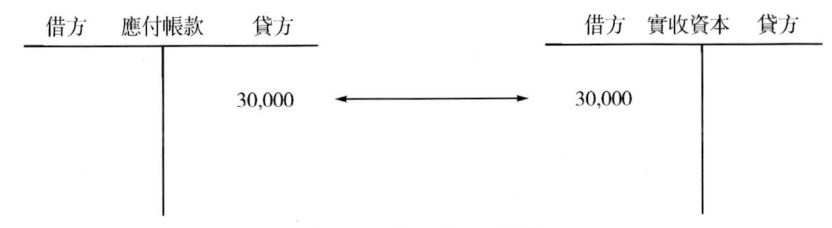

借方	應付帳款	貸方		借方	實收資本	貸方
		30,000	← →	30,000		

圖 3-18　帳戶的 T 型結構

上述事項已可以說明，對於涉及資產、負債和所有者權益變化的經濟業務類型的處理，都是有借方就有相對應的貸方，而且借貸的金額是相等的。下面我們再分析影響動態要素變化的經濟業務的情況。

（9）用庫存現金 500 元購買辦公用品。

該項業務屬於費用與資產之間此增彼減的會計事項，應設置資產類帳戶的「庫存現金」帳戶和成本費用類帳戶的「管理費用」帳戶，同時根據借貸記帳法的帳戶結構，將 500 元記入「庫存現金」帳戶的貸方及「管理費用」帳戶的借方。該項業務用 T 型帳戶登記如圖 3-19 所示。

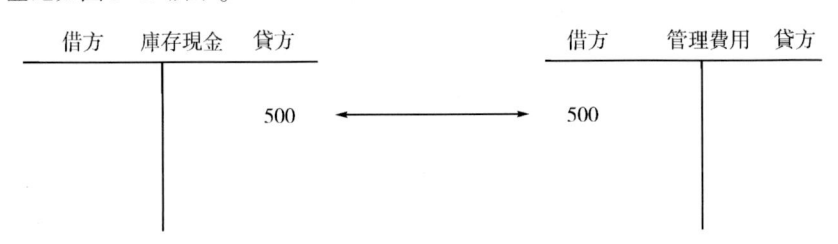

借方	庫存現金	貸方		借方	管理費用	貸方
		500	← →	500		

圖 3-19　帳戶的 T 型結構

（10）立信實業出售價值 20,000 元的商品，貨款尚未收到，假定不考慮增值稅因素。

該項業務屬於資產與收入同增的會計事項，應設置資產類帳戶的「應收帳款」帳戶和收益類帳戶的「主營業務收入」帳戶，同時根據借貸記帳法的帳戶結構，將 20,000 元記入「應收帳款」帳戶的借方及「主營業務收入」帳戶的貸方。該項業務用 T 型帳戶登記如圖 3-20 所示。

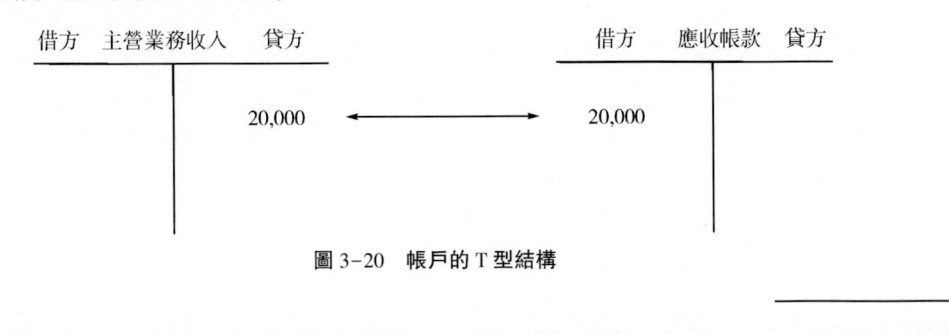

借方	主營業務收入	貸方		借方	應收帳款	貸方
		20,000	← →	20,000		

圖 3-20　帳戶的 T 型結構

以上業務實例已經概括了企業所有業務的類型，而無論哪種類型的經濟業務，都是以相等的金額同時記入有關帳戶的借方和另一帳戶的貸方，據此，我們可以歸納出借貸記帳法的記帳規則為「有借必有貸，借貸必相等」。這一記帳規則如圖 3-21 所示。

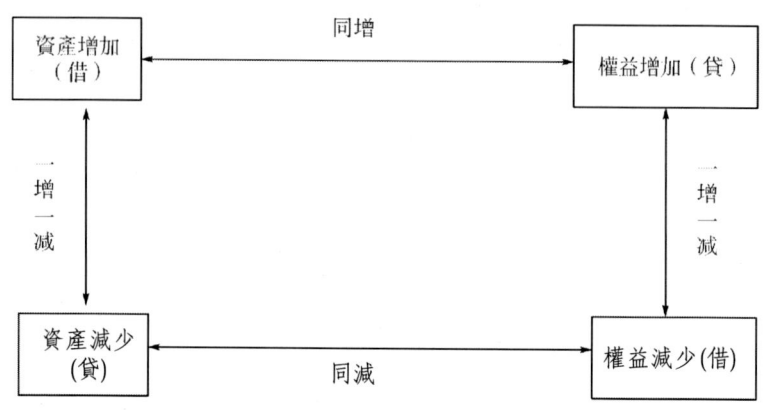

```
┌──────────┐      同增       ┌──────────┐
│ 資產增加  │◄──────────────►│ 權益增加(貸)│
│  (借)    │                │          │
└────┬─────┘                └────┬─────┘
     │ 一                        │ 一
     │ 增                        │ 增
     │ 一                        │ 一
     │ 減                        │ 減
┌────┴─────┐                ┌────┴─────┐
│ 資產減少  │◄──────同減────►│ 權益減少(借)│
│  (貸)    │                │          │
└──────────┘                └──────────┘
```

圖 3-21　借貸記帳法的記帳規則

借貸記帳法的帳戶結構要求對發生的任何經濟事項都要按借貸相反的方向進行記錄，即如果在一個帳戶中記借方，必然在另一帳戶中記貸方，有借必有貸。同時複式記帳法要求對發生的任何經濟事項都要等額地在相關帳戶中進行登記，如果採用「借」和「貸」作為記帳符號時，借貸的金額一定是相等的。遇到複雜的經濟業務，需要登記在一個帳戶的借方和幾個帳戶的貸方，即一借多貸或相反一貸多借時，借貸雙方的金額也相等。

(四) 借貸記帳法的會計分錄

從上述例子可以看出，在運用借貸記帳法對每筆交易或事項進行記錄時，有關帳戶之間存在著應借、應貸的相互關係，帳戶之間的這種相互關係稱為帳戶的對應關係。存在對應關係的帳戶稱為對應帳戶。

根據帳戶的對應關係可以瞭解經濟業務的內容和來龍去脈，可以檢查帳目的正確性，可以加強會計監督。在實際工作中，經濟業務一般較為複雜，如果直接根據業務登記帳戶，就容易產生錯誤。為了既保證帳戶記錄的正確性，又減少工作量，我們在將經濟業務登記入帳前，應先運用帳戶的對應關係編製會計分錄。

在借貸記帳法下，會計分錄是指標明某項經濟業務應借應貸方向、科目名稱和金額的記錄。編製會計分錄有利於保證帳戶記錄的正確性，並便於事後檢查。在實際工作中，會計分錄是在記帳憑證上編製的，並據以登記有關帳戶。如果某項經濟業務只涉及一個帳戶的借方與另一個帳戶的貸方相對應，則這種會計分錄稱為簡單會計分錄；如果某項經濟業務涉及一個帳戶的借方與多個帳戶的貸方相對應或多個帳戶的借方與一個帳戶的貸方相對應，則這種會計分錄稱為複合會計分錄。

1. 簡單會計分錄的編製

現將【例 3.3】中的 10 筆經濟業務用簡單會計分錄表示為：

（1）借：銀行存款　　　　　　　　　　　　　　　200,000
　　　貸：實收資本　　　　　　　　　　　　　　　200,000
（2）借：原材料　　　　　　　　　　　　　　　　 45,000
　　　貸：應付帳款　　　　　　　　　　　　　　　 45,000
（3）借：短期借款　　　　　　　　　　　　　　　 30,000
　　　貸：銀行存款　　　　　　　　　　　　　　　 30,000
（4）借：實收資本　　　　　　　　　　　　　　　 40,000
　　　貸：固定資產　　　　　　　　　　　　　　　 40,000
（5）借：庫存現金　　　　　　　　　　　　　　　 10,000
　　　貸：銀行存款　　　　　　　　　　　　　　　 10,000
（6）借：應付帳款　　　　　　　　　　　　　　　 45,000
　　　貸：短期借款　　　　　　　　　　　　　　　 45,000
（7）借：資本公積　　　　　　　　　　　　　　　 30,000
　　　貸：實收資本　　　　　　　　　　　　　　　 30,000
（8）借：實收資本　　　　　　　　　　　　　　　 30,000
　　　貸：應付帳款　　　　　　　　　　　　　　　 30,000
（9）借：管理費用　　　　　　　　　　　　　　　　　500
　　　貸：庫存現金　　　　　　　　　　　　　　　　　500
（10）借：應收帳款　　　　　　　　　　　　　　　 20,000
　　　　貸：主營業務收入　　　　　　　　　　　　 20,000

2. 複合會計分錄的編制

上述會計分錄均為簡單會計分錄，下面舉例說明複合會計分錄的編制。

【例3.4】立信實業公司購買一批原材料，價值50,000元，其中以銀行存款支付30,000元，其餘款項尚未支付，假定不考慮增值稅因素。

該項業務涉及資產類帳戶的「原材料」帳戶、「銀行存款」帳戶以及負債類帳戶的「應付帳款」帳戶，應編制複合會計分錄如下：

借：原材料　　　　　　　　　　　　　　　　　　 50,000
　　貸：銀行存款　　　　　　　　　　　　　　　　 30,000
　　　　應付帳款　　　　　　　　　　　　　　　　 20,000

複合會計分錄實質上是由簡單會計分錄合併而成的，如此例就可分解為兩個簡單會計分錄。

借：原材料　　　　　　　　　　　　　　　　　　 30,000
　　貸：銀行存款　　　　　　　　　　　　　　　　 30,000
借：原材料　　　　　　　　　　　　　　　　　　 20,000
　　貸：應付帳款　　　　　　　　　　　　　　　　 20,000

編制複合會計分錄的目的是為了簡化記帳手續，提高工作效率。為了保持帳戶之間清晰的對應關係，在借貸記帳法下編制會計分錄，一般應是一借一貸、一借多貸、一貸多借，除了業務的需要外，應盡量避免多借多貸。

根據以上分析，在借貸記帳法下，一筆會計分錄主要包括三個要素：(1) 會計科目。(2) 記帳符號（方向）。(3) 記帳金額。

編制會計分錄的步驟是：

第一步：確定經濟業務涉及的會計科目（帳戶）。

第二步：確定帳戶的性質（屬於哪一類帳戶）。

第三步：確定帳戶金額的增加或減少。

第四步：根據帳戶的性質和結構，判斷應記入的帳戶的借方或貸方。

第五步：編制會計分錄。

另外，書寫會計分錄時應注意三點：一是先借後貸，即借項帳戶和金額在上，貸項帳戶和金額在下；二是借貸上下排列左右錯開，即借貸符號及其帳戶與金額的位置要左右錯開（但借貸各方若是多項可上下對齊），以使會計分錄清晰明了；三是金額後不要帶單位。

(五) 借貸記帳法的試算平衡

各單位的經濟業務紛繁複雜，再加上有些人為的失誤，帳戶的日常記錄難免會出現一些差錯。為了檢查一定時期內所發生經濟業務在帳戶中的記錄是否正確，我們應在會計期末對帳戶進行試算平衡。所謂試算平衡是指根據會計恆等式「資產＝負債＋所有者權益」以及借貸記帳法的記帳規則，通過對所有帳戶的發生額和餘額進行匯總、計算和比較，來檢查各類帳戶記錄是否正確的一種方法，它包括發生額試算平衡和餘額試算平衡。

1. 發生額試算平衡

在借貸記帳法下，根據「有借必有貸，借貸必相等」的記帳規則，我們對發生的每一筆業務進行處理後，這些業務的會計分錄的借方金額和貸方金額一定相等。因此，將一定期間內各項經濟業務的會計分錄全部登記入帳後，所有帳戶的借方本期發生額合計數與貸方發生額合計數必然相等。用公式表示為：

全部帳戶本期借方發生額合計數＝全部帳戶本期貸方發生額合計數

此公式一般應用於期末，如【例3.3】中的 10 筆經濟業務，我們就可通過編制發生額試算平衡表來對其進行檢驗，如表 3-3 所示。

表 3-3　　　　　　　　　　總分類帳戶發生額試算平衡表

2015 年 1 月 31 日　　　　　　　　　　單位：元

帳戶名稱	本期發生額	
	借方	貸方
庫存現金	(5) 10,000	(9) 500
銀行存款	(1) 200,000	(3) 30,000 (5) 10,000
應收帳款	(10) 20,000	
原材料	(2) 45,000	

表3-3(續)

帳戶名稱	本期發生額 借方	本期發生額 貸方
固定資產		(4) 40,000
短期借款	(3) 30,000	(6) 45,000
應付帳款	(6) 45,000	(2) 45,000 (8) 30,000
實收資本	(4) 40,000 (8) 30,000	(1) 200,000 (7) 30,000
資本公積	(7) 30,000	
管理費用	(9) 500	
主營業務收入		(10) 20,000
合計	450,500	450,500

2. 餘額試算平衡

在借貸記帳法下，由於資產帳戶的餘額表現在帳戶的借方，負債和所有者權益帳戶的餘額表現在帳戶的貸方，因此，所有帳戶的借方餘額合計數即為資產總額，所有帳戶貸方餘額合計數即為負債和所有者權益總額，且根據會計恆等關係，兩者必然相等。根據時間的不同，餘額平衡又可分為期初餘額平衡與期末餘額平衡兩類。

期初餘額平衡是指期初所有帳戶借方餘額合計與貸方餘額合計相等。用公式表示如下：

全部帳戶的期初借方餘額合計＝全部帳戶的期初貸方餘額合計

期末餘額平衡是指期末所有帳戶借方餘額合計與貸方餘額合計相等。用公式表示如下：

全部帳戶的期末借方餘額合計＝全部帳戶的期末貸方餘額合計

在實際工作中，餘額試算平衡是通過編制餘額試算平衡表進行的，也可將發生額及餘額試算平衡表合併編表。現仍以【例3.3】所舉事例為準編制發生額及餘額試算平衡表，如表3-4所示。

表 3-4　　　　　　　總分類帳戶發生額及餘額試算平衡表
2015年1月31日　　　　　　　　　　　　　單位：元

帳戶名稱	期初餘額 借方	期初餘額 貸方	本期發生額 借方	本期發生額 貸方	期末餘額 借方	期末餘額 貸方
庫存現金	1,000		10,000	500	10,500	
銀行存款	50,000		200,000	40,000	210,000	
應收帳款	40,000		20,000		60,000	
原材料	100,000		45,000		145,000	
固定資產	460,000			40,000	420,000	

表3-4(續)

帳戶名稱	期初餘額		本期發生額		期末餘額	
	借方	貸方	借方	貸方	借方	貸方
短期借款		40,000	30,000	45,000		55,000
應付帳款		51,000	45,000	75,000		81,000
實收資本		520,000	70,000	230,000		680,000
資本公積		40,000	30,000			10,000
管理費用			500		500	
主營業務收入				20,000		20,000
合計	651,000	651,000	450,500	450,500	846,000	846,000

　　試算平衡表只是通過借貸金額是否平衡來檢查帳戶記錄是否正確，而有些錯誤對於借貸雙方的平衡並不發生影響。例如在記帳中借方或貸方都多記或少記了相同金額，或者是借、貸科目錯誤，或者是記帳方向相反。因此，試算平衡只能說明記帳基本正確，不能保證記帳一定沒有錯誤。但是如果試算不平衡，則說明記帳一定有錯誤，應認真查找。我們在編制試算平衡表時，應注意以下問題：

　　(1) 需保證所有帳戶的餘額均已記入試算表。因為會計等式是對六項會計要素整體而言，缺少任何一個帳戶的餘額，都會造成期初或期末借方餘額與貸方餘額合計不相等。

　　(2) 如果借貸試算不平衡，則帳戶記錄肯定有錯誤，應認真查找，直到實現平衡為止。

　　(3) 如果借貸試算平衡，並不能說明帳戶記錄絕對正確，因為有些錯誤對於借貸雙方的平衡並不發生影響。例如：

①少記某項經濟業務使本期借貸雙方的發生額等額減少，借貸仍然平衡；
②重複記錄某項經濟業務使本期借貸雙方的發生額發生等額虛增，借貸仍然平衡；
③某項經濟業務記錯有關帳戶，借貸仍然平衡；
④某項經濟業務顛倒了記帳方向，借貸仍然平衡；
⑤借方或貸方發生額中，一多一少相互抵消，借貸仍然平衡。

本章小結

　　複式記帳法，就是對任何一項經濟業務，都必須用相等的金額在兩個或兩個以上的帳戶中相互聯繫地進行登記的方法。借貸記帳法是以「借」和「貸」作為記帳符號的一種複式記帳法。借貸記帳法的記帳規則是「有借必有貸，借貸必相等」。運用借貸記帳法記錄每項經濟業務時，在有關帳戶之間產生了應借應貸的對應關係，具有對應關係的帳戶叫對應帳戶。為保證帳戶記錄的正確性，應根據業務發生時取得的原始憑

證，編制會計分錄，再據以登帳。實務中，會計分錄是寫在記帳憑證上的，分簡單會計分錄和複合會計分錄。由於借貸記帳法建立的理論基礎是會計等式，因此，在借貸記帳法下可以進行餘額試算平衡，且由於借貸記帳規則，又產生了會計分錄試算平衡與發生額試算平衡。我們通過總分類帳戶的試算平衡，可以初步檢查會計記錄的正確性。

思考題

1. 什麼是複式記帳法？複式記帳法有何特點？
2. 什麼是借貸記帳法？借貸記帳法的基本內容有哪些？
3. 什麼是帳戶的對應關係和對應帳戶？
4. 什麼是會計分錄？會計分錄有哪幾種？
5. 借貸記帳法下，試算平衡具體包括哪些方面？

練習題

一、單項選擇題

1. 借貸記帳法中，帳戶哪一方記增加，哪一方記減少是由（　　）決定的。
   A. 記帳規則　　　　　　　　B. 帳戶結構
   C. 帳戶性質　　　　　　　　D. 經濟業務性質

2. 複式記帳的理論依據是（　）。
   A. 借方發生額＝貸方發生額
   B. 資產＝負債＋所有者權益
   C. 收入－費用＝利潤
   D. 期初餘額＋本期增加發生額＝期末餘額＋本期減少發生額

3. 借貸記帳法試算平衡公式中，不正確的是（　　）。
   A. 全部帳戶本期借方發生額合計＝全部帳戶本期貸方發生額合計
   B. 全部帳戶借方期初餘額合計＝全部帳戶貸方期初餘額合計
   C. 全部帳戶借方期末餘額合計＝全部帳戶貸方期末餘額合計
   D. 期初借方餘額＋本期借方發生額－本期貸方發生額＝期末借方發生額

4. 下列各項中，屬於中國目前採用的記帳方法的是（　　）。
   A. 收付記帳法　　　　　　　B. 增減記帳法
   C. 借貸記帳法　　　　　　　D. 單式記帳法

5. 下列關於資產類帳戶描述正確的是（　　）。
   A. 增加記借方　　　　　　　B. 增加記貸方
   C. 減少記借方　　　　　　　D. 期末無餘額

6. 兩個具有對應關係的帳戶彼此稱為（　　）。

A. 關鍵帳戶　　　　　　　　　　B. 對應帳戶
C. 核算帳戶　　　　　　　　　　D. 中心帳戶

7. 下列關於所有者權益類帳戶描述正確的是（　　）。
A. 增加記借方　　　　　　　　　B. 增加記貸方
C. 減少記貸方　　　　　　　　　D. 期末餘額一般在借方

8. 下列各項中，可以通過編制試算平衡表發現的記帳錯誤是（　　）。
A. 顛倒了記帳方向
B. 漏記了某項經濟業務
C. 錯誤地使用了應借記的會計科目
D. 只登記了會計分錄的借方或貸方，漏記了另一方

9. 帳戶貸方登記增加額的是（　　）。
A. 資產　　　　　　　　　　　　B. 負債
C. 成本　　　　　　　　　　　　D. 費用

10. 資產的期末餘額根據（　　）計算。
A. 期初借方餘額+本期借方發生額−本期貸方發生額
B. 期初貸方餘額+本期貸方發生額−本期借方發生額
C. 期初借方餘額+本期貸方發生額−本期借方發生額
D. 期初貸方餘額+本期借方發生額−本期貸方發生額

二、多項選擇題

1. 下列帳戶中與負債結構相反的帳戶有（　　）。
A. 資產　　　　　　　　　　　　B. 費用
C. 收入　　　　　　　　　　　　D. 所有者權益

2. 下列帳戶中與資產結構相反的帳戶有（　　）。
A. 負債　　　　　　　　　　　　B. 收入
C. 費用　　　　　　　　　　　　D. 支出

3. 在借貸記帳法下，帳戶借方記錄的內容有（　　）。
A. 資產的增加　　　　　　　　　B. 資產的減少
C. 負債及所有者權益的增加　　　D. 負債及所有者權益的減少

4. 在借貸記帳法下，帳戶貸方記錄的內容有（　　）。
A. 資產的增加　　　　　　　　　B. 資產的減少
C. 負債及所有者權益的增加　　　D. 收入的減少及費用的增加

5. 下列帳戶中，期末結轉後無餘額的帳戶有（　　）。
A. 實收資本　　　　　　　　　　B. 主營業務成本
C. 庫存商品　　　　　　　　　　D. 營業費用

6. 關於借貸記帳法，下列說法正確的有（　　）。
A. 經濟業務所引起的資產增加和權益減少應記入帳戶的借方
B. 所有帳戶的借方發生額之和等於所有帳戶的貸方發生額之和

C. 記帳規則是有借必有貸，借貸必相等

D. 所有帳戶的借方餘額之和等於所有帳戶的貸方餘額之和

7. 成本費用類帳戶一般是（　　）。

    A. 借方記增加　　　　　　　　B. 貸方記增加

    C. 期末無餘額　　　　　　　　D. 期末餘額在借方

8. 試算平衡表中，試算平衡的公式有（　　）。

    A. 全部帳戶借方發生額合計＝全部帳戶貸方發生額合計

    B. 借方期末餘額＝借方期初餘額＋本期借方發生額－本期貸方發生額

    C. 借方科目金額＝貸方科目金額

    D. 全部帳戶的借方餘額合計＝全部帳戶的貸方餘額合計

9. 下列各項中屬於會計分錄形式的有（　　）。

    A. 一借多貸　　　　　　　　　B. 一借一貸

    C. 一貸多借　　　　　　　　　D. 多借多貸

10. 在下列項目中，屬於損益類帳戶的有（　　）。

    A. 主營業務收入　　　　　　　B. 所得稅費用

    C. 應交稅費　　　　　　　　　D. 本年利潤

三、判斷題（表述正確的在括號內打「√」，不正確的打「×」）

1. 試算平衡時可以肯定帳戶記錄或計算一定正確。（　　）

2. 借貸記帳法下，帳戶的借方記錄資產的增加或權益的減少，貸方記錄資產的減少或權益的增加。（　　）

3. 複式記帳法，可以反應每項經濟業務的來龍去脈。（　　）

4. 在借貸記帳法下，資產類帳戶與費用類帳戶的結構相同。（　　）

5. 企業的資產，其所有權必須屬於企業。（　　）

6. 會計要素中的收入，是指日常業務活動中所形成的經濟利益的總流入。（　　）

7. 收入可能引起資產的增加或負債的減少。（　　）

8. 「本期借方發生額＝本期貸方發生額」屬於會計恆等式的表達式之一。（　　）

9. 損益類帳戶的借方登記增加數，貸方登記減少數。（　　）

10. 一般來說，各類帳戶的期末餘額與記錄增加額的一方在同一方向。（　　）

四、業務練習題

（一）目的：理解與掌握借貸記帳法。

（二）資料：

1. 某公司 2015 年 3 月初各帳戶餘額如下表所示。

資產	金額	負債及所有者權益	金額
庫存現金	2,000	短期借款	50,000
銀行存款	80,000	應付帳款	20,000
應收帳款	70,000	應交稅費	3,000
其他應收款	1,000	長期借款	60,000
原材料	10,000	實收資本	230,000
固定資產	200,000		
合計	363,000	合計	363,000

2. 該公司 2015 年 3 月份發生下列經濟業務：

（1）從銀行提取現金 20,000 元備用。

（2）向某企業購入原材料一批，貨款 80,000 元（假定不考慮增值稅因素），開出轉帳支票 40,000 元支付部分款項，餘款暫欠。材料已驗收入庫。

（3）收到投資者投資 250,000 元，存入銀行。

（4）購入機器一臺，價款 100,000 元（假定不考慮增值稅因素），開出轉帳支票付訖。

（5）借入三年期借款 100,000 元，存入銀行。

（6）收到應收帳款 90,000 元，存入銀行。

（7）以銀行存款支付應付帳款 10,000 元。

（8）以銀行存款歸還短期借款 30,000 元。

（9）採購員出差借款 2,000 元，以現金支付。

（10）以銀行存款支付應交稅金 3,000 元。

（三）要求：

1. 根據資料 1 開設 T 型帳戶，並登記期初餘額。
2. 根據資料 2 編制會計分錄。
3. 根據會記分錄逐一登記有關 T 型帳戶，計算各帳戶本期發生額及期末餘額。
4. 編制總分類帳戶發生額及餘額試算平衡表。

第四章　借貸記帳法在工業企業中的應用

【學習目標】通過本章的學習，學生應瞭解工業企業主要經濟業務的種類、內容；掌握借貸記帳法在工業企業不同類型經濟業務中的具體應用，包括帳戶設置、帳戶核算的內容及相關帳務處理。

【引導案例】林霞畢業後應聘到一個印刷廠當會計，老會計即將退休，退休前負責幫助林霞盡快適應工作。林霞勤奮好學，在老會計的指導下認真審核每一張傳送到財務部門的原始憑證，並認真填制記帳憑證，遇到問題處虛心求教。一個月很快過去了，到了月末，看著自己裝訂整齊的憑證，林霞非常高興，對老會計如釋重負地說：「這個月的任務終於完成了！」老會計看了看林霞，意味深長地說：「你確定你把所有的業務都處理完了嗎？」「是啊！您看，傳遞來的所有原始憑證都已填制記帳憑證，憑證也登記到帳簿上了。」老會計笑了笑說：「那這個月單位是盈利或是虧損你算出來了嗎？」林霞說：「那我可以找出所有的收入類帳戶和費用類帳戶計算一下就可以了啊！」老會計說：「不只是要算出來就行，還要把損益類帳戶結轉到本年利潤帳戶，在本年利潤帳戶體現出來盈利或虧損，如果是盈利，還要計算應交所得稅等，這叫作期末業務。」聽到這兒，林霞恍然大悟了，她想起上學那會兒學習會計時，確實有期末結轉損益這項業務，但書本上往往都直接說明結轉××月損益，而工作中由於沒有對應的原始憑證，自己竟把這項業務給忘了。除此之外，林霞還想起來許多沒有原始憑證，但根據會計製度有關規定必須處理的業務，如分配製造費用、計提折舊、計提利息等業務。學習完本章內容，相信你對工業企業的會計業務會有一個較為完整的認識。

第一節　工業企業經濟業務概述

　　工業企業是從事工業產品生產和銷售的營利性經濟組織。它的主要任務是為社會提供合格產品，滿足各方面的需要。為了從事產品的生產與銷售活動，企業必須擁有一定數量的資金，用於建造廠房、購買機器設備、購買材料、支付職工工資、支付經營管理中必要的開支等。生產出的產品經過銷售後，收回的貨款還要補償生產中的墊付資金、償還有關債務、上交有關稅金等。由此可見，工業企業的資金運動包括資金的籌集、資金的循環與週轉以及資金的退出三部分。

　　資金的籌集包括企業向所有者籌集資金和向債權人籌集資金兩部分。企業向所有者籌集的資金形成企業的所有者權益，向債權人籌集的資金形成企業債權人權益——

69

企業負債。

資金的循環包括產品供應過程、生產過程和銷售過程三個階段，並最終形成企業的財務成果。在供應過程中，企業要購買材料等勞動對象，發生材料買價、運輸費、裝卸費等材料採購成本，與供應單位發生貨款結算關係。在生產過程中，勞動者借助勞動手段將勞動對象加工成各種社會需要的產品，還發生各種材料消耗、固定資產折舊費、工資費用以及其他費用等形成生產費用。同時，還將發生企業與工人之間的工資結算關係、與有關單位之間的勞務結算關係等。在銷售過程中，企業將產品銷售出去，收回貨幣資金，同時要發生有關銷售費用、收回貨款、繳納稅金等業務活動，並與產品的購買單位發生貨款結算等關係，同稅務機關發生稅務結算等關係。為了及時總結一個企業在一定時期內的財務成果，必須計算企業所實現的利潤或發生的虧損，如為利潤，應按照國家的規定上交所得稅，提取留存等；如為虧損，還要進行彌補。

資金的退出包括償還各種債務、上交各種稅金、向所有者分配利潤等，這部分資金離開本企業，退出本企業的循環和週轉。

為了全面、連續、系統地反應和監督由上述企業主要交易或者事項所形成的生產經營活動的過程和結果，企業必須根據各項交易或者事項的具體內容和管理要求，相應地設置不同的帳戶，並運用借貸記帳法，對各項交易或者事項的發生進行帳務處理，以提供管理上所需要的各種會計信息。

第二節　資金籌集業務的核算

企業為了進行生產經營活動，必須擁有一定數量的經營資金，作為從事生產經營活動的物質基礎。因此，企業的資金籌集業務是企業的主要經濟業務之一。目前中國企業的資金來源渠道主要是向投資者籌集的資金和向金融機構或其他單位借入的資金等。前者構成企業的實收資本或股本，後者形成企業的負債。因此，對實收資本業務和借款業務的核算，就構成了資金籌集業務核算的主要內容。

一、接受投資者投資

中國有關法律規定，投資者設立企業首先必須投入資本。《企業法人登記管理條例》規定：企業申請開業，必須具備國家規定的與其生產經營和服務規模相適應的資本金。資本金按投資主體可分為國家資本金、法人資本金、個人資本金和外商資本金。

中國《公司法》規定，股東可以用貨幣出資，也可以用實物、知識產權、土地使用權等可以用貨幣估價並可以依法轉讓的非貨幣財產作價出資。對作為出資的非貨幣財產應當評估作價，核實財產，不得高估或者低估作價。全體股東的貨幣出資金額不得低於有限責任公司註冊資本的30%。

投資者投入的資本應當保全，除法律、法規另有規定外，投資者一般不得抽回。

為了反應和監督投資者投入資本的增減變動情況，企業必須按照國家統一會計製度的規定進行實收資本的核算，真實地反應所有者投入企業資本的狀況，維護所有者

在企業的權益。除股份有限公司以外，其他各類企業應通過「實收資本」科目核算，股份有限公司應通過「股本」科目核算。

(一) 帳戶設置

1. 「實收資本」帳戶

「實收資本」帳戶屬於所有者權益類帳戶，用來核算企業實收資本的增減變動情況及其結果（股份公司為「股本」）。該帳戶貸方登記企業實際收到的投資者投入的資本數，借方登記企業按法定程序報經批准減少的註冊資本數，期末餘額在貸方，表示企業實有的資本（或股本）數額。該帳戶按投資者設置明細帳進行明細分類核算。企業對投入資本應按實際投資數額入帳，以貨幣資金投資的，應按實際收到的款項作為投資者的投資額入帳；以非現金資產投資的，應按投資合同或協議約定價值作為實際投資額入帳。「實收資本」帳戶的結構如圖 4-1 所示。

借方	實收資本	貸方
投入資本減少	期初餘額：期初投入資本的實有數額 收到投資者投入的資本	
	期末餘額：期末投入資本的實有數額	

圖 4-1　「實收資本」帳戶

2. 「資本公積」帳戶

「資本公積」帳戶屬於所有者權益類帳戶。資本公積是指企業收到投資者出資額超出其在註冊資本（或股本）中所占份額的部分以及直接計入所有者權益的利得和損失等。資本公積包括資本溢價（或股本溢價）和直接計入所有者權益的利得和損失等。「資本公積」帳戶的結構如圖 4-2 所示。

借方	資本公積	貸方
資本公積減少	期初餘額：期初資本公積實有數 資本公積增加	
	期末餘額：期末資本公積實有數	

圖 4-2　「資本公積」帳戶

3. 「銀行存款」帳戶

「銀行存款」帳戶屬於資產類帳戶，總括地記錄和反應企業存入銀行或其他金融機構的各種款項。該帳戶借方登記銀行存款的增加數，貸方登記銀行存款的減少數，期末餘額在借方，反應企業存在銀行或其他金融機構的各種款項。「銀行存款」帳戶的結構如圖 4-3 所示。

借方	銀行存款	貸方
期初餘額：期初銀行存款實有數 銀行存款增加	銀行存款減少	
期末餘額：期末銀行存款實有數		

圖 4-3 「銀行存款」帳戶

4.「固定資產」帳戶

「固定資產」帳戶屬於資產類帳戶，核算企業現有固定資產的原價。該帳戶借方登記增加固定資產的原價，貸方登記減少固定資產的原價，期末餘額在借方，反應企業固定資產的帳面原價。本科目應當按照固定資產類別和項目進行明細核算。「固定資產」帳戶的結構如圖 4-4 所示。

借方	固定資產	貸方
期初餘額：期初固定資產原值 固定資產增加	固定資產減少	
期末餘額：期末固定資產原值		

圖 4-4 「固定資產」帳戶

5.「無形資產」帳戶

「無形資產」帳戶屬於資產類帳戶，核算企業持有的無形資產，包括專利權、非專利技術、商標權、著作權、土地使用權等。該帳戶借方登記無形資產的增加數，貸方登記無形資產的減少數，期末餘額在借方，反應企業無形資產的成本。企業應當按照無形資產項目進行明細核算。「無形資產」帳戶的結構如圖 4-5 所示。

借方	無形資產	貸方
期初餘額：期初無形資產的價值 無形資產增加	無形資產減少	
期末餘額：期末無形資產的價值		

圖 4-5 「無形資產」帳戶

(二) 實收資本的核算

華陽實業有限責任公司註冊資本為 3,000,000 元。現以 2015 年 12 月公司發生的交易或者事項為例，說明工業企業主要經營過程的核算和成本的計算方法。（以下舉例按經營過程排序，未按時間排序，實際工作中則是按時間排序。這樣做主要為了便於初學者理解、掌握知識。）

【例 4.1】12 月 1 日，收到宏陽公司投入資本 120,000 元，存入銀行。

該交易或者事項發生後，引起資產要素和所有者權益要素發生變化。一方面，使企業資產要素中的銀行存款項目增加了 120,000 元，應借記「銀行存款」帳戶；另一方面，

使企業所有者權益要素中的投資者投入的資本項目也增加了 120,000 元，應貸記「實收資本」帳戶。因此，華陽實業有限責任公司在進行會計處理時，應編制會計分錄如下：

　　借：銀行存款　　　　　　　　　　　　　　　　　　120,000
　　　　貸：實收資本——宏陽公司　　　　　　　　　　　　　　120,000

【例4.2】12月7日，華陽實業有限責任公司收到金星公司投入的一臺不需要安裝的機器設備，合同約定該機器設備的價值為 2,000,000 元，增值稅進項稅額為 340,000 元（假設不允許抵扣）。合同約定的固定資產價值與公允價值相符。

該交易或者事項發生後，引起資產要素和所有者權益要素發生變化。一方面，使企業資產要素中的固定資產項目增加了 2,340,000 元，應借記「固定資產」帳戶；另一方面，使企業所有者權益要素中的投資者投入的資本項目也增加了 2,340,000 元，應貸記「實收資本」帳戶。企業接受投資者作價投入的房屋、建築物、機器設備等固定資產，應按投資合同或協議約定價值確定固定資產價值（但投資合同或協議約定價值不公允的除外）和其在註冊資本中應享有的份額。因此，華陽實業有限責任公司在進行會計處理時，應編制會計分錄如下：

　　借：固定資產　　　　　　　　　　　　　　　　　　2,340,000
　　　　貸：實收資本——金星公司　　　　　　　　　　　　　2,340,000

【例4.3】12月10日，華陽實業有限責任公司收到天源公司投入的一項非專利技術，該非專利技術投資合同約定價值為 300,000 元。假設華陽實業有限責任公司接受該非專利技術符合國家註冊資本管理的有關規定，可按合同約定作實收資本入帳，合同約定的價值與公允價值相符。

該筆交易或者事項發生後，引起資產要素和所有者權益要素發生變化。一方面，使企業資產要素中的無形資產項目增加了 300,000 元，應借記「無形資產」帳戶；另一方面，使企業所有者權益要素中的投資者投入的資本項目也增加了 300,000 元，應貸記「實收資本」帳戶。企業收到以無形資產方式投入的資本，應按投資合同或協議約定價值確定無形資產價值（但投資合同或協議約定價值不公允的除外）和其在註冊資本中應享有的份額。因此，華陽實業有限責任公司在進行會計處理時，應編制會計分錄如下：

　　借：無形資產　　　　　　　　　　　　　　　　　　300,000
　　　　貸：實收資本——天源公司　　　　　　　　　　　　　300,000

二、借入款項的核算

企業在生產經營過程中，由於種種原因，經常需要向銀行等金融機構借款以彌補經營資金的不足。借款按歸還期限長短不同可分為長期借款和短期借款。企業借入的各種借款，必須按規定用途使用，按期支付利息並按期歸還。

(一) 帳戶設置

　　1.「短期借款」帳戶

「短期借款」帳戶屬於負債類帳戶，核算企業向銀行或其他金融機構等借入的期限在 1 年以下（含 1 年）的各種借款。該帳戶貸方登記取得短期借款的本金數額，借方

登記歸還的借款本金數額，期末餘額在貸方，反應企業尚未償還的短期借款的本金。該帳戶應當按照借款種類、貸款人和幣種進行明細分類核算。「短期借款」帳戶的結構如圖 4-6 所示。

借方	短期借款	貸方
企業歸還的短期借款	期初餘額：期初未歸還的短期借款 企業借入的短期借款	
	期末餘額：期末未歸還的短期借款	

圖 4-6 「短期借款」帳戶

2.「長期借款」帳戶

「長期借款」帳戶屬於負債類帳戶，用來核算企業向銀行或其他金融機構借入的期限在 1 年以上（不含 1 年）的各項借款。該帳戶貸方登記長期借款本息的增加額，借方登記長期借款本息的減少額，期末餘額在貸方，表示企業尚未歸還的長期借款。該帳戶應按貸款單位和貸款種類設置明細帳進行明細分類核算。「長期借款」帳戶的結構如圖 4-7 所示。

借方	長期借款	貸方
企業歸還的長期借款	期初餘額：期初未歸還的長期借款 企業借入的長期借款	
	期末餘額：期末未歸還的長期借款	

圖 4-7 「長期借款」帳戶

3.「應付利息」帳戶

「應付利息」帳戶屬於負債類帳戶，用來核算企業按照合同約定應支付的利息，包括短期借款、分期付息到期還本的長期借款及企業債券等應支付的利息。該帳戶的貸方登記按合同利率計算確定的應付而未付的利息，借方登記實際支付的利息，期末餘額在貸方，反應應付而未付的利息。「應付利息」帳戶的結構如圖 4-8 所示。

借方	應付利息	貸方
本期實際支付利息	期初餘額：期初應付未付的利息 本期發生應付而未付的利息	
	期末餘額：期末應付未付的利息	

圖 4-8 「應付利息」帳戶

4.「財務費用」帳戶

「財務費用」帳戶屬於損益類帳戶，用來核算企業為籌集生產經營所需資金而發生的籌資費用，包括利息支出（減利息收入）、匯兌損益及相關的手續費、企業發生的現金折扣或收到的現金折扣等。該帳戶借方登記發生的各項財務費用，貸方登記期末轉

入「本年利潤」帳戶的財務費用，結轉後該帳戶應無餘額。該帳戶應按費用項目設置明細帳，進行明細核算。「財務費用」帳戶的結構如圖4-9所示。

借方	財務費用	貸方
本期發生的各項財務費用		期末轉入「本年利潤」帳戶的金額

圖4-9 「財務費用」帳戶

(二) 借入款項的核算

【例4.4】12月11日，華陽實業有限責任公司向銀行借入一筆生產經營用短期借款，共計200,000元，期限為6個月。

該筆交易或者事項發生後，引起資產要素和負債要素發生變化。一方面，使企業資產要素中的銀行存款項目增加了200,000元，應借記「銀行存款」帳戶；另一方面，使企業負債要素中的短期借款項目也增加了200,000元，應貸記「短期借款」帳戶。因此，華陽實業有限責任公司在進行會計處理時，應編制會計分錄如下：

　　借：銀行存款　　　　　　　　　　　　　　　　200,000
　　　　貸：短期借款　　　　　　　　　　　　　　　　200,000

【例4.5】根據【例4.4】，該公司取得借款的年利率為6%，按月計提利息。

每月應付利息 = 200,000×6%÷12 = 1,000（元）

該筆交易或者事項發生後，引起費用要素和負債要素發生變化。一方面，使企業費用要素中的財務費用增加了1,000元，應借記「財務費用」帳戶；另一方面，使企業負債要素中的應付利息也增加了1,000元，應貸記「應付利息」帳戶。因此，華陽實業有限責任公司在進行會計處理時，應編制會計分錄如下：

　　借：財務費用　　　　　　　　　　　　　　　　1,000
　　　　貸：應付利息　　　　　　　　　　　　　　　　1,000

以銀行存款實際支付利息時，會引起負債要素與資產要素發生變化。一方面，使企業負債要素中的應付利息減少了1,000元，應借記「應付利息」帳戶；另一方面，使企業資產要素中的銀行存款也減少了1,000元，應貸記「銀行存款」帳戶。因此，華陽實業有限責任公司在進行會計處理時，應編制會計分錄如下：

　　借：應付利息　　　　　　　　　　　　　　　　1,000
　　　　貸：銀行存款　　　　　　　　　　　　　　　　1,000

【例4.6】12月15日，華陽實業有限責任公司因基建工程建設需要，向銀行取得為期3年的借款700,000元，年利率為8.4%，所借款項已存入銀行。

該筆交易或者事項發生後，引起資產要素和負債要素發生變化。一方面，使企業資產要素中的銀行存款項目增加了700,000元，應借記「銀行存款」帳戶；另一方面，使企業負債要素中的長期借款項目也增加了700,000元，應貸記「長期借款」帳戶。因此，華陽實業有限責任公司在進行會計處理時，應編制會計分錄如下：

借：銀行存款   700,000
  貸：長期借款   700,000

第三節　供應過程業務的核算

供應環節是企業生產經營活動過程的準備階段。工業企業為了進行產品生產，會進行購建廠房、建築物、購置機器設備、運輸工具、採購材料等一系列準備工作。因此，固定資產購建業務和材料採購業務的核算，就構成了工業企業供應過程業務核算的主要內容。

一、材料採購業務的核算

工業企業的材料採購業務，主要是指採購和儲存生產經營所需的各種材料，為生產經營的正常進行做好準備工作。在材料採購過程中，一方面企業要從供應單位購進各種材料物資，另一方面企業要支付材料物資的買價和各種採購費用，並與供應單位發生結算關係。因此，供應過程主要是核算和監督材料的買價和其他採購費用的發生情況，確定材料採購成本，考核有關採購計劃的執行情況，核算和監督與供應單位的款項結算情況，以及核算和監督供應階段材料儲備資金的占用情況等。

材料的採購成本包括購買價款、相關稅費、運輸費、裝卸費、保險費以及其他可歸屬於材料採購成本的費用。其中，材料的購買價款是指企業購入材料的發票帳單上列明的價款，但不包括按規定可以抵扣的增值稅額。材料的相關稅費是指企業購買材料發生的進口關稅、消費稅、資源稅和不能抵扣的增值稅進項稅額等應計入材料採購成本的稅費。其他可歸屬於材料採購成本的費用是指採購成本中除上述各項以外的可歸屬於材料採購的費用，如在材料採購過程中發生的倉儲費、包裝費，運輸途中的合理損耗，入庫前的挑選整理費用等。

(一) 帳戶設置

1.「原材料」帳戶

「原材料」帳戶屬於資產類帳戶，用於核算各種庫存材料的收發與結存情況。本科目的借方登記入庫材料的實際成本，貸方登記發出材料的實際成本，期末餘額在借方，反應企業庫存材料的實際成本。本科目應當按照材料的保管地點（倉庫）、材料的類別、品種和規格等進行明細核算。「原材料」帳戶的結構如圖 4-10 所示。

借方	原材料	貸方
期初餘額：期初結存材料的實際成本 採購及其他原因入庫材料的實際成本		發出及其他原因出庫材料的實際成本
期末餘額：期末結存材料的實際成本		

圖 4-10 「原材料」帳戶

2.「在途物資」帳戶

「在途物資」帳戶屬於資產類帳戶，用於核算企業採用實際成本進行核算的材料、商品等物資，以及貨款已付尚未驗收入庫的各種物資（即在途物資）的採購成本。本科目的借方登記企業購入的在途物資的實際成本，貸方登記驗收入庫的在途物資的實際成本，期末餘額在借方，反應企業在途物資的採購成本。本科目應按供應單位和物資品種進行明細核算。「在途物資」帳戶的結構如圖4-11所示。

借方	在途物資	貸方
期初餘額：期初在途材料的實際成本 購入材料的實際採購成本	驗收入庫材料的實際採購成本	
期末餘額：期末在途材料的實際成本		

圖4-11　「在途物資」帳戶

3.「應交稅費」帳戶

「應交稅費」帳戶屬於負債類帳戶，用於核算企業根據稅法規定應繳納的各種稅費，包括增值稅、消費稅、營業稅、城市維護建設稅、資源稅、所得稅、土地增值稅、房產稅、車船使用稅、土地使用稅、教育費附加、礦產資源補償費等。該科目貸方登記應繳納的各種稅費等，借方登記實際繳納的稅費，期末餘額一般在貸方，反應企業尚未繳納的稅費。期末餘額如在借方，反應企業多交或尚未抵扣的稅費。本科目應按照應交稅費項目進行明細分類核算。為了核算企業應交增值稅的發生、抵扣、繳納、退稅及轉出等情況，應在「應交稅費」科目下設置「應交增值稅」明細科目，並在「應交增值稅」明細帳內設置「進項稅額」「已交稅金」「銷項稅額」「出口退稅」「進項稅額轉出」等專欄。「應交稅費」帳戶的結構如圖4-12所示。（T型帳戶加括號的內容表示可能出現的另一種情況，下同）

借方	應交稅費	貸方
（期初餘額：期初多交或尚未抵扣的稅費） 實際繳納的各種稅費	期初餘額：期初應交未交稅費 計算出的應交未交的各種稅費	
（期末餘額：期末多交或尚未抵扣的稅費）	期末餘額：期末應交未交稅費	

圖4-12　「應交稅費」帳戶

4.「應付帳款」帳戶

「應付帳款」帳戶屬於負債類帳戶，用於核算企業因購買材料、商品和接受勞務等經營活動應支付的款項。本科目的貸方登記企業因購入材料、商品和接受勞務等尚未支付的款項，借方登記償還的應付帳款，期末餘額一般在貸方，反應企業尚未支付的應付帳款。期末如為借方餘額，則反應企業多支付給供貨單位的款項。本科目應當按照不同的債權人進行明細分類核算。「應付帳款」帳戶的結構如圖4-13所示。

借方	應付帳款	貸方
（期初餘額：期初支付給供應單位的多於應付的款項） 本期支付給供應單位的款項	期初餘額：期初尚未支付的款項 應付供應單位款項的增加	
（期末餘額：支付給供應單位的多於應付的款項）	期末餘額：期末尚未支付的款項	

圖 4-13 「應付帳款」帳戶

5. 「預付帳款」帳戶

「預付帳款」帳戶屬於資產類帳戶，用於核算企業按照合同規定預付的款項。本科目的借方登記預付的款項及補付的款項，貸方登記收到所購物資時根據有關發票帳單記入「原材料」等科目的金額及收回多付款項的金額。期末餘額如在借方，反應企業實際預付尚未結算的款項；期末餘額如在貸方，則反應企業預付不足應支付給供應單位的款項。本科目應當按照供應單位進行明細分類核算。「預付帳款」帳戶的結構如圖 4-14 所示。

借方	預付帳款	貸方
期初餘額：期初尚未結算的預付款項 預付給供應單位的款項	（期初餘額：期初應付供應單位的款項） 衝銷預付給供應單位的款項	
期末餘額：尚未結算的預付款項	（期末餘額：期末應付供應單位的款項）	

圖 4-14 「預付帳款」帳戶

6. 「應付票據」帳戶

「應付票據」帳戶屬於負債類帳戶，用於核算應付票據的發生、償付等情況。該科目貸方登記開出、承兌匯票的面值及帶息票據的預提利息，借方登記支付票據的金額。期末餘額在貸方，表示企業尚未到期的商業匯票的票面金額。企業應當設置「應付票據備查簿」，詳細登記每一商業匯票的種類、號數和出票日期、到期日、票面餘額、交易合同號和收款人姓名或單位名稱以及付款日期和金額等資料。應付票據到期結清時，應當在備查簿內逐筆註銷。「應付票據」帳戶的結構如圖 4-15 所示。

借方	應付票據	貸方
支付給供應單位的票據款	期初餘額：期初應付票據款 開具商業匯票，應付票據款增加	
	期末餘額：期末應付票據款	

圖 4-15 「應付票據」帳戶

(二) 材料採購業務的核算

【例 4.7】12 月 16 日，華陽實業有限責任公司購入 A 材料 300 噸，單價 1,000 元，

增值稅專用發票上記載的貨款為 300,000 元，增值稅額 51,000 元，全部款項已用銀行存款付訖，材料已驗收入庫。

該筆交易或者事項發生後，一方面，企業材料驗收入庫，使企業資產要素中的原材料項目增加了 300,000 元，應借記「原材料」帳戶，對於增值稅專用發票上註明的可抵扣的進項稅額 51,000 元，應借記「應交稅費——應交增值稅（進項稅額）」帳戶；另一方面，企業支付了全部款項，使企業資產要素中的銀行存款項目減少了 351,000 元，應貸記「銀行存款」帳戶。因此，華陽實業有限責任公司在進行會計處理時，應編制會計分錄如下：

借：原材料——A 材料　　　　　　　　　　　　　　　300,000
　　應交稅費——應交增值稅（進項稅額）　　　　　　51,000
　貸：銀行存款　　　　　　　　　　　　　　　　　　351,000

【例 4.8】12 月 17 日，華陽實業有限責任公司購入 B 材料 40 噸，單價 1,500 元，發票及帳單已收到，增值稅專用發票上記載的貨款為 60,000 元，增值稅額 10,200 元，材料尚未到達。

該筆交易或者事項發生後，一方面，企業材料尚未到達，使企業資產要素中的在途物資項目增加了 60,000 元，應借記「在途物資」帳戶，對於增值稅專用發票上註明的可抵扣的進項稅額 10,200 元，應借記「應交稅費——應交增值稅（進項稅額）」帳戶；另一方面，企業支付了全部款項，使企業資產要素中的銀行存款項目減少了 70,200 元，應貸記「銀行存款」帳戶。因此，華陽實業有限責任公司在進行會計處理時，應編制會計分錄如下：

借：在途物資——B 材料　　　　　　　　　　　　　　60,000
　　應交稅費——應交增值稅（進項稅額）　　　　　　10,200
　貸：銀行存款　　　　　　　　　　　　　　　　　　70,200

【例 4.9】12 月 20 日，華陽實業有限責任公司收到購入的 B 材料，並將其驗收入庫。

該筆交易或者事項發生後，一方面，企業收到材料，並將其驗收入庫，使企業資產要素中的原材料項目增加了 60,000 元，應借記「原材料」帳戶；另一方面，使企業資產要素中的在途物資項目減少了 60,000 元，應貸記「在途物資」帳戶。因此，華陽實業有限責任公司在進行會計處理時，應編制會計分錄如下：

借：原材料——B 材料　　　　　　　　　　　　　　　60,000
　貸：在途物資——B 材料　　　　　　　　　　　　　60,000

【例 4.10】12 月 21 日，華陽實業有限責任公司從立信公司購入 A 材料 50 噸，單價 1,000 元，增值稅專用發票上記載的貨款為 50,000 元，增值稅額 8,500 元，款項尚未支付，材料已驗收入庫。

該筆交易或者事項發生後，一方面，企業材料驗收入庫，使企業資產要素中的原材料項目增加了 50,000 元，應借記「原材料」帳戶，對於增值稅專用發票上註明的可抵扣的進項稅額 8,500 元，應借記「應交稅費——應交增值稅（進項稅額）」帳戶；另一方面，款項尚未支付，使企業負債要素中的應付帳款項目增加了 58,500 元，應貸

記「應付帳款」帳戶。因此，華陽實業有限責任公司在進行會計處理時，應編制會計分錄如下：

　　借：原材料——A材料　　　　　　　　　　　　　　　　50,000
　　　　應交稅費——應交增值稅（進項稅額）　　　　　　　 8,500
　　　貸：應付帳款——立信公司　　　　　　　　　　　　　 58,500

【例4.11】12月24日，華陽實業有限責任公司支付上述A材料採購款項58,500元。

該筆交易或者事項發生後，一方面，使企業負債要素中的應付帳款項目減少了58,500元，應借記「應付帳款」帳戶；另一方面，使企業資產要素中的銀行存款項目減少了58,500元，應貸記「銀行存款」帳戶。因此，華陽實業有限責任公司在進行會計處理時，應編制會計分錄如下：

　　借：應付帳款——立信公司　　　　　　　　　　　　　　58,500
　　　貸：銀行存款　　　　　　　　　　　　　　　　　　　 58,500

【例4.12】12月26日，華陽實業有限責任公司開出一張面值為105,300元，期限6個月的不帶息商業匯票，用以採購一批B材料60噸，單價1,500元，增值稅專用發票上註明的材料價款為90,000元，增值稅額為15,300元，材料已驗收入庫。

該筆交易或者事項發生後，一方面，企業材料驗收入庫，使企業資產要素中的原材料項目增加了90,000元，應借記「原材料」帳戶，對於增值稅專用發票上註明的可抵扣的進項稅額15,300元，應借記「應交稅費——應交增值稅（進項稅額）」帳戶；另一方面，企業採用商業匯票方式支付，使企業負債要素中的應付票據項目增加了105,300元，應貸記「應付票據」帳戶。因此，華陽實業有限責任公司在進行會計處理時，應編制會計分錄如下：

　　借：原材料——B材料　　　　　　　　　　　　　　　　90,000
　　　　應交稅費——應交增值稅（進項稅額）　　　　　　　15,300
　　　貸：應付票據　　　　　　　　　　　　　　　　　　　105,300

【例4.13】12月27日，華陽實業有限責任公司根據與明發公司的購銷合同規定，為購買A材料以銀行存款向該公司預付100,000元貨款的50%，計50,000元。

該筆交易或者事項發生後，一方面，企業為購買材料先期支付款項，使企業資產要素中的預付帳款項目增加了50,000元，應借記「預付帳款」帳戶；另一方面，企業已通過銀行存款支付了款項，使企業資產要素中的銀行存款項目減少了50,000元，應貸記「銀行存款」帳戶。因此，華陽實業有限責任公司在進行會計處理時，應編制會計分錄如下：

　　借：預付帳款——明發公司　　　　　　　　　　　　　　50,000
　　　貸：銀行存款　　　　　　　　　　　　　　　　　　　 50,000

【例4.14】12月30日，華陽實業有限責任公司收到明發公司發運來的A材料100噸，單價1,000元，已驗收入庫。有關發票帳單記載，該批貨物的貨款100,000元，增值稅額17,000元，沖抵預付款50,000元後，其餘款項以銀行存款付訖。

該筆交易或者事項發生後，一方面，企業材料驗收入庫，使企業資產要素中的原材料項目增加了100,000元，應借記「原材料」帳戶，對於增值稅專用發票上註明的

可抵扣的進項稅額 17,000 元,應借記「應交稅費——應交增值稅(進項稅額)」帳戶;另一方面,使企業資產要素中的預付帳款項目減少了 117,000 元,應貸記「預付帳款」帳戶。因此,華陽實業有限責任公司在進行會計處理時,應編制會計分錄如下:
  借:原材料——A 材料   100,000
    應交稅費——應交增值稅(進項稅額)   17,000
   貸:預付帳款——明發公司   117,000

需要說明的是,明發公司前期支付了 50,000 元預付款,本次購進沖抵預付帳款 117,000 元,說明華陽實業有限責任公司前期預付帳款少付 67,000 元,以銀行存款補付。

該筆交易或者事項發生後,一方面,使企業資產要素中的預付帳款項目增加了 67,000 元,應借記「預付帳款」帳戶;另一方面,使企業資產要素中的銀行存款項目減少了 67,000 元,應貸記「銀行存款」帳戶。因此,華陽實業有限責任公司在進行會計處理時,應編制會計分錄如下:
  借:預付帳款——明發公司   67,000
   貸:銀行存款   67,000

二、固定資產購建業務的核算

固定資產是指同時具有以下特徵的有形資產:第一,為生產商品、提供勞務、出租或經營管理而持有的;第二,使用年限超過一個會計年度。

(一) 固定資產購置成本

企業外購固定資產的成本,應包括實際支付的購買價款、相關稅費、使固定資產達到預定可使用狀態前所發生的可歸屬於該項資產的運輸費、裝卸費、安裝費和專業人員的服務費等,但不包括允許抵扣的增值稅進項稅額。外購固定資產分為購入不需要安裝的固定資產和購入需要安裝的固定資產兩類。

1. 購入不需要經過安裝過程即可使用的固定資產

購入不需要經過安裝過程即可使用的固定資產,應按照實際支付的購買價款、相關稅費、使固定資產達到預定可使用狀態前所發生的可歸屬於該項資產的運輸費、裝卸費、專業人員的服務費等,作為固定資產的成本,計入「固定資產」科目的借方。

2. 購入需要安裝的固定資產

購入需要安裝的固定資產,應在購入不需要安裝的固定資產取得成本的基礎上加上安裝調試成本等,作為購入固定資產的成本。這種情況下,應先通過「在建工程」科目歸集其成本,待達到預定可使用狀態時,再由「在建工程」科目轉入「固定資產」科目。

(二) 帳戶設置

對固定資產購建業務進行核算時,需設置「銀行存款」「固定資產」及「在建工程」等帳戶,其中「固定資產」帳戶與「銀行存款」帳戶在前面章節中已介紹,這裡只介紹「在建工程」帳戶。

「在建工程」帳戶屬於資產類帳戶，用來核算企業基建、更新改造等在建工程發生的支出。該帳戶的借方登記企業各項在建工程的實際支出，貸方登記完工工程轉出的成本，期末借方餘額反應企業尚未達到預定可使用狀態的在建工程的成本。「在建工程」帳戶的結構如圖 4-16 所示。

借方	在建工程	貸方
期初餘額：期初在建工程的各項支出 建造、安裝工程的各項支出		結轉到固定資產的完工工程成本
期末餘額：期末在建工程的各項支出		

圖 4-16 「在建工程」帳戶

(三) 固定資產購建業務的核算

【例 4.15】12 月 12 日，華陽實業有限責任公司購入一臺不需要安裝即可投入使用的設備，取得的增值稅專用發票上註明的設備價款為 200,000 元，增值稅額為 34,000 元，另支付運輸費 3,000 元，包裝費 2,000 元，以上款項全部以銀行存款付訖。

該筆交易或者事項發生後，一方面，使企業資產要素中的固定資產項目增加了 205,000 元（固定資產的成本 = 200,000+3,000+2,000 = 205,000 元），應借記「固定資產」帳戶；對購進固定資產支付的可抵扣增值稅進項稅額 34,000 元，應借記「應交稅費——應交增值稅（進項稅額）」帳戶；另一方面，使企業資產要素中的銀行存款項目減少了 239,000 元，應貸記「銀行存款」帳戶。因此，華陽實業有限責任公司在進行會計處理時，應編制會計分錄如下：

借：固定資產　　　　　　　　　　　　　　　　　　　205,000
　　應交稅費——應交增值稅（進項稅額）　　　　　　 34,000
　貸：銀行存款　　　　　　　　　　　　　　　　　　239,000

【例 4.16】12 月 15 日，華陽實業有限責任公司用銀行存款購入一臺需要安裝的設備，增值稅專用發票上註明的設備價款為 300,000 元，增值稅額為 51,000 元，支付運輸費 10,000 元。該設備由安裝公司安裝，支付安裝費 30,000 元。款項全部以銀行存款付訖。

(1) 購買設備時的帳務處理。該筆交易或者事項發生後，一方面，使企業資產要素中的在建工程項目增加了 310,000 元，應借記「在建工程」帳戶；對購進固定資產支付的可抵扣增值稅進項稅額 51,000 元，應借記「應交稅費——應交增值稅（進項稅額）」帳戶；另一方面，使企業資產要素中的銀行存款項目減少了 361,000 元，應貸記「銀行存款」帳戶。因此，華陽實業有限責任公司在進行會計處理時，應編制會計分錄如下：

借：在建工程　　　　　　　　　　　　　　　　　　　310,000
　　應交稅費——應交增值稅（進項稅額）　　　　　　 51,000
　貸：銀行存款　　　　　　　　　　　　　　　　　　361,000

(2) 安裝過程中，支付安裝費的帳務處理。該筆交易或者事項發生後，一方面，

使企業資產要素中的在建工程項目增加了 30,000 元，應借記「在建工程」帳戶；另一方面，使企業資產要素中的銀行存款項目減少了 30,000 元，應貸記「銀行存款」帳戶。因此，華陽實業有限責任公司在進行會計處理時，應編制會計分錄如下：

借：在建工程 30,000
　貸：銀行存款 30,000

（3）設備安裝完成達到預定可使用狀態，轉入固定資產時的帳務處理。該筆交易或者事項發生後，引起資產要素項目發生增減變化。一方面，使企業資產要素中的固定資產項目增加了 391,000 元，應借記「固定資產」帳戶；另一方面，使企業資產要素中的在建工程項目減少了 391,000 元，應貸記「在建工程」帳戶。因此，華陽實業有限責任公司在進行會計處理時，應編制會計分錄如下：

借：固定資產 391,000
　貸：在建工程 391,000

第四節　生產過程業務的核算

產品生產是工業企業主要的生產經營活動。生產過程既是產品的製造過程，又是物化勞動和活勞動的耗費過程。一方面，勞動者借助勞動資料對勞動對象進行加工製造，以滿足社會需要；另一方面，為了製造產品，企業必然要發生各種耗費，如為生產產品而耗費的材料、固定資產的磨損、用現金向職工支付工資等職工薪酬，等等。企業在一定時期內發生的用貨幣額表現的生產耗費，稱為費用。費用按一定種類和數量的產品進行歸集，形成了產品的製造成本。因此，在產品生產過程中，費用的發生、歸集和分配，以及產品成本的形成，就構成了生產過程核算的主要內容。

（一）帳戶設置

1.「生產成本」帳戶

「生產成本」帳戶屬於成本類帳戶，用於核算企業進行工業性生產發生的各項生產成本，包括生產各種產品（產成品、自製半成品等）、自製材料、自製工具、自製設備等。該帳戶借方登記應計入產品生產成本的各項費用，包括直接計入產品成本的直接材料和直接工資，以及分配計入產品生產成本的製造費用，貸方登記完工入庫產品的生產成本，其期末借方餘額表示企業尚未加工完成的各項在產品的成本。本科目應當按照基本生產成本和輔助生產成本進行明細核算。「生產成本」帳戶的結構如圖 4-17 所示。

借方	生產成本	貸方
期初餘額：期初在產品的生產成本		
為生產產品而發生的各項費用	結轉完工入庫產品的生產成本	
期末餘額：期末在產品的生產成本		

圖 4-17　「生產成本」帳戶

2.「製造費用」帳戶

「製造費用」帳戶屬於成本類帳戶，用於核算企業生產車間（部門）為生產產品和提供勞務而發生的各項間接費用。生產車間發生的機物料消耗，管理人員的工資等職工薪酬，計提的固定資產折舊，支付的辦公費、水電費等，發生季節性的停工損失等記入本科目的借方，分配結轉應由各產品負擔的製造費用記入本科目的貸方。除季節性的生產性企業外，本科目期末應無餘額。該科目可按不同的生產車間、部門和費用項目進行明細分類核算。「製造費用」帳戶的結構如圖 4-18 所示。

借方	製造費用	貸方
歸集生產車間發生的各項間接費用	期末分配轉入「生產成本」帳戶的製造費用	

圖 4-18 「製造費用」帳戶

3.「應付職工薪酬」帳戶

「應付職工薪酬」帳戶屬於負債類帳戶，用於核算企業根據有關規定應付給職工的各種薪酬，包括職工工資、獎金、津貼和補貼，職工福利費，醫療、養老、失業、工傷、生育等社會保險費，住房公積金，工會經費，職工教育經費，非貨幣性福利等因職工提供服務而產生的義務。該科目貸方登記已分配計入有關成本費用項目的職工薪酬的數額，借方登記實際發放職工薪酬的數額，其期末貸方餘額反應企業應付未付的職工薪酬。該科目應當按照「工資」「職工福利」「社會保險費」「住房公積金」「工會經費」「職工教育經費」「非貨幣性福利」等應付職工薪酬項目進行明細分類核算。「應付職工薪酬」帳戶的結構如圖 4-19 所示。

借方	應付職工薪酬	貸方
實際支付的職工薪酬	期初餘額：期初應付未付的職工薪酬 計算分配本期應付給職工的各種薪酬	
	期末餘額：期末應付未付的職工薪酬	

圖 4-19 「應付職工薪酬」帳戶

4.「累計折舊」帳戶

「累計折舊」帳戶屬資產類帳戶，用來核算企業對固定資產計提的累計折舊。每月計提的固定資產折舊，記入該帳戶的貸方，表示固定資產因損耗而減少的價值。對於固定資產因出售、報廢等原因引起的價值減少，在註銷固定資產的原始價值、貸記「固定資產」帳戶的同時，應借記「累計折舊」帳戶，註銷其已提取的折舊額。該帳戶期末貸方餘額反應企業固定資產累計折舊額。本科目應當按照固定資產的類別或項目進行明細核算。「累計折舊」帳戶的結構如圖 4-20 所示。

借方	累計折舊	貸方
固定資產折舊的減少或轉銷	期初餘額：期初累計計提的固定資產折舊 本期計提的固定資產折舊	
	期末餘額：期末累計計提的固定資產折舊	

圖 4-20　「累計折舊」帳戶

5.「庫存商品」帳戶

「庫存商品」帳戶屬資產類帳戶，用來核算企業庫存的各種商品的成本，包括庫存產成品、外購商品、存放在門市部準備出售的商品、發出展覽的商品以及寄存在外的商品等。該帳戶借方登記已驗收入庫商品的成本，貸方登記發出商品的成本，其期末借方餘額表示庫存商品成本。該帳戶應當按照庫存商品的種類、品種和規格進行明細分類核算。「庫存商品」帳戶的結構如圖 4-21 所示。

借方	庫存商品	貸方
期初餘額：期初庫存產品的實際成本 完工入庫產品的實際成本		結轉已銷售產品的實際成本
期末餘額：期末庫存產品的實際成本		

圖 4-21　「庫存商品」帳戶

6.「管理費用」帳戶

「管理費用」帳戶屬損益類帳戶，用來核算企業為組織和管理企業生產經營所發生的管理費用，包括企業在籌建期間內發生的開辦費、董事會和行政管理部門在企業的經營管理中發生的或者應由企業統一負擔的公司經費（包括行政管理部門職工薪酬、物料消耗、低值易耗品攤銷、辦公費和差旅費等）、工會經費、董事會費（包括董事會成員津貼、會議費和差旅費等）、聘請仲介機構費、諮詢費（含顧問費）、訴訟費、業務招待費、房產稅、車船使用稅、土地使用稅、印花稅、技術轉讓費、礦產資源補償費、研究費用、排污費等。該帳戶借方登記發生的各種費用，貸方登記轉入「本年利潤」帳戶的管理費用，期末結轉後，帳戶無餘額。本科目應當按照費用項目進行明細分類核算。「管理費用」帳戶的結構如圖 4-22 所示。

借方	管理費用	貸方
發生的各項管理費用		期末轉入「本年利潤」的管理費用

圖 4-22　「管理費用」帳戶

(二) 產品生產業務的核算

【例 4.17】12 月 31 日，華陽實業有限責任公司匯總倉庫領用 A、B 兩種材料共計

1,009,000元，材料領用情況如表4-1所示。

表 4-1   發料憑證匯總表
                        2015 年 12 月 31 日   單位：元

材料用途		A 材料			B 材料			合計
		數量（噸）	單價	金額	數量（噸）	單價	金額	
生產產品直接耗用	甲產品	300	1,000	300,000	120	1,500	180,000	480,000
	乙產品	200	1,000	200,000	200	1,500	300,000	500,000
生產車間一般耗用		15	1,000	15,000	6	1,500	9,000	24,000
管理部門耗用		2	1,000	2,000	2	1,500	3,000	5,000
合計				517,000			492,000	1,009,000

該筆交易或者事項發生後，引起企業費用要素和資產要素發生變化。一方面，使費用要素中的生產成本、製造費用和管理費用項目分別增加了980,000元、24,000元和5,000元，根據發料憑證匯總表，按材料用途，應分別將其借記「生產成本」「製造費用」和「管理費用」帳戶；另一方面，引起資產要素中的「原材料」項目減少了1,009,000元，應貸記「原材料」帳戶。因此，華陽實業有限責任公司應作會計分錄如下：

```
借：生產成本——甲產品                    480,000
        ——乙產品                        500,000
    製造費用                              24,000
    管理費用                               5,000
  貸：原材料——A材料                              517,000
        ——B材料                                  492,000
```

【例4.18】12月31日，華陽實業有限責任公司分配結轉本月工資費用，根據「工資結算匯總表」（略）編制的「工資費用分配匯總表」如表4-2所示。

表 4-2   工資費用分配表
                        2015 年 12 月 31 日   單位：元

車間、部門		應分配金額
車間生產人員	生產甲產品	33,000
	生產乙產品	32,000
	車間生產人員工資小計	65,000
車間管理人員		7,500
廠部管理人員		13,000
合計		85,500

該筆交易或者事項發生後，引起企業費用要素和負債要素發生變化。一方面，使

費用要素中的生產成本、製造費用和管理費用項目分別增加了 65,000 元、7,500 元、13,000元，按不同的用途，應分別將其借記「生產成本」「製造費用」和「管理費用」帳戶；另一方面，引起負債要素中的應付職工薪酬項目增加 85,500 元，應貸記「應付職工薪酬」帳戶。因此，華陽實業有限責任公司應作會計分錄如下：

借：生產成本——甲產品　　　　　　　　　　　　　　　33,000
　　　　　　——乙產品　　　　　　　　　　　　　　　32,000
　　製造費用　　　　　　　　　　　　　　　　　　　　　7,500
　　管理費用　　　　　　　　　　　　　　　　　　　　　13,000
　貸：應付職工薪酬——工資　　　　　　　　　　　　　　85,500

【例4.19】12 月 31 日，華陽實業有限責任公司決定按應付工資 14%的比例計提本月應付職工的福利費。

該筆交易或者事項發生後，引起企業費用要素和負債要素發生變化。一方面，使費用要素中的生產成本、製造費用和管理費用項目分別增加了 9,100 元、1,050 元、1,820元，按不同的用途，應分別將其借記「生產成本」「製造費用」和「管理費用」帳戶；另一方面，引起負債要素中的應付職工薪酬項目增加 11,970 元，應貸記「應付職工薪酬」帳戶。因此，華陽實業有限責任公司應作會計分錄如下：

借：生產成本——甲產品　　　　　　　　　　　　　　　4,620
　　　　　　——乙產品　　　　　　　　　　　　　　　4,480
　　製造費用　　　　　　　　　　　　　　　　　　　　　1,050
　　管理費用　　　　　　　　　　　　　　　　　　　　　1,820
　貸：應付職工薪酬——職工福利費　　　　　　　　　　　11,970

【例4.20】12 月 9 日，華陽實業有限責任公司向銀行提取現金備發工資和補貼。

該筆交易或者事項發生後，引起企業資產要素發生變化。一方面，使資產要素中的庫存現金項目增加了 85,500 元，應借記「庫存現金」帳戶；另一方面，引起資產要素中的銀行存款項目減少 85,500 元，應貸記「銀行存款」帳戶。因此，華陽實業有限責任公司應編制會計分錄如下：

借：庫存現金　　　　　　　　　　　　　　　　　　　　85,500
　貸：銀行存款　　　　　　　　　　　　　　　　　　　　85,500

【例4.21】12 月 9 日，華陽實業有限責任公司以現金發放工資 85,500 元。

該筆交易或者事項發生後，引起企業資產要素和負債要素發生變化。一方面，引起負債要素中的應付職工薪酬項目增加 85,500 元，應借記「應付職工薪酬」帳戶；另一方面，使資產要素中的庫存現金項目減少了 85,500 元，應貸記「庫存現金」帳戶。因此，華陽實業有限責任公司應編制會計分錄如下：

借：應付職工薪酬——工資　　　　　　　　　　　　　　85,500
　貸：庫存現金　　　　　　　　　　　　　　　　　　　　85,500

【例4.22】12 月 9 日，華陽實業有限責任公司以現金支付職工食堂補貼 3,800 元。

該筆交易或者事項發生後，引起企業資產要素和負債要素發生變化。一方面，引起負債要素中的應付職工薪酬項目減少 3,800 元，應借記「應付職工薪酬」帳戶；另

一方面，使資產要素中的庫存現金項目減少 3,800 元，應貸記「庫存現金」帳戶。因此，華陽實業有限責任公司應編制會計分錄如下：

借：應付職工薪酬——職工福利　　　　　　　　　　　　　3,800
　　貸：庫存現金　　　　　　　　　　　　　　　　　　　　　3,800

【例 4.23】12 月 31 日，華陽實業有限責任公司計提本月固定資產折舊。企業財會人員應編制的「固定資產折舊計算表」如表 4-3 所示。

表 4-3　　　　　　　　　　固定資產折舊計算表
　　　　　　　　　　　　　2015 年 12 月 31 日　　　　　　　　　單位：元

使用單位、部門		上月固定資產折舊額	上月增加固定資產應計提折舊額	上月減少固定資產應計提折舊額	本月應計提的固定資產折舊額
生產車間	一車間	45,000	12,000	——	57,000
	二車間	57,700	——	1,000	56,700
廠部管理部門		16,000	3,000	9,000	10,000
合計		118,700	15,000	10,000	123,700

固定資產折舊是指在固定資產使用壽命內，按照確定的方法對應計折舊額進行系統分攤。企業計提的固定資產折舊，應當根據固定資產的用途，分別計入相關資產的成本或當期損益。例如，基本生產車間使用的固定資產，其計提的折舊應計入製造費用，並最終計入所生產產品的成本；管理部門使用的固定資產，其計提的折舊應計入管理費用。

企業應當按月計提固定資產折舊，當月增加的固定資產，當月不計提折舊，從下月起計提折舊；當月減少的固定資產，當月仍計提折舊，從下月起停止計提折舊。固定資產提足折舊後，不管能否繼續使用，均不再提取折舊；提前報廢的固定資產，也不再補提折舊。

如表 4-3 所示，該筆交易或者事項發生後，引起企業費用要素和資產要素發生變化。一方面，使費用要素中的製造費用和管理費用項目分別增加了 113,700 元和 10,000 元，應分別將其借記「製造費用」和「管理費用」帳戶；另一方面，計提折舊費引起資產要素中的固定資產價值減少，但為了反應固定資產的原始價值以滿足管理上的特定需要，對於因折舊而減少的固定資產價值，不直接計入「固定資產」帳戶的貸方，而是專門設置了「累計折舊」帳戶，用來反應固定資產因發生折舊而減少的價值。「累計折舊」的增加，意味著固定資產價值的減少，所以，對因計提折舊 123,700 元而減少的固定資產價值，應貸記「累計折舊」帳戶。因此，華陽實業有限責任公司應編制會計分錄如下：

借：製造費用—— 一車間　　　　　　　　　　　　　　　57,000
　　　　　　—— 二車間　　　　　　　　　　　　　　　56,700
　　管理費用　　　　　　　　　　　　　　　　　　　　　10,000
　　貸：累計折舊　　　　　　　　　　　　　　　　　　　123,700

【例 4.24】12 月 31 日，華陽實業有限責任公司按生產工人工資將製造費用分配計

入產品成本。

製造費用，是指企業為生產產品和提供勞務而發生的各項間接費用，包括生產車間發生的機物料消耗、管理人員的工資、福利費等職工薪酬、折舊費、辦公費、水電費、季節性的停工損失等。

製造費用是產品生產成本的組成部分，平時發生的製造費用因無法分清應由哪一種產品負擔，因此直接歸集在「製造費用」帳戶的借方，期末時，再將本期「製造費用」帳戶借方所歸集的製造費用總額，按照一定的標準（如生產工人工資比例、生產工人工時比例或機器工時比例），採用一定的分配方法，在各種產品之間進行分配，計算出某種產品應負擔的製造費用，然後，再從「製造費用」帳戶的貸方轉入「生產成本」帳戶的借方。根據上述業務相關數據，華陽實業有限責任公司對本月製造費用分配計算如下：

本月製造費用發生額 = 24,000+7,500+1,050+113,700 = 146,250（元）
製造費用分配率 = 146,250/（33,000+32,000）= 2.25
甲產品生產成本應負擔的製造費用 = 33,000×2.25 = 74,250（元）
乙產品生產成本應負擔的製造費用 = 32,000×2.25 = 72,000（元）

據此，編制「製造費用分配表」如表 4-4 所示。

表 4-4　　　　　　　　　　製造費用分配表
車間：生產車間　　　　　　2015 年 12 月 31 日

分配對象	分配標準（元）(生產工人工資)	分配率	分配金額（元）
甲產品	33,000	2.25	74,250
乙產品	32,000	2.25	72,000
合計	10,000		146,250

該項交易或者事項發生後，引起企業費用要素內部發生變化。一方面，引起了費用要素中的生產成本項目增加了 146,250 元，應借記「生產成本」帳戶；另一方面，引起了費用要素中的製造費用項目減少了 146,250 元，應貸記「製造費用」帳戶。因此，華陽實業有限責任公司應編制會計分錄如下：

借：生產成本—— 甲產品　　　　　　　　　　　　　　　74,250
　　　　　　—— 乙產品　　　　　　　　　　　　　　　72,000
　貸：製造費用　　　　　　　　　　　　　　　　　　　146,250

【例 4.25】12 月 31 日，根據「完工產品成本匯總表」結轉本月完工產品的生產成本。「完工產品成本匯總表」如表 4-5 所示。

表 4-5　　　　　　　　　　完工產品成本匯總表
　　　　　　　　　　　　　　2015 年 12 月 31 日　　　　　　　　　　單位：元

成本項目	甲產品（1,000 件）總成本	單位成本	乙產品（800 件）總成本	單位成本
直接材料	480,000	480	500,000	625
直接人工	37,620	37.62	36,480	45.6
製造費用	74,250	74.25	72,000	90
合計	591,870	591.87	608,480	760.6

　　生產成本是指企業為生產一定種類和數量的產品所發生的各項生產費用的總和，它是對象化的生產費用。根據生產特點和管理要求，企業一般可以設立以下幾個成本項目：直接材料、直接人工、製造費用。企業為生產產品而發生的日常生產費用分別按上述成本項目歸集在「生產成本明細帳」中。月末，根據「生產成本明細帳」歸集的生產費用，結合有關統計資料，按照一定的成本計算方法，將該種產品歸集的生產費用在完工產品和在產品之間進行分配，計算出完工產品的總成本和單位成本。

　　該項交易或者事項發生後，引起企業資產要素和費用要素發生變化。一方面，引起資產要素中的庫存商品項目增加了 1,200,350 元，應借記「庫存商品」帳戶；另一方面，引起了費用要素中的生產成本項目減少了 1,200,350 元，應貸記「生產成本」帳戶。因此，華陽實業有限責任公司應編制會計分錄如下：

　　借：庫存商品——甲產品　　　　　　　　　　　　591,870
　　　　　　　　——乙產品　　　　　　　　　　　　608,480
　　貸：生產成本——甲產品　　　　　　　　　　　　591,870
　　　　　　　　——乙產品　　　　　　　　　　　　608,480

第五節　銷售過程業務的核算

　　工業企業的銷售過程，就是將已驗收入庫的合格產品，按照銷售合同規定的條件送交訂貨單位或組織發運，並按照銷售價格和結算製度規定，辦理結算手續，及時收取價款、取得銷售商品收入的過程。在銷售過程中，企業一方面取得了銷售商品收入，另一方面還會發生一些銷售費用，如銷售產品的運輸費、裝卸費、包裝費和廣告費等。還應當根據國家有關稅法的規定，計算繳納企業銷售活動應負擔的稅金及附加。除此之外，企業還可能發生一些其他交易或者事項，取得其他業務收入和發生其他業務支出。因此，銷售過程業務核算的主要內容包括：確認銷售收入的實現、與購貨方辦理價款的結算、結轉銷售成本、支付各種費用和計算繳納銷售稅金等。

(一) 帳戶設置

1.「主營業務收入」帳戶

「主營業務收入」帳戶屬損益類帳戶，用來核算企業確認的銷售商品、提供勞務等主營業務的收入。該帳戶貸方登記企業銷售商品或提供勞務實現的銷售收入，借方登記發生的銷售退回或銷售折讓，期末應將本科目的餘額轉入「本年利潤」科目，結轉後本科目應無餘額。本科目應當按照主營業務的種類進行明細分類核算。「主營業務收入」帳戶的結構如圖 4-23 所示。

借方	主營業務收入	貸方
期末轉入「本年利潤」的主營業務收入及發生銷售退回、折讓減少的收入	企業取得的各項主營業務收入	

圖 4-23　「主營業務收入」帳戶

2.「主營業務成本」帳戶

「主營業務成本」帳戶屬損益類帳戶，用來核算企業確認銷售商品、提供勞務等主營業務收入時應結轉的成本。該帳戶借方登記企業根據本期（月）銷售各種商品、提供各種勞務等實際成本計算出的應結轉的主營業務成本，貸方登記本期（月）發生的銷售退回，如已結轉銷售成本的貸記本科目。期末應將本科目的餘額轉入「本年利潤」科目，結轉後本科目無餘額。本科目可按主營業務的種類進行明細分類核算。「主營業務成本」帳戶的結構如圖 4-24 所示。

借方	主營業務成本	貸方
發生的各項主營業務成本	期末轉入「本年利潤」的主營業務成本及已結轉又發生銷售退回的成本	

圖 4-24　「主營業務成本」帳戶

3.「銷售費用」帳戶

「銷售費用」帳戶屬損益類帳戶，用來核算企業在銷售商品和材料、提供勞務的過程中發生的各種費用，包括保險費、包裝費、展覽費、廣告費、商品維修費、預計產品質量保證損失、運輸費、裝卸費等以及為銷售本企業商品而專設的銷售機構（含銷售網點、售後服務網點等）的職工薪酬、業務費、折舊費等經營費用。該帳戶借方登記企業發生的各種銷售費用。期末，應將本科目餘額從貸方轉入「本年利潤」科目，結轉後本科目無餘額。本科目可按費用項目進行明細分類核算。「銷售費用」帳戶的結構如圖 4-25 所示。

借方	銷售費用	貸方
發生的各項銷售費用	期末轉入「本年利潤」的銷售費用	

圖 4-25　「銷售費用」帳戶

4.「稅金及附加」帳戶

「稅金及附加」帳戶屬損益類帳戶，用來核算企業經營活動發生的消費稅、城市維護建設稅、資源稅和教育費附加等相關稅費。企業按規定計算確定的與經營活動相關的稅費，借記本科目。期末應將本科目餘額從貸方轉入「本年利潤」科目，結轉後本科目無餘額。「稅金及附加」帳戶的結構如圖 4-26 所示。

借方	稅金及附加	貸方
應交的各項稅金及附加	期末轉入「本年利潤」的稅金及附加	

圖 4-26　「稅金及附加」帳戶

5.「其他業務收入」帳戶

「其他業務收入」帳戶屬損益類帳戶，用來核算企業確認的除主營業務活動以外的其他經營活動實現的收入，包括出租固定資產、出租無形資產、出租包裝物和商品、銷售材料、用材料進行非貨幣性交換或債務重組等實現的收入。該帳戶貸方登記企業確認的其他業務收入。期末，應將本科目的餘額轉入「本年利潤」科目，結轉後本科目應無餘額。本科目可按其他業務收入種類進行明細分類核算。「其他業務收入」帳戶的結構如圖 4-27 所示。

借方	其他業務收入	貸方
期末轉入「本年利潤」的其他業務收入	企業取得的各項其他業務收入	

圖 4-27　「其他業務收入」帳戶

6.「其他業務成本」帳戶

「其他業務成本」帳戶屬損益類帳戶，用來核算企業確認的除主營業務活動以外的其他經營活動所發生的支出，包括銷售材料的成本、出租固定資產的折舊額、出租無形資產的攤銷額、出租包裝物的成本或攤銷額等。該帳戶借方登記企業發生的其他業務成本。期末，應將本科目的餘額轉入「本年利潤」科目，結轉後本科目無餘額。本科目可按其他業務成本的種類進行明細分類核算（除主營業務活動以外的其他經營活動發生的相關稅費，在「稅金及附加」科目核算）。「其他業務成本」帳戶的結構如圖 4-28 所示。

借方	其他業務成本	貸方
發生的其他業務成本	期末轉入「本年利潤」的其他業務成本	

圖 4-28　「其他業務成本」帳戶

7.「應收帳款」帳戶

「應收帳款」帳戶屬資產類帳戶，用來核算企業因銷售商品、提供勞務等經營活動應收取的款項。該帳戶借方登記企業經營收入發生的應收款項，貸方登記實際收到的應收帳款。本科目期末餘額一般在借方，反應企業尚未收回的應收帳款；期末如為貸方餘額，反應企業預收的帳款。本科目可按債務人進行明細分類核算。「應收帳款」帳戶的結構如圖 4-29 所示。

借方	應收帳款	貸方
期初餘額：期初尚未收回的應收帳款 企業發生的應收帳款	（期初餘額：期初多收客戶的款項） 企業收回的應收帳款	
期末餘額：期末尚未收回的應收帳款	（期末餘額：多收客戶的款項）	

圖 4-29　「應收帳款」帳戶

8.「應收票據」帳戶

「應收票據」帳戶屬資產類帳戶，用來核算企業因銷售商品、提供勞務等而收到的商業匯票，包括銀行承兌匯票和商業承兌匯票。該帳戶借方登記取得的應收票據的面值，貸方登記到期收回票款或到期前向銀行貼現的應收票據的票面金額，期末借方餘額，反應企業持有的商業匯票的票面金額。本科目可按開出、承兌商業匯票的單位進行明細分類核算。「應收票據」帳戶的結構如圖 4-30 所示。

借方	應收票據	貸方
期初餘額：前期未兌付的商業匯票 企業收到的商業匯票	到期兌付或貼現、轉讓等減少的商業匯票	
期末餘額：尚未兌付的商業匯票		

圖 4-30　「應收票據」帳戶

9.「預收帳款」帳戶

「預收帳款」帳戶屬負債類帳戶，用來核算企業按照合同規定預收的款項。預收帳款發生情況不多的，也可以不設置此科目，將預收的款項直接記入「應收帳款」科目。該帳戶貸方登記發生預收帳款的數額和購貨單位補付帳款的數額，借方登記企業向購貨方發貨後衝銷的預收帳款數額和退回購貨方多付帳款的數額。本科目期末餘額一般在貸方，反應企業預收的款項；期末如為借方餘額，反應企業尚未轉銷的款項。本科

目可按購貨單位進行明細分類核算。「預收帳款」帳戶的結構如圖 4-31 所示。

借方	預收帳款	貸方
（期初餘額：期初需客戶補付的款項） 衝銷預收客戶的款項	期初餘額：期初預收帳款的結餘 預收客戶的款項	
（期末餘額：需客戶補付的款項）	期末餘額：本期結餘的預收帳款	

圖 4-31 「預收帳款」帳戶

（二）產品銷售業務的核算

【例 4.26】12 月 13 日，華陽實業有限責任公司向鑫勝公司銷售甲產品 800 件，每件 900 元，價款共計 720,000 元，按規定應收取增值稅額 122,400 元，提貨單和增值稅專用發票已交給買方，款項尚未收到。

企業在銷售商品時收取的價款是價稅分開的，商品的價格是銷售收入，收取的稅金是增值稅的銷項稅額。企業的銷項稅額應在「應交稅費——應交增值稅」下設置「銷項稅額」專欄進行核算。企業銷售商品時產生的「銷項稅額」應記入「銷項稅額」專欄的貸方。期末，「銷項稅額」與「進項稅額」沖抵後的餘額為企業應交的增值稅額。

該項交易或者事項發生後，引起企業資產要素、收入要素、負債要素發生變化。一方面，引起企業資產要素中應收帳款項目增加了 842,400 元，應借記「應收帳款」帳戶；另一方面，實現產品銷售收入 720,000 元，使收入要素中的主營業務收入項目增加，應貸記「主營業務收入」帳戶，同時，使負債要素中的應交稅費——應交增值稅的銷項稅額項目增加 122,400 元，應貸記「應交稅費——應交增值稅（銷項稅額）」帳戶。因此，華陽實業有限責任公司應編制會計分錄如下：

借：應收帳款——鑫勝公司　　　　　　　　　　　　　　　　842,400
　　貸：主營業務收入　　　　　　　　　　　　　　　　　　　720,000
　　　　應交稅費——應交增值稅（銷項稅額）　　　　　　　　122,400

【例 4.27】12 月 18 日，華陽實業有限責任公司收到鑫勝公司寄來的一張三個月期的商業承兌匯票，面值為 842,400 元，償還前欠貨款。

該筆交易或者事項發生後，一方面，使企業資產要素中的應收帳款項目減少了 842,400 元，應貸記「應收帳款」帳戶；另一方面，使企業資產要素中的應收票據項目增加了 842,400 元，應借記「應收票據」帳戶。因此，華陽實業有限責任公司應編制會計分錄如下：

借：應收票據——鑫勝公司　　　　　　　　　　　　　　　　842,400
　　貸：應收帳款——鑫勝公司　　　　　　　　　　　　　　842,400

【例 4.28】12 月 30 日，華陽實業有限責任公司上述票據到期，收回金額 842,400 元，存入銀行。

該筆交易或者事項發生後，一方面，使企業資產要素中的應收票據項目減少了 842,400元，應貸記「應收票據」帳戶；另一方面，使企業資產要素中的銀行存款項目

增加了842,400元，應借記「銀行存款」帳戶。因此，華陽實業有限責任公司在進行會計處理時，應編制會計分錄如下：

借：銀行存款　　　　　　　　　　　　　　　　　　842,400
　　貸：應收票據——鑫勝公司　　　　　　　　　　　842,400

【例4.29】12月19日，華陽實業有限責任公司收到恒昌公司預付乙產品貨款400,000元，存入銀行。

該筆交易或者事項發生後，一方面，使企業負債要素中的預收帳款項目增加了400,000元，應貸記「預收帳款」帳戶；另一方面，使企業資產要素中的銀行存款項目增加了400,000元，應借記「銀行存款」帳戶。因此，華陽實業有限責任公司應編制會計分錄如下：

借：銀行存款　　　　　　　　　　　　　　　　　　400,000
　　貸：預收帳款——恒昌公司　　　　　　　　　　　400,000

【例4.30】12月21日，華陽實業有限責任公司向恒昌公司銷售乙產品1,000件，每件1,000元，貨款金額計1,000,000元，應交納增值稅170,000元。恒昌公司應補付剩餘貨款。

該項交易或者事項發生後，引起企業收入要素與負債要素發生變化。一方面，使企業負債要素中預收帳款項目減少了1,170,000元，應借記「預收帳款」帳戶；另一方面，實現產品銷售收入1,000,000元，使收入要素中的主營業務收入項目增加，應貸記「主營業務收入」帳戶，同時，使負債要素中的應交稅費——應交增值稅的銷項稅額項目增加170,000元，應貸記「應交稅費——應交增值稅（銷項稅額）」帳戶。因此，華陽實業有限責任公司應編制會計分錄如下：

借：預收帳款——恒昌公司　　　　　　　　　　　1,170,000
　　貸：主營業務收入　　　　　　　　　　　　　　1,000,000
　　　　應交稅費——應交增值稅（銷項稅額）　　　　170,000

【例4.31】12月23日，華陽實業有限責任公司收到恒昌公司補付其餘貨款770,000元。

該筆交易或者事項發生後，一方面，使企業負債要素中的預收帳款項目增加了770,000元，應貸記「預收帳款」帳戶；另一方面，使企業資產要素中的銀行存款項目增加了770,000元，應借記「銀行存款」帳戶。因此，華陽實業有限責任公司應編制會計分錄如下：

借：銀行存款　　　　　　　　　　　　　　　　　　770,000
　　貸：預收帳款——恒昌公司　　　　　　　　　　　770,000

【例4.32】12月31日，華陽實業有限責任公司本月銷售甲產品和乙產品共發生運輸費6,000元、裝卸費2,000元，均以銀行存款支付。

該筆交易或者事項發生後，一方面，使企業資產要素中的銀行存款項目減少了8,000元，應貸記「銀行存款」帳戶；另一方面，使企業費用要素中的銷售費用項目增加了8,000元，應借記「銷售費用」帳戶。因此，華陽實業有限責任公司應編制會計分錄如下：

借：銷售費用 8,000
　　貸：銀行存款 8,000

【例4.33】12月31日，華陽實業有限責任公司根據「產品出庫單」結轉本月已銷產品的成本1,234,096元。「產品出庫單」如表4-6所示。

表4-6　　　　　　　　　　　　　　　產品出庫單
2015年12月31日　　　　　　　　　　　　　　　　第××號

名稱	單位	數量	單位成本（元）	金額（元）	用途
甲產品	件	800	591.87	473,496	銷售
乙產品	件	1,000	760.6	760,600	銷售
合計		1,800		1,234,096	

該筆交易或者事項發生後，一方面，使企業資產要素中的庫存商品項目減少了1,234,096元，應貸記「庫存商品」帳戶；另一方面，使企業費用要素中的主營業務成本項目增加了1,234,096元，應借記「主營業務成本」帳戶。因此，華陽實業有限責任公司應編制會計分錄如下：

借：主營業務成本 1,234,096
　　貸：庫存商品——甲產品 473,496
　　　　　　　　——乙產品 760,600

【例4.34】12月28日，華陽實業有限責任公司銷售一批原材料，開出的增值稅專用發票上註明的售價為10,000元，增值稅稅額為1,700元，款項已由銀行收妥。

該項交易或者事項發生後，引起企業資產要素、收入要素和負債要素發生變化。一方面，引起企業資產要素中銀行存款項目增加了11,700元，應借記「銀行存款」帳戶；另一方面，實現材料銷售收入10,000元，使收入要素中的其他業務收入項目增加，應貸記「其他業務收入」帳戶，同時，使負債要素中的應交稅費——應交增值稅的銷項稅額項目增加1,700元，應貸記「應交稅費——應交增值稅（銷項稅額）」帳戶。因此，華陽實業有限責任公司應編制會計分錄如下：

借：銀行存款 11,700
　　貸：其他業務收入 10,000
　　　　應交稅費——應交增值稅（銷項稅額） 1,700

【例4.35】12月31日，華陽實業有限責任公司結轉已銷原材料的實際成本7,000元。

該筆交易或者事項發生後，一方面，使企業資產要素中的原材料項目減少了7,000元，應貸記「原材料」帳戶；另一方面，使企業費用要素中的其他業務成本項目增加了7,000元，應借記「其他業務成本」帳戶。因此，華陽實業有限責任公司應編制會計分錄如下：

借：其他業務成本 7,000
　　貸：原材料 7,000

【例4.36】12月31日，根據本月應交增值稅的5%和3%分別計算華陽實業有限責任公司本月應繳納的城市維護建設稅和教育費附加。

按照中國稅法規定，城市維護建設稅和教育費附加是以消費稅和增值稅為計稅依據徵收的一種稅。其納稅人為交納增值稅和消費稅的單位和個人，以納稅人實際交納的增值稅和消費稅稅額為計稅依據。公式為：

應納稅額＝（應交增值稅＋應交消費稅）×適用稅率

華陽實業有限責任公司本月應繳納的城市維護建設稅和教育費附加的具體計算如下：

本月應交增值稅＝（122,400+170,000+1,700）-（51,000+10,200+8,500+15,300+17,000+34,000+51,000）＝107,100（元）

本月應交城市維護建設稅＝107,100×5%＝5,355（元）

本月應交教育費附加＝107,100×3%＝3,213（元）

該筆交易或者事項發生後，一方面，使企業費用要素中的稅金及附加項目增加了8,568元，應借記「稅金及附加」帳戶；另一方面，使企業負債要素中的應交稅費項目增加了8,568元，應貸記「應交稅費」帳戶。因此，華陽實業有限責任公司應編制會計分錄如下：

借：稅金及附加　　　　　　　　　　　　　　　　8,568
　貸：應交稅費——應交城市維護建設稅　　　　　　　5,355
　　　應交稅費——應交教育費附加　　　　　　　　　3,213

第六節　財務成果業務的核算

企業的財務成果是企業在一定會計期間所實現的最終經營成果，也就是企業實現的利潤或虧損，是衡量企業一定時期獲利能力的主要綜合性指標。進行財務成果核算的一項重要任務，就是正確計算企業在一定會計期間內的盈虧。

一、工業企業財務成果的構成

利潤是指企業在一定會計期間的經營成果。利潤包括收入減去費用後的淨額、直接計入當期利潤的利得和損失等。

直接計入當期利潤的利得和損失，是指應當計入當期損益、會導致所有者權益發生增減變動的、與所有者投入資本或者向所有者分配利潤無關的利得或者損失。利潤由營業利潤、利潤總額和淨利潤三個層次構成。

(一) 營業利潤

營業利潤＝營業收入-營業成本-稅金及附加-銷售費用-管理費用-財務費用-資產減值損失+公允價值變動收益（-公允價值變動損失）+投資收益（-投資損失）

其中，營業收入是指企業經營業務所確認的收入總額，包括主營業務收入和其他業務收入。

營業成本是指企業經營業務所發生的實際成本總額，包括主營業務成本和其他業

務成本。

資產減值損失是指企業計提各項資產減值準備所形成的損失。

公允價值變動收益（或損失）是指企業交易性金融資產等公允價值變動形成的應計入當期損益的利得（或損失）。

投資收益（或損失）是指企業以各種方式對外投資所得的收益（或發生的損失）。

（二）利潤總額

利潤總額＝營業利潤＋營業外收入－營業外支出

其中，營業外收入是指企業發生的與其日常經營活動無直接關係的各項利得。

營業外支出是指企業發生的與其日常經營活動無直接關係的各項損失。

（三）淨利潤

淨利潤＝利潤總額－所得稅費用

其中，所得稅費用是指企業確認的應從當期利潤總額中扣除的所得稅費用。

二、利潤形成的核算

（一）帳戶設置

企業進行財務成果業務的核算，需設置相應的損益類和所有者權益類帳戶。在上述章節中已進行介紹的有關帳戶，我們這裡不再贅述，只重點介紹下面幾個相關帳戶。

1.「營業外收入」帳戶

「營業外收入」帳戶屬損益類帳戶，用來核算企業營業外收入的取得及結轉情況。該科目貸方登記企業確認的各項營業外收入，借方登記期末結轉入本年利潤的營業外收入。結轉後該科目應無餘額。該科目應按照營業外收入的項目進行明細分類核算。「營業外收入」帳戶的結構如圖4-32所示。

借方	營業外收入	貸方
期末轉入「本年利潤」帳戶的營業外收入	本期發生的各項營業外收入	

圖4-32 「營業外收入」帳戶

2.「營業外支出」帳戶

「營業外支出」帳戶屬損益類帳戶，用來核算營業外支出的發生及結轉情況。該帳戶借方登記企業發生的各項營業外支出，貸方登記期末轉入本年利潤的營業外支出。結轉後該科目應無餘額。該科目應按照營業外支出的項目進行明細分類核算。「營業外支出」帳戶的結構如圖4-33所示。

借方	營業外支出	貸方
本期發生的各項營業外支出	期末轉入「本年利潤」帳戶的營業外支出	

圖 4-33 「營業外支出」帳戶

3. 「本年利潤」帳戶

「本年利潤」帳戶屬所有者權益帳戶，用來核算企業當期實現的淨利潤（或發生的淨虧損）。企業期（月）末結轉利潤時，應將各損益類科目的金額轉入本科目，結平各損益類科目。結轉後，本科目的貸方餘額為當期實現的淨利潤，借方餘額為當期發生的淨虧損。年度終了，應將本年收入和支出相抵後結出的本年實現的淨利潤（或發生的淨虧損），轉入「利潤分配」科目。「本年利潤」帳戶的結構如圖 4-34 所示。

借方	本年利潤	貸方
（期初餘額：前期累計實現的淨虧損） 從有關費用類帳戶轉入的成本、費用	期初餘額：前期累計實現的淨利潤 從有關收入類帳戶轉入的各項收入、收益	
（期末餘額：本期累計實現的淨虧損）	期末餘額：累計實現的淨利潤	

圖 4-34 「本年利潤」帳戶

4. 「所得稅費用」帳戶

「所得稅費用」帳戶屬損益類帳戶，是用來核算和監督企業按照有關規定應在當期損益中扣除的所得稅費用的計算及結轉情況的帳戶。該帳戶的借方登記按規定計算的本期應負擔的所得稅費用，貸方登記期末結轉到「本年利潤」帳戶的所得稅費用。結轉後該帳戶應無餘額。「所得稅費用」帳戶的結構如圖 4-35 所示。

借方	所得稅費用	貸方
計算本期應負擔的所得稅費用	期末轉入「本年利潤」帳戶的所得稅費用	

圖 4-35 「所得稅費用」帳戶

(二) 利潤形成的核算

會計期末結轉本年利潤的方法有表結法和帳結法兩種。如果採用帳結法，每到月末需要把各損益類帳戶的餘額轉入「本年利潤」帳戶，「本年利潤」借貸發生額之差即為利潤或者虧損；如果採用表結法，平時則保留損益類帳戶的餘額，到年末時再將其一次性地轉入「本年利潤」帳戶，平時經營利潤通過利潤表才能反應出來。

【例4.37】12月11日，華陽實業有限責任公司將無法支付的應付帳款6,000元轉作營業外收入。

該筆交易或者事項發生後，一方面，使企業負債要素中的應付帳款項目減少了6,000元，應借記「應付帳款」帳戶；另一方面，使企業收入要素中的營業外收入項目增加了6,000元，應貸記「營業外收入」帳戶。因此，華陽實業有限責任公司應編制會計分錄如下：

借：應付帳款　　　　　　　　　　　　　　　　　　6,000
　　貸：營業外收入　　　　　　　　　　　　　　　　6,000

【例4.38】12月12日，華陽實業有限責任公司以銀行存款支付環保罰款3,000元。

該筆交易或者事項發生後，一方面，使企業費用要素中的營業外支出項目增加了3,000元，應借記「營業外支出」帳戶；另一方面，使企業資產要素中的銀行存款項目減少了3,000元，應貸記「銀行存款」帳戶。因此，華陽實業有限責任公司應編制會計分錄如下：

借：營業外支出　　　　　　　　　　　　　　　　　3,000
　　貸：銀行存款　　　　　　　　　　　　　　　　　3,000

【例4.39】12月31日，經匯總，華陽實業有限責任公司12月末各損益類科目餘額如表4-7所示。若該年度應納稅所得額恰好為該年度會計利潤總額（所得稅稅率為25%），要求採用表結法結轉損益類帳戶。

表4-7　　　　　華陽實業有限責任公司12月末結帳前各損益類科目餘額

單位：元

帳戶名稱	借方餘額	貸方餘額
主營業務收入		4,600,000
其他業務收入		175,000
營業外收入		137,000
主營業務成本	2,860,000	
稅金及附加	36,000	
其他業務成本	128,000	
銷售費用	150,000	
管理費用	312,000	
財務費用	30,000	
營業外支出	116,000	
合計	3,632,000	4,912,000

（1）結轉各項收入和利得：

該筆交易或者事項，一方面，使企業所有者權益要素中的本年利潤項目增加了4,912,000元，應貸記「本年利潤」帳戶；另一方面，使企業收入要素中的主營業務收入、其他業務收入、營業外收入等項目共計減少了4,912,000元，應借記「主營業務

收入」「其他業務收入」等帳戶。

因此，華陽實業有限責任公司應編制會計分錄如下：

借：主營業務收入	4,600,000
其他業務收入	175,000
營業外收入	137,000
貸：本年利潤	4,912,000

(2) 結轉各項費用和損失：

該筆交易或者事項發生後，一方面，使企業所有者權益要素中的本年利潤項目減少了 3,632,000 元，應借記「本年利潤」帳戶；另一方面，使企業費用要素中的主營業務成本、其他業務成本等項目共計減少了 3,632,000 元，應借記「主營業務成本」「其他業務成本」等帳戶。因此，華陽實業有限責任公司應編制會計分錄如下：

借：本年利潤	3,632,000
貸：主營業務成本	2,860,000
稅金及附加	36,000
其他業務成本	128,000
銷售費用	150,000
管理費用	312,000
財務費用	30,000
營業外支出	116,000

【例4.40】12月31日，計算本年應交所得稅，並確認所得稅費用。

經過上述結轉後，「本年利潤」科目的貸方發生額合計 4,912,000 元減去借方發生額合計 3,632,000 元即為稅前會計利潤 1,280,000 元。假設不需要進行納稅調整，按照會計準則計算確認的所得稅費用與應交所得稅額一致，則本年應交所得稅額 = 1,280,000×25% = 320,000 元。

該筆交易或者事項發生後，一方面，使企業費用要素中的所得稅費用項目增加了 320,000 元，應借記「所得稅費用」帳戶；另一方面，使企業負債要素中的應交稅費項目增加了 320,000 元，應貸記「應交稅費」帳戶。因此，華陽實業有限責任公司應編制會計分錄如下：

| 借：所得稅費用 | 320,000 |
| 　貸：應交稅費——應交所得稅 | 320,000 |

【例4.41】結轉所得稅費用。

該筆交易或者事項發生後，一方面，使企業所有者權益要素中的本年利潤項目減少了 320,000 元，應借記「本年利潤」帳戶；另一方面，使企業費用要素中的所得稅費用減少了 320,000 元，應貸記「所得稅費用」帳戶。因此，華陽實業有限責任公司應編制會計分錄如下：

| 借：本年利潤 | 320,000 |
| 　貸：所得稅費用 | 320,000 |

結轉所得稅費用後該公司淨利潤為：

淨利潤＝1,280,000-320,000＝960,000（元）

【例4.42】12月31日，華陽實業有限責任公司將「本年利潤」科目年末餘額960,000元轉入「利潤分配——未分配利潤」科目。

該筆交易或者事項發生後，一方面，使企業所有者權益要素中的本年利潤項目減少了960,000元，應借記「本年利潤」帳戶；另一方面，使企業所有者權益要素中的利潤分配項目增加了960,000元，應貸記「利潤分配」帳戶。因此，華陽實業有限責任公司應編制會計分錄如下：

借：本年利潤　　　　　　　　　　　　　　　　　　960,000
　　貸：利潤分配——未分配利潤　　　　　　　　　　　960,000

三、利潤分配的核算

利潤分配是指企業根據國家有關規定和企業章程、投資者協議等，對企業當年可供分配的利潤所進行的分配。

可供分配的利潤＝當年實現的淨利潤＋年初未分配利潤（或-年初未彌補虧損）＋其他轉入的金額

利潤分配的順序依次是：(1)提取法定盈餘公積；(2)提取任意盈餘公積；(3)向投資者分配利潤。

盈餘公積是指企業按規定從淨利潤中提取的企業累積資金。公司制企業的盈餘公積包括法定盈餘公積和任意盈餘公積。按照《公司法》有關規定，公司制企業應當按照淨利潤（減彌補以前年度虧損，下同）的10%提取法定盈餘公積。非公司制企業法定盈餘公積的提取比例可超過淨利潤的10%。法定盈餘公累積計額已達註冊資本的50%時可以不再提取。計算提取法定盈餘公積的基數時，不應包括企業年初未分配利潤。公司制企業可根據股東大會的決議提取任意盈餘公積。非公司制企業經類似權力機構的批准，也可提取任意盈餘公積。法定盈餘公積和任意盈餘公積的區別在於其各自計提的依據不同，前者以國家的法律法規為依據，後者由企業的權力機構自行決定。企業提取的盈餘公積經批准可用於彌補虧損、轉增資本、發放現金股利或利潤等。

(一) 帳戶設置

(1)「利潤分配」帳戶。該帳戶屬所有者權益帳戶，用來核算企業利潤的分配（或虧損的彌補）和歷年分配（或彌補）後的未分配利潤（或未彌補虧損）。貸方反應年末由「本年利潤」帳戶轉入的全年實現的淨利潤，借方反應年末由「本年利潤」帳戶轉入的全年發生的淨虧損或利潤分配的數額。期末餘額如在貸方，反應企業歷年積存的未分配利潤；如在借方，反應企業累計未彌補的虧損。該帳戶應分別進行「提取法定盈餘公積」「提取任意盈餘公積」「應付現金股利或利潤」「盈餘公積補虧」「未分配利潤」等明細分類核算。「利潤分配」帳戶的結構如圖4-36所示。

借方	利潤分配	貸方
（期初餘額：期初未彌補的虧損） 從「本年利潤」帳戶轉入的淨虧損 實際分配的利潤	期初餘額：期初未分配利潤 從「本年利潤」帳戶轉入的淨利潤 彌補的虧損數	
（期末餘額：未彌補的虧損額）	期末餘額：未分配的利潤額	

圖 4-36　「利潤分配」帳戶

（2）「盈餘公積」帳戶。該帳戶屬所有者權益帳戶，用來核算企業從淨利潤中提取的盈餘公積。貸方登記企業按規定提取的盈餘公積，借方登記盈餘公積的使用，如轉增資本，彌補虧損等。期末貸方餘額，反應企業按規定提取的盈餘公積餘額。本科目應當分別設置「法定盈餘公積」「任意盈餘公積」進行明細分類核算。「盈餘公積」帳戶的結構如圖 4-37 所示。

借方	盈餘公積	貸方
實際使用的盈餘公積	期初餘額：前期結餘的盈餘公積 年末提取的盈餘公積	
	期末餘額：結餘的盈餘公積	

圖 4-37　「盈餘公積」帳戶

（3）「應付股利」帳戶。該帳戶屬負債類帳戶，用來核算企業分配的現金股利或利潤。貸方登記企業根據股東大會或類似機構通過的利潤分配方案而應支付的現金股利或利潤，借方登記實際支付的現金股利或利潤。本科目應當按照投資者進行明細分類核算。「應付股利」帳戶的結構如圖 4-38 所示。

借方	應付股利	貸方
實際支付的股利	期初餘額：期初應付而未付的股利 計算本期應支付給投資者的股利	
	期末餘額：尚未支付的股利	

圖 4-38　「應付股利」帳戶

(二) 利潤分配的核算

【例 4.43】12 月 31 日，假設華陽實業有限責任公司年初期未分配利潤為 0。經股東大會批准，華陽實業有限責任公司按本年淨利潤的 10% 和 5% 分別提取法定盈餘公積和任意盈餘公積。

該筆經濟業務發生後，一方面，反應了華陽實業有限責任公司利潤分配的一個去向（即提取盈餘公積），這個利潤分配去向最終要減少企業未分配利潤 144,000 元，應借記「利潤分配——提取法定盈餘公積」帳戶及「利潤分配——提取任意盈餘公積」

帳戶；另一方面，使企業所有者權益要素中的盈餘公積項目增加了 144,000 元，應貸記「盈餘公積——法定盈餘公積」帳戶及「盈餘公積——任意盈餘公積」帳戶。因此，華陽實業有限責任公司應編制會計分錄如下：

借：利潤分配——提取法定盈餘公積　　　　　　　　　　96,000
　　　　　　——提取任意盈餘公積　　　　　　　　　　48,000
　貸：盈餘公積——法定盈餘公積　　　　　　　　　　　96,000
　　　　　　——任意盈餘公積　　　　　　　　　　　　48,000

【例 4.44】12 月 31 日，經股東大會批准，華陽實業有限責任公司將本年淨利潤的 20% 向投資者進行分配。

該筆經濟業務發生後，一方面，反應了華陽實業有限責任公司利潤分配的另一去向（即向投資者分配利潤），這個利潤分配去向最終要減少企業未分配利潤 192,000 元，應借記「利潤分配——應付現金股利」帳戶；另一方面，使企業負債要素中的應付股利項目增加了 192,000 元，應貸記「應付股利」帳戶。因此，華陽實業有限責任公司應編制會計分錄如下：

借：利潤分配——應付現金股利　　　　　　　　　　　192,000
　貸：應付股利　　　　　　　　　　　　　　　　　　192,000

【例 4.45】華陽實業有限責任公司將「利潤分配——提取法定盈餘公積」「利潤分配——提取任意盈餘公積」「利潤分配——應付現金股利」明細帳戶結轉至「利潤分配——未分配利潤」帳戶。

年度終了，企業要結轉當年的利潤分配情況，即將「利潤分配」帳戶各明細帳戶的借方發生額全部轉入「利潤分配——未分配利潤」帳戶的借方，結轉後，除「利潤分配——未分配利潤」帳戶外，其他明細帳均無餘額。年末，「利潤分配——未分配利潤」帳戶貸方餘額表示當年未分配完的、留待以後年度可繼續向投資者分配的利潤；如是借方餘額，則表示未彌補的虧損。因此，華陽實業有限責任公司應編制會計分錄如下：

借：利潤分配——未分配利潤　　　　　　　　　　　　336,000
　貸：利潤分配——提取法定盈餘公積　　　　　　　　　96,000
　　　　　　——提取任意盈餘公積　　　　　　　　　　48,000
　　　　　　——應付現金股利　　　　　　　　　　　192,000

本章小結

工業企業的主要經濟業務包括資金籌集業務、供應過程業務、生產過程業務、銷售過程業務和財務成果業務。本章主要介紹運用借貸記帳法對工業企業不同類型經濟業務進行核算應開設的相關帳戶及相關業務的帳務處理。通過本章的學習，大家能夠較系統地瞭解工業企業的主要經營過程，掌握工業企業主要經濟活動會計核算的一般內容，進一步強化借貸記帳法的具體應用，為以後各章節的學習打好基礎。

思考題

1. 一般工業企業的經濟業務主要包括哪些內容？
2. 工業企業供應、生產、銷售環節及經營成果業務核算應分別設置哪些帳戶？分別說明這些帳戶的用途和結構。
3. 產品的生產成本包括哪些項目？
4. 什麼是製造費用？對製造費用如何進行歸集和分配？
5. 工業企業的利潤是由哪些層次構成的？
6. 試說明「本年利潤」和「利潤分配」帳戶的用途、結構及這兩個帳戶之間的關係。

練習題

一、單項選擇題

1. 車間管理人員工資應計入的借方帳戶是（　　）。
   A. 財務費用　　　　　　　　B. 生產成本
   C. 製造費用　　　　　　　　D. 管理費用
2. 下列項目中，屬於管理費用性質的是（　　）。
   A. 生產工人工資　　　　　　B. 捐贈支出
   C. 差旅費　　　　　　　　　D. 利息支出
3. 工業企業採購材料物資發生的運輸途中的合理損耗應（　　）。
   A. 計入管理費用　　　　　　B. 計入採購成本
   C. 由供應單位賠償　　　　　D. 由保險公司賠償
4. 基本生產車間為生產某種產品而領用的材料，應記入（　　）帳戶。
   A. 生產成本　　　　　　　　B. 製造費用
   C. 管理費用　　　　　　　　D. 財務費用
5. 企業分配工資費用時，廠部管理人員的工資應計入（　　）帳戶。
   A. 管理費用　　　　　　　　B. 應付職工薪酬
   C. 生產成本　　　　　　　　D. 製造費用
6. 銷售費用、管理費用和財務費用帳戶的本期發生額，應於本期期末轉入（　　）帳戶。
   A. 製造費用　　　　　　　　B. 生產成本
   C. 本年利潤　　　　　　　　D. 利潤分配
7. 企業接受無形資產投資時，應以（　　）入帳。
   A. 帳面原值　　　　　　　　B. 協議約定價值
   C. 市場價值　　　　　　　　D. 帳面淨值
8. 企業收到投資人投入的資本時，應貸記（　　）帳戶。

A. 銀行存款　　　　　　　　　B. 實收資本
　　　C. 固定資產　　　　　　　　　D. 長期借款
9. 計提的固定資產折舊應記入（　　）帳戶。
　　　A. 管理費用　　　　　　　　　B. 累計折舊
　　　C. 生產成本　　　　　　　　　D. 製造費用
10. 年終結轉後,「利潤分配」帳戶的貸方餘額表示（　　）。
　　　A. 實現的利潤　　　　　　　　B. 未彌補虧損
　　　C. 未分配利潤　　　　　　　　D. 發生的虧損

二、多項選擇題

1. 所有者權益包括實收資本以及（　　）。
　　　A. 資本公積　　　　　　　　　B. 盈餘公積
　　　C. 應付利潤　　　　　　　　　D. 未分配利潤
2. 工業企業外購材料物資的成本包括（　　）。
　　　A. 買價　　　　　　　　　　　B. 購進時的增值稅
　　　C. 運費　　　　　　　　　　　D. 途中發生的合理損耗
3. 下列費用中,應記入製造費用的有（　　）。
　　　A. 車間辦公費　　　　　　　　B. 車間管理人員工資
　　　C. 車間設備折舊費　　　　　　D. 生產工人工資
4. 企業按月計提固定資產折舊費用時,應借記（　　）帳戶,貸計「累計折舊」帳戶。
　　　A. 財務費用　　　　　　　　　B. 管理費用
　　　C. 銷售費用　　　　　　　　　D. 製造費用
5. 下列各項中,屬於流動負債項目的有（　　）。
　　　A. 應交稅費　　　　　　　　　B. 應付帳款
　　　C. 預收帳款　　　　　　　　　D. 長期借款
6. 期末轉入「本年利潤」借方帳戶的有（　　）。
　　　A. 所得稅費用　　　　　　　　B. 主營業務成本
　　　C. 管理費用　　　　　　　　　D. 製造費用
7. 下列可通過「銷售費用」帳戶核算的有（　　）。
　　　A. 財產保險費　　　　　　　　B. 廣告費
　　　C. 銷售人員工資　　　　　　　D. 產品展覽費
8. 「生產成本」帳戶的借方登記（　　）。
　　　A. 直接材料　　　　　　　　　B. 直接人工
　　　C. 差旅費　　　　　　　　　　D. 分配計入的製造費用
9. 下列各項中,屬於企業在進行生產業務處理時通常要設置的帳戶有（　　）。
　　　A. 庫存商品　　　　　　　　　B. 製造費用
　　　C. 生產成本　　　　　　　　　D. 應付職工薪酬

10. 下列關於「在途物資」帳戶的表述中，正確的有（　　）。
　　A. 核算企業採用實際成本法核算的在途物資的採購成本
　　B. 借方登記企業購入的在途物資的實際成本
　　C. 貸方登記驗收入庫的在途物資的實際成本
　　D. 期末如有餘額在借方，表示在途物資的實際成本

三、判斷題（表述正確的在括號內打「√」，不正確的打「×」）

1. 企業的資金籌集業務按其資金來源劃分，可分為所有者權益籌資和負債籌資。　　　　　　　　　　　　　　　　　　　　　　　　　　　　　（　　）
2. 負債籌資包括短期借款、長期借款以及以結算形式形成的負債等。（　　）
3. 「累計折舊」帳戶屬於資產類帳戶。　　　　　　　　　　　　　　（　　）
4. 短期借款的利息不可以預提，應在實際支付時直接計入當期損益。（　　）
5. 製造費用帳戶期末一般無餘額。　　　　　　　　　　　　　　　　（　　）
6. 確實無法支付的應付帳款，經批准後應轉入資本公積。　　　　　　（　　）
7. 應在「庫存商品」帳戶核算的是生產完工合格入庫的產品。　　　　（　　）
8. 「預收帳款」帳戶期末餘額在借方，應為企業的應收帳款。　　　　（　　）
9. 材料採購成本就是供貨單位開具的發票金額。　　　　　　　　　　（　　）
10. 「營業外收入」帳戶期末一般無餘額。　　　　　　　　　　　　　（　　）

四、業務練習題

練習一至練習五為啓亞公司2015年12月的相關業務資料。啓亞公司為一般納稅人，增值稅率為17%，所得稅率為25%，1~11月份累計實現淨利潤300,000元，年末按全年淨利潤的10%提取法定盈餘公積金，按淨利潤的5%提取任意盈餘公積金，按淨利潤的50%分配投資者利潤。

練習一

（一）目的：練習資金籌集業務的核算。

（二）資料：啓亞公司2015年12月發生下列資金籌集業務：

（1）1日收到新科公司投入資本120,000元，存入銀行。

（2）6日從銀行取得借款60,000元，期限6個月，年利率8%，所得款項存入銀行。

（3）10日收到盛德公司投入的一項專利技術，該專利技術雙方約定價值為300,000元，予以入帳。

（4）20日啓亞公司向銀行取得為期3年的借款800,000元，年利率為8.4%，所借款項已存入銀行。

（三）要求：根據上述經濟業務編制會計分錄。

練習二

(一) 目的：供應環節業務的核算。

(二) 資料：啟亞公司 2015 年 12 月供應環節發生下列經濟業務：

（1）5 日，購入一臺不需要安裝即可投入使用的設備，取得的增值稅專用發票上註明的設備價款為 100,000 元，增值稅率為 17%，另支付運輸費 300 元，包裝費 300 元，款項以銀行存款支付。

（2）6 日從長虹公司購入 A 材料 400 噸，單價 200 元，增值稅率為 17%。發生運雜費 800 元，全部款項尚未支付，材料已驗收入庫。

（3）8 日以存款 30,000 元向中通公司預付購買 B 材料的貨款。

（4）9 日以銀行存款 70,200 元，償還前欠長風公司的貨款。

（5）11 日從新宇公司購入 B 材料 100 噸，單價 150 元，增值稅率為 17%。本公司開出三個月到期、金額為 17,550 元的銀行承兌匯票一張，材料尚未運達企業。

（6）收到中通公司發來的已預付貨款的 B 材料 500 噸，單價 120 元，增值稅率 17%，材料已驗收入庫。

（7）以銀行存款支付中通公司預付款不足部分，計 40,200 元。

(三) 要求：根據上述經濟業務編制會計分錄。

練習三

(一) 目的：練習產品生產業務的核算。

(二) 資料：啟亞公司 2015 年 12 月生產環節發生下列經濟業務：

（1）9 日，從銀行提取現金 60,000 元，備發工資及補貼。

（2）9 日，以現金發放上月職工工資 52,000 元。

（3）12 日，辦公室趙梅出差借款 3,000 元。

（4）15 日，開出支票支付生產設備維修費 1,600 元。

（5）16 日，趙梅出差回來報銷差旅費 2,800 元，交回多餘現金 200 元。

（6）啟亞公司本月領用材料情況如下：

生產甲產品領用：	A 材料 100 噸	計 20,200 元
	B 材料 100 噸	計 15,000 元
生產乙產品領用：	A 材料 200 噸	計 40,400 元
	B 材料 120 噸	計 18,000 元
車間管理部門領用：	A 材料 20 噸	計 4,040 元
企業管理部門領用：	B 材料 1 噸	計 150 元
合　計		97,790 元

（7）31 日，結算本月應付職工工資，其用途和金額如下：

生產甲產品工人工資　　　23,000 元
生產乙產品工人工資　　　26,000 元

車間管理人員工資	7,000 元
行政管理人員工資	8,000 元
合　　計	64,000 元

（8）31 日，按工資額 14%的比例計提職工福利費。

（9）31 日，啟亞公司支付給職工食堂補貼金 2,000 元。

（10）31 日，啟亞公司按規定計提本月固定資產折舊 6,700 元，其中生產車間提取 5,000 元，管理部門提取 1,700 元。

（11）以銀行存款支付到期的短期借款本金 40,000 元及本季度借款利息 1,200 元（4、5 月已預提共 800 元）。

（12）31 日，本月生產的 A 產品 100 件和 B 產品 200 件已全部完工並驗收入庫，結轉本月發生的製造費用，以兩種產品的產量為標準，分配製造費用。

（13）根據本題以上資料計算並結轉甲、乙兩種完工產品的生產成本。

(三) 要求：根據上述經濟業務編制有關會計分錄。

練習四

(一) 目的：練習銷售過程的核算。

(二) 資料：啟亞公司 2015 年 12 月銷售過程發生如下經濟業務：

（1）7 日，收到立華公司預付甲產品購貨款 40,000 元，存入銀行。

（2）13 日，向立華公司出售已預收 40,000 元款項的甲產品 100 件，價款 80,000 元，按 17%計算增值稅，餘款尚未收到。

（3）14 日，以銀行存款支付本月產品廣告費 6,000 元。

（4）15 日，收到立華公司 13 日所購甲產品的餘款 53,600 元，存入銀行。

（5）15 日，向方正公司出售乙產品 200 件，價款 100,000 元，按 17%計算增值稅。啟亞公司收到方正公司開出的面值為 117,000 元、期限為 3 個月的銀行承兌匯票一張。

（6）18 日，向明達公司出售乙產品 100 件，價款 50,000 元，按 17%計算增值稅，代墊運費 300 元，以現金支付。雙方約定下月付款。

（7）29 日，銷售 A 材料一批，開出的增值稅專用發票上註明的售價為 2,000 元，按 17%計算增值稅，款項已由銀行收妥。

（8）31 日，結轉已銷 A 材料的實際成本 1,500 元。

（9）31 日，結轉本月已售產品的銷售成本，其中甲產品單位成本 650 元，乙產品單位成本 380 元。

（10）31 日，根據本月應交增值稅 2,050 元，按 7%計算本月應繳納的城市維護建設稅，按 3%計算本月應交教育費附加。

(三) 要求：根據上述經濟業務編制有關會計分錄。

練習五

(一) 目的：練習財務成果業務的核算。

(二) 資料：啓亞公司 2015 年 12 月發生下列有關財務成果的業務：

(1) 31 日啓亞公司將無法支付的應付帳款 8,000 元轉作營業外收入。
(2) 31 日將銀行存款 6,000 元捐贈給養老院。
(3) 31 日以銀行存款支付本月財產保險費 10,000 元。
(4) 結轉本月收入、費用，並計算本月實現的利潤總額。
(5) 計算本月應交所得稅，並進行結轉。
(6) 結轉本年利潤，按規定提取公積金，並計算應分配給投資者的利潤。
(7) 結平本月「利潤分配」總分類帳戶所屬明細分類帳。

(三) 要求：根據上述經濟業務編制會計分錄。

第五章　會計憑證

【學習目標】通過本章的學習，學生應理解會計憑證的含義、作用以及分類；掌握原始憑證的基本要素、填製和審核的方法，掌握記帳憑證的基本要素、填製和審核的方法；能夠運用借貸記帳法的記帳規則編製記帳憑證；瞭解會計憑證傳遞和保管的方法。

【引導案例】張方 2015 年從某財經學校畢業後，進入勝華公司財務處擔任出納。2015 年 10 月 5 日，該公司某業務部門宋經理持一張金額為 600 元的發票前來報銷，發票上註明系電腦桌。經審核，發票上應填的內容齊全，張方當即用現金付訖。10 日，該公司趙主任持一張金額為 800 元、開票日期為當年 5 月份的發票前來報銷，並稱這是當時出差回來後遺失而現在找到的發票。經審核，發票上應填的內容齊全，於是張方用現金付訖。11 日，公司財務處處長與總帳會計要一同外出開會，公司領導決定由張方臨時兼管總帳會計。13 日，公司下屬某業務部門劉經理前來財務處領取 35,706.5 元現金支票一張，張方在填寫支票時，將支票上的大寫金額寫為叄萬伍仟柒佰陸元伍角整。15 日，張方將前 15 天編製的所有記帳憑證匯總編製成一張科目匯總表，並據以登記總帳。

請在學習本章知識後分析：

（1）宋經理與趙主任的發票能否報銷？為什麼？

（2）根據會計工作規範的要求，張方能兼管總帳會計嗎？

（3）張方填寫的支票金額是否正確？應如何填寫？

第一節　會計憑證概述

一、會計憑證的概念

會計憑證是記錄經濟業務、明確經濟責任的書面證明，也是登記帳簿的依據。《企業會計準則》明確規定：會計核算應當以實際發生的交易或者事項為依據進行會計確認、計量和報告，如實反應符合確認和計量要求的各項會計要素及其他相關信息，保證會計信息真實可靠、內容完整。填製和審核會計憑證是進行會計核算的一種專門方法，也是會計核算工作的起始環節。

企業在處理任何一項經濟業務時，都必須及時取得或填製真實、準確的書面證明，通過書面形式明確記載經濟業務發生或完成時的時間、內容、涉及的有關單位和經辦人員的簽章，以此來保證帳簿記錄的真實性和正確性，並確定自己對此應承擔的、在

法律上和經濟上的責任。

二、會計憑證的意義

及時、準確地填制和審核會計憑證，對於保證會計核算的客觀性、正確性，保證會計信息的質量，以及對企業經濟活動進行有效的會計監督，都具有重要意義。

(一) 及時、準確、真實地填制和審核會計憑證，是會計核算的基礎，是確保會計核算資料客觀性、正確性的前提條件

填制與審核會計憑證是進行會計核算的第一步。會計憑證的真實與否，直接影響到會計核算資料的質量。為保證會計核算資料的客觀性、正確性，防止弄虛作假，杜絕經濟犯罪，企業每發生一項經濟業務，都必須將經濟業務發生或完成時的時間、地點及有關內容，及時、真實地反應到會計憑證上，並由經辦該項經濟業務的部門和人員簽名蓋章，同時必須經有關人員對取得或填制的會計憑證進行認真、慎密的審核。會計人員必須依據審核無誤的會計憑證進行登帳。沒有會計憑證或會計憑證不符合規定的，不得將其作為登記帳簿、進行會計核算的依據。

(二) 通過會計憑證的填制和審核，監督、檢查企業發生的每項經濟業務的合法性、真實性

審核檢查會計憑證是進行常規會計核算的前提。企業每發生一項經濟業務，都必須通過會計憑證記錄反應出來。會計人員在入帳之前，必須嚴格、認真地對會計憑證進行逐項的審查、核對，檢查經濟業務內容以及填制手續是否符合國家法律、法規的有關規定，是否在預算、計劃的開列範圍之內，有無違背財經紀律的內容。通過檢查，企業還可以及時發現自己在資金、人員等管理上存在的問題，從而採取有效措施，堵塞漏洞，嚴肅財經紀律、法規，保證資本的完整和有效利用，使經濟活動按正常秩序進行。

(三) 通過填制和審核會計憑證，明確經辦經濟業務的部門和個人的經濟責任，促使企業加強崗位責任制，提高管理水平

企業每發生一項經濟業務，均須由經辦部門和人員按一定程序取得或填制會計憑證，並按照規定手續，嚴格認真地在會計憑證上進行簽章，表明其應承擔的法律責任和經濟責任。如此，可以促使經辦部門和有關人員加強法律意識，照章辦事，確保經濟業務的記載真實可靠、準確無誤；促使企業提高管理水平，加強內部控制，提高工作效率；便於分清責任，防止弄虛作假，避免可能給企業造成的損失。

三、會計憑證的種類

在實際經濟活動中，會計憑證是多種多樣的，為便於區分使用，一般按照會計憑證的填制程序和用途的不同，將其劃分為兩類：原始憑證和記帳憑證。

(一) 原始憑證

原始憑證是企業在經濟業務發生或完成時取得或填制的，是進行會計核算、具有法律效力的原始書面證明。原始憑證在企業的經濟活動中起著重要的作用。原始憑證

可以證明經濟業務的真實性、正確性，監督經濟活動的合法性、合規性，反應資金的循環週轉，並依此確定經辦業務的部門和人員的法律、經濟責任，為進一步的會計核算提供原始資料。

企業的經濟活動是多種多樣的，原始憑證的格式、填制手續、方法等也不盡相同。為了學習的方便，大體上我們可以對原始憑證作如下分類：

1. 原始憑證按其來源的不同，可以分為自製原始憑證和外來原始憑證兩種

（1）自製原始憑證。自製原始憑證也稱內部原始憑證，是由本單位經辦業務的部門和人員在執行或完成某項經濟業務時填制的憑證，如收料單、領料單、產品入庫單、產品出庫單、差旅費報銷單、工資計算單等。收料單格式與內容如表 5-1 所示。

表 5-1　　　　　　　　　　　　**收料單**

供貨單位：明達廠　　　　　　　　　　　　　　　　憑證編號：0236
發票編號：0012　　　　　　2015 年 1 月 3 日　　　收料倉庫：2 號庫

材料類別	材料編號	材料名稱及規格	計量單位	數量 應收	數量 實收	金額/元 買價	金額/元 運雜費	金額/元 合計
型鋼	02013	20mm 圓鋼	千克	2,000	2,000	4.00	600	8,600
備註							合計	

主管：（簽章）　　　　　記帳：（簽章）　　　　　收料：（簽章）

（2）外來原始憑證。外來原始憑證也稱外部原始憑證。外來原始憑證是指在同外單位或個人發生經濟業務往來關係時，從對方處取得的原始憑證。如職工出差取得的車票、船票、機票、住宿票，採購材料收到供貨單位開出的增值稅專用發票或普通發票，銀行轉來的收帳通知、付款通知（也稱回單）等。發票與進帳單的格式和內容如表 5-2、表 5-3 所示。

表 5-2　　　　　　　　　　　**××增值稅專用發票**

　　　　　　　　　　　　　　　發票聯　　　　　　　開票日期：

購貨單位	名稱： 納稅人識別號： 地址、電話： 開戶銀行及帳號：				密碼區			
貨物或應稅勞務名稱	規格型號	單位	數量	單價	金額		稅率	稅額
合計								
價稅合計（大寫）					（小寫）			
銷貨單位	名稱： 納稅人識別號： 地址、電話： 開戶行及帳號：						備註	

收款人：　　　　　複核：　　　　　開票人：　　　　　銷售單位：（章）

表 5-3　　　　　　　　　　中國工商銀行進帳單（回單）
　　　　　　　　　　　　　　　　年　月　日　　　　　　　No.

付款人	全稱		收款人	全稱	
	帳號			帳號	
	開戶銀行			開戶銀行	

金額	人民幣大寫	億	千	百	十	萬	千	百	十	元	角	分

票據種類		票據張數	
票據號碼			

複核　　　　　記帳　　　　　　　　　　　　　開戶銀行簽章

2. 原始憑證按其填制手續的不同，可以分為一次憑證、累計憑證、匯總憑證三種

（1）一次憑證。一次憑證是指只反應一項經濟業務，或者同時反應若干項同類性質的經濟業務，其填制手續是一次完成的會計憑證。外來原始憑證一般都是一次憑證，如上述表 5-2 中的採購增值稅專用發票及表 5-3 中的銀行進帳單。也有很多一次憑證是自製的，例如單位材料驗收入庫時，由倉庫保管員填制的「收料單」，其格式與內容如表 5-1 所示；生產車間與班組向材料倉庫領用材料時填制的「領料單」，其格式與內容如表 5-4 所示；完工產品驗收入庫時填制的「產成品入庫單」等。

表 5-4　　　　　　　　　　　　領料單

領料單位：一車間　　　　　　　　　　　　　　　　憑證編號：0368
用　途：製造甲產品　　　　2015 年 1 月 5 日　　　發料倉庫：2 號庫

材料類別	材料編號	材料名稱及規格	計量單位	數量 請領	數量 實發	單價/元	金額/元
型鋼	02013	20mm 圓鋼	千克	1,500	1,500	4.30	6,450
備註			合計		6,450		

主管：（簽章）　　　記帳：（簽章）　　　發料人：（簽章）　　　領料人：（簽章）

（2）累計憑證。累計憑證是指在一定時期內連續記錄不斷重複發生的若干項同類經濟業務的會計憑證，其填制手續隨著經濟業務的發生而分次進行，到期末按其累計數作為記帳依據，如工業企業用的限額領料單即為自製的累計憑證。限額領料單格式和內容如表 5-5 所示。

表 5-5 　　　　　　　　　　　　　　　　限額領料單

編號：1257

領料單位：一車間　　　　　　用途：生產乙產品　　　　　　計劃產量：6,000 臺
材料編號：02013　　　　　　　名稱規格：20 mm 圓鋼　　　　計量單位：千克
單價：4.30 元　　　　　　　　消耗定量：0.5 千克/臺　　　　　領用限額：3,000

日期	請領		實發				限額結餘
	數量	領料單位負責人	數量	累計	發料人	領料人	
10 月 3 日	500	張明	500	500	李偉	王陽	2,500
10 月 12 日	300	張明	300	800	李偉	王陽	2,200
10 月 20 日	200	張明	200	1,000	李偉	王陽	2,000
合計	1,000		1,000	1,000			2,000

供應生產部門負責人：（簽章）　　　生產計劃部門負責人：（簽章）　　　倉庫負責人：（簽章）

（3）匯總憑證。匯總憑證是指在會計核算中，為簡化記帳憑證的編制工作，將一定時期內若干記錄同類經濟業務的原始憑證匯總編制成一張匯總憑證，用以集中反應某項經濟業務總括發生情況的會計憑證。例如「發料憑證匯總表」「收料憑證匯總表」「工資結算匯總表」等都是匯總原始憑證。「發料憑證匯總表」如表 5-6 所示。

表 5-6 　　　　　　　　　　　　　　發料憑證匯總表
　　　　　　　　　　　　　　　　　　年　月　日

會計科目 材料	生產成本		製造費用	管理費用	銷售費用	合計
	甲產品	乙產品				
A 材料						
B 材料						
C 材料						
合計						

會計主管：（簽章）　　　　　審核：（簽章）　　　　　製表：（簽章）

需要指出的是，上述原始憑證都是用來證明經濟業務已執行或已完成的，因此其可以作為會計核算的原始依據。但凡是不能證明業務已執行或已完成的書面文件，如購貨合同、費用預算、派工單、請購單等，都不屬於原始憑證，不能作為記帳的原始依據。

3. 原始憑證按格式不同可分為通用憑證和專用憑證兩種

（1）通用憑證。通用憑證是指有關部門統一印製、在一定範圍內使用的具有一定格式和使用方法的原始憑證。通用憑證的使用範圍因製作部門的不同而有所差異，可以是分地區、分行業使用的，也可以全國通用的。例如，由某省（市）印製的發票、收據等可以在該省（市）通用；由中國人民銀行印製的銀行轉帳結算憑證、由國家稅務總局統一印製的增值稅專用發票可以在全國通用。

（2）專用憑證。專用憑證是指由單位自行印製、僅在本單位內部使用的原始憑證，如領料單、收料單、產品入庫單、工資計算單、製造費用分配表等。

（二）記帳憑證

記帳憑證是指會計人員根據審核無誤的原始憑證填制的，用來確定經濟業務應借、應貸會計科目及其金額（會計分錄）的，作為登記帳簿直接依據的一種會計憑證。原始憑證由於數量龐大、種類繁多、格式不一，不能清楚地反應會計科目的名稱和方向，因此在登記帳簿之前，需要根據原始憑證反應的不同經濟內容對其加以歸類和整理，編制具有統一格式的記帳憑證，並將原始憑證附在記帳憑證的背後。這樣不僅可以簡化記帳工作，減少出錯，而且有利於原始憑證的保管，便於對帳和查帳，從而提高會計工作質量。

1. 記帳憑證的基本內容

由於反應的經濟業務不同，記帳憑證的格式也有一定差異，但其主要作用在於對原始憑證進行分類、整理，並按照複式記帳的要求，運用會計科目，編制會計分錄，據以登記帳簿。因此，記帳憑證必須具備以下基本要素：

（1）填製單位的名稱；
（2）記帳憑證的名稱；
（3）憑證的填制日期和編號；
（4）經濟業務的內容摘要；
（5）應借、應貸帳戶名稱、記帳方向和金額（包括一級帳戶、二級或明細帳戶）；
（6）所附原始憑證的張數；
（7）會計主管、記帳、審核、出納、製單等有關人員的簽名或蓋章。

2. 記帳憑證的種類

為了便於憑證管理，我們可以對記帳憑證作如下分類：

（1）記帳憑證按其用途的不同，可分為專用記帳憑證和通用記帳憑證兩種。

①專用記帳憑證。專用記帳憑證是指分類反應經濟業務的記帳憑證。專用記帳憑證按其所記錄的經濟業務是否與庫存現金和銀行存款的收付有關又可分為收款憑證、付款憑證和轉帳憑證三種。

a. 收款憑證。收款憑證是用來記錄庫存現金和銀行存款收款業務的記帳憑證，是根據庫存現金和銀行存款收款業務的原始憑證填制的。收款憑證又可分為現金收款憑證和銀行收款憑證，其格式如表 5-7 所示。

表 5-7　　　　　　　　　　　　　　收款憑證

銀收字第 20 號

借方科目：銀行存款　　　　　2015 年 1 月 18 日　　　　　　附件 1 張

摘要	貸方科目		金額	記帳
	總帳科目	明細科目		
收到 S 公司欠款	應收帳款	S 公司	50,000.00	√
合計			50,000.00	

會計主管：　　　　記帳：　　　　出納：　　　　審核：　　　　製單：

b. 付款憑證。付款憑證是用來記錄現金和銀行存款付款業務的記帳憑證，是根據庫存現金和銀行存款付款業務的原始憑證填制的。付款憑證又可分為現金付款憑證和銀行付款憑證，其格式如表 5-8 所示。

表 5-8　　　　　　　　　　　　　　付款憑證

現付字第 20 號

貸方科目：庫存現金　　　　　2015 年 1 月 18 日　　　　　　附件 1 張

摘要	貸方科目		金額	記帳
	總帳科目	明細科目		
張明出差借差旅費	其他應收款	張明	3,000.00	√
合計			3,000.00	

會計主管：　　　　記帳：　　　　出納：　　　　審核：　　　　製單：

收款憑證和付款憑證是用來記錄貨幣資金收付業務的憑證，其既是登記現金日記帳、銀行存款日記帳、明細分類帳及總帳的依據，也是出納人員收付款項的依據。在會計實務中，為了避免記帳重複，對於現金和銀行存款之間的收付款業務，企業一般只編制付款憑證，不編制收款憑證。

c. 轉帳憑證。轉帳憑證是用來記錄與庫存現金和銀行存款收付業務無關的轉帳業務的憑證，它是根據有關轉帳業務的原始憑證填制的。轉帳憑證是登記總分類帳及有關明細分類帳的依據，其格式如表 5-9 所示。

表 5-9 　　　　　　　　　　　　　　　　**轉帳憑證**

　　　　　　　　　　　　　　　　　　　　　　　　　　　　轉字第 32 號
　　　　　　　　　　　　　　2015 年 1 月 20 日　　　　　　　　附件　2 張

摘要	總帳科目	明細科目	借方金額	貸方金額	記帳
生產甲產品領用 A 材料	生產成本	甲產品	2,600.00		√
	原材料	A 材料		2,600.00	√
合計			2,600.00	2,600.00	

會計主管：　　　　　記帳：　　　　　　審核：　　　　　　製單：

　　②通用記帳憑證。通用記帳憑證不分收款、付款、轉帳業務，而是全部業務均採用統一格式，如表 5-10 所示。在經濟業務比較簡單的經濟單位，可以使用通用記帳憑證。

表 5-10　　　　　　　　　　　　　　　**記帳憑證**

　　　　　　　　　　　　　　　　　　　　　　　　　　　　記字第 3 號
　　　　　　　　　　　　　　2015 年 1 月 22 日　　　　　　　　附件 2 張

摘要	總帳科目	明細科目	借方金額	貸方金額	記帳
從恒興公司賒購 B 材料	原材料	B 材料	10,000		√
	應交稅費	應交增值稅	1,700	11,700	√
	應付帳款	恒興公司			
合計			11,700	11,700	

會計主管：　　　　　記帳：　　　　　　審核：　　　　　　製單：

　　（2）記帳憑證按其是否經過匯總，可分為匯總記帳憑證和非匯總記帳憑證兩種。

　　①匯總記帳憑證。匯總記帳憑證是根據一定期間的若干張記帳憑證，按一定的方式匯總編制，據以登記總分類帳的憑證。按匯總方法的不同，匯總記帳憑證可分為分類匯總記帳憑證和全部匯總記帳憑證兩種。

　　a. 分類匯總記帳憑證。分類匯總記帳憑證是根據一定時期的記帳憑證，按其種類分別匯總填制的匯總憑證，可分為匯總收款憑證、匯總付款憑證和匯總轉帳憑證。

　　b. 全部匯總記帳憑證。全部匯總記帳憑證是根據一定期間的記帳憑證全部匯總填制的，科目匯總表即為全部匯總記帳憑證。

　　②非匯總記帳憑證。非匯總記帳憑證是指沒有經過匯總的記帳憑證，上述收款憑證、付款憑證、轉帳憑證、通用憑證、單式憑證、複式憑證等都是非匯總記帳憑證。

　　綜上所述，原始憑證與記帳憑證之間存在著密切的聯繫。原始憑證是記帳憑證的基礎，記帳憑證是根據原始憑證編制的；記帳憑證是對原始憑證內容的概括和說明。

第二節　原始憑證的填制與審核

一、原始憑證的基本要素

　　各經濟單位日常發生的經濟業務是多種多樣的，由於各項經濟業務的內容和經濟管理的要求不同，各個原始憑證的名稱、格式和內容也是多種多樣的。但是，所有的原始憑證（包括自製的和外來的憑證）都是經濟業務的原始證據，必須詳細載明有關經濟業務的發生或完成情況，明確經辦單位和人員的經濟責任。因此，各種原始憑證都應具備以下一些基本要素。

　　(1) 填製單位的名稱。如「××公司」「××學院」「××商場」等。
　　(2) 原始憑證的名稱。如「收料單」「領料單」「發票」等。
　　(3) 填制憑證的日期。如在領料單上要寫明填制日期（一般也就是領料的日期），以備查考。
　　(4) 對外憑證要有接受單位的名稱，俗稱抬頭。如發票上要寫明購貨單位的名稱，單位名稱要寫全稱，不得省略。
　　(5) 經濟業務的內容摘要。如在領料單上要有領用材料的用途、名稱、規格等。
　　(6) 經濟業務所涉及的財物數量、單價和金額。如領料單上要有計量單位、數量、單價和金額等，這些不僅是記帳必需的資料，也是檢查業務真實性、合理性和合法性所必需的。
　　(7) 經辦人員的簽名或蓋章。如領料單上應有主管人員、記帳人員、領料單位負責人、領料人和發料人的簽名或蓋章。

　　此外，有的原始憑證為了滿足計劃、業務、統計等職能部門管理的需要，還需列入計劃、定額、合同號碼等項目，這樣可以更加充分地發揮原始憑證的作用。對於國民經濟一定範圍內經常發生的同類經濟業務，應由主管部門制訂統一的憑證格式。

二、原始憑證的填制方法

　　下面我們以「收料單」和「領料單」的填制為例，說明原始憑證的填制方法。

(一)「收料單」的填制方法

　　「收料單」是企業購進材料驗收入庫時，由倉庫保管人員根據購入材料的實際驗收情況填制的一次性原始憑證。企業外購材料都應履行入庫手續，由倉庫保管人員根據供應單位開來的發票帳單嚴格審核，對運達入庫的材料認真計量，並按實收數量認真填制「收料單」。收料單一式三聯，一聯留倉庫據以登記材料物資明細帳和材料卡片，一聯隨發票帳單到會計處報帳，一聯交採購人員存查。「收料單」的具體格式和要素如表5-1所示。

(二)「領料單」的填制方法

　　「領料單」是在經濟業務發生或完成時由經辦人員填制的，一般只反應一項經濟業

務，或者同時反應若干項同類性質經濟業務的原始憑證。如企業、車間或部門從倉庫領用各種材料時，都應履行出庫手續，由領料經辦人根據需要材料的情況填寫領料單，並經該單位主管領導批准到倉庫領用材料。倉庫保管員根據領料單，審核材料用途，認真計量發放材料，並在領料單上簽章。「領料單」一式三聯，一聯留領料部門備查，一聯留倉庫據以登記材料物資明細帳和材料卡片，一聯轉會計部門或月末經匯總後轉會計部門據以進行總分類核算。「領料單」的具體格式和要素如表 5-4 所示。

三、原始憑證填制的要求

原始憑證填制的總體要求是真實可靠、內容完整、書寫清楚、填制及時。

（一）真實可靠

憑證所反應的經濟業務必須合法，必須符合國家有關政策、法令、規章、製度的要求，不符合以上要求的不得列入原始憑證。填制在憑證上的內容和數字必須真實可靠，要符合有關經濟業務的實際情況。

（二）內容完整

各種憑證的內容必須逐項填寫齊全，不得遺漏，必須符合手續完備的要求，經辦業務的有關部門和人員要認真審查，簽名蓋章。原始憑證需填制一式幾聯的，聯次不能缺少。

（三）書寫清楚

各種憑證的書寫要用藍黑墨水，文字要簡要，字跡要清楚，做到易於辨認。不得使用未經國務院公布的簡化字。阿拉伯數字要逐個寫清楚，不得連寫。在數字前應填寫人民幣符號「￥」。大小寫金額數字要符合規範，正確填寫：大寫金額數字應一律用壹、貳、叄、肆、伍、陸、柒、捌、玖、拾、佰、仟、萬、億、元、角、分、零、整等，不得亂造簡化字；金額數字中間有「0」時，如小寫金額為￥5,003.6 時，大寫金額中可以只寫一個「零」字，即「伍仟零叄元陸角整」；大寫金額數字到「元」或者「角」為止的，在「元」或者「角」字之後應當寫「整」字；大寫金額數字有「分」的，「分」字後面不再寫「整」字。小寫金額數字一律填寫到「角」「分」，無「角」「分」的，角位和分位填寫「0」，不得空格；需要填列大寫金額的各種憑證，必須有大寫的金額，不得只填小寫金額；大小寫金額不一致的原始憑證視為無效憑證，應重新填寫。各種憑證不得隨意塗改、刮擦、挖補，填寫錯誤需要更正時，應用劃線更正法，即將錯誤的文字和數字用紅色墨水劃線註銷，再將正確的數字和文字用藍字寫在劃線部分的上面，並簽字蓋章。各種憑證必須編號，以便查考。各種憑證如果已預先印定編號，在寫壞作廢時，應當加蓋「作廢」戳記，並全部保存，不得撕毀。

（四）填制及時

各種憑證必須及時填制。一切原始憑證都應按照規定程序及時送交財會部門，由財會部門加以審核並據以編制記帳憑證。

四、原始憑證的審核

為了正確地反應和監督各項經濟業務，保證核算資料的真實、完整、準確和合法，會計人員和經授權的審核人員，必須對各種原始憑證進行嚴格認真的審核。只有審核無誤的原始憑證才能作為編制記帳憑證和登記帳簿的依據。

審核會計憑證是正確組織會計核算和進行會計檢查的一個重要前提，也是實行會計監督的一個重要手段。

會計憑證的審核主要是對各種原始憑證的審核。各種原始憑證，除了應由經辦業務的有關部門審核外，最後還要由會計部門進行審核。及時審核原始憑證是對經濟業務進行的事前監督。審核原始憑證主要是審查兩方面的內容。

（一）合法性審核

審查發生的經濟業務是否符合國家的政策、法令、製度和計劃的規定，有無違反財政紀律等違法亂紀行為。如有違反，要向本單位領導匯報，提出拒絕執行的意見，必要時，可向上級領導機關反應有關情況。對於弄虛作假、營私舞弊、偽造塗改憑證等違法亂紀行為，會計人員應扣留原始憑證，及時揭露，並向領導匯報。對於違反製度和法令的一切收支，會計人員應拒絕付款、拒絕報銷或拒絕執行，並向本單位領導報告。

（二）合規性審核

審查原始憑證填寫的內容是否符合規定，如查明憑證所記錄的經濟業務是否符合實際情況，應填寫的項目是否齊全，數字和文字是否正確，書寫是否清楚，有關人員是否已簽名蓋章等。如有手續不完備或數字錯誤的憑證，應由經辦人員補辦手續或更正錯誤。審核原始憑證的真實性，諸如業務發生的日期、計量單位、經辦人員、數量和單價、業務經手人等。審核原始憑證的完整性，諸如各項內容是否填寫齊全，手續是否完備，文字和數字是否填寫清楚等。審核原始憑證的正確性，諸如是否填寫清楚、正確，數量、單價、金額的計算有無差錯，大寫和小寫金額是否相符等。

原始憑證的審核是一項嚴肅而細緻的工作，會計人員必須堅持製度、堅持原則，履行會計人員的職責。《中華人民共和國會計法》規定：「會計機構、會計人員必須按照國家統一的會計製度的規定對原始憑證進行審核，對不真實、不合法的原始憑證有權不予接受，並向單位負責人報告；對記載不準確、不完整的原始憑證予以退回，並要求按照國家統一會計製度的規定更正、補充。」

第三節　記帳憑證的填制與審核

一、記帳憑證的基本要素

記帳憑證種類甚多，格式不一，但其主要作用在於對原始憑證進行分類、整理，

按照複式記帳的要求，運用會計科目，編制會計分錄，據以登記帳簿。因此，記帳憑證必須具備以下基本要素：

(1) 填製單位的名稱；

(2) 記帳憑證的名稱；

(3) 憑證的填制日期和編號；

(4) 經濟業務的內容摘要；

(5) 應記帳戶名稱、記帳方向和金額（包括一級帳戶、二級或明細帳戶）；

(6) 記帳備註（不一定是必要內容）；

(7) 所附原始憑證的張數；

(8) 會計主管、複核、記帳、制證人員的簽名或蓋章（收付款憑證還要有出納人員的簽名或蓋章）。

二、記帳憑證的填制方法

下面我們以專用記帳憑證為例，說明記帳憑證的填制方法。

(一) 收款憑證的填制方法

收款憑證是用來記錄貨幣資金收款業務的憑證，是由出納人員根據審核無誤的原始憑證收款後填制的。在收款憑證左上方所填列的借方科目應是「庫存現金」或「銀行存款」，在憑證內所反應的貸方科目應填列與「庫存現金」或「銀行存款」相對應的總帳科目及其所屬的明細科目。摘要欄內登記經濟業務的簡要說明。金額欄填列經濟業務實際發生的數額，在憑證的右側填寫所附原始憑證張數，防止憑證失落，以便日後查閱。同時還要在出納及製單處簽名或蓋章。「記帳符號」欄應填寫記入總帳與日記帳或明細帳的頁次，也可打「√」表示已登記入帳，這樣可避免重記或漏記，也便於查對帳目。

(二) 付款憑證的填制方法

付款憑證是用來記錄貨幣資金付款業務的憑證。它是由會計人員根據審核無誤的原始憑證付款後填制的，其填制方法與收款憑證基本相同。在付款憑證左上方所填列的貸方科目應是「庫存現金」或「銀行存款」，憑證借方科目應是與「庫存現金」或「銀行存款」相對應的科目。金額欄填列經濟業務實際發生的數額，在憑證的右側填寫所附原始憑證的張數，並在出納及製單處簽名或蓋章。涉及庫存現金和銀行存款之間的劃轉業務，按規定只填制一張付款憑證，以免重複記帳。如庫存現金存入銀行只填制現金付款憑證，從銀行提取現金只填制銀行付款憑證。

出納人員應對已經收訖和付訖的收付款憑證及其原始憑證加蓋「收訖」和「付訖」的戳記，以免重收、重付。

(三) 轉帳憑證的填制方法

轉帳憑證是用以記錄與貨幣資金收付無關的轉帳業務的憑證，是由會計人員根據審核無誤的轉帳原始憑證填制的。轉帳憑證與收款、付款憑證在格式上的主要區別是：

轉帳憑證左上方沒有借貸科目，而是將經濟業務所涉及的會計科目全部填列在憑證內，借方科目在先，貸方科目在後，將各會計科目所記應借應貸的金額填列在「借方金額」或「貸方金額」欄內，借貸方金額合計數應該相等。轉帳憑證上其他欄目與收款、付款憑證相同。

三、記帳憑證的填制要求

記帳憑證是登記帳簿的直接依據，記帳憑證填制得正確與否，直接關係到帳簿記錄是否真實和正確。正確填制記帳憑證是保證帳簿記錄質量的基礎。填制記帳憑證的具體要求有六點。

(一) 填制記帳憑證必須以審核無誤的原始憑證及有關資料為依據

記帳憑證上應註明所附的原始憑證張數，以便檢查經濟業務的內容和已編制會計分錄的正確與否。根據同一原始憑證填制數張記帳憑證時，應在未附原始憑證的記帳憑證上註明「附件××張，見第××號記帳憑證」。如果原始憑證需要另行保管，則應在附件欄目內加以註明，以便查閱。更正錯帳和結帳的記帳憑證可以不附原始憑證。

(二) 正確填寫摘要

摘要應簡明扼要地說明每項經濟業務的內容。

(三) 正確編制會計分錄

必須按照會計製度統一規定的會計科目、根據經濟業務的性質編制會計分錄，不得自造或簡化會計分錄。用借貸記帳法編制分錄時，一般只編制一借一貸、一借多貸和一貸多借的會計分錄，不編制多借多貸的會計分錄。

(四) 記帳憑證的日期

收付款業務因為要登入當天的日記帳，記帳憑證的日期應是貨幣資金收付的實際日期，與原始憑證所記的日期不一定一致。轉帳憑證以收到原始憑證的日期為準，但在摘要欄內要註明經濟業務發生的實際日期。

(五) 記帳憑證的編號

要根據不同的情況採用不同的編號方法。通常有三種情況：如果採用統一的一種格式（通用格式），憑證的編號可採用順序編號法，即按月編順序號。業務極少的單位可按年編順序號。如果採用三種格式或五種格式的記帳憑證，記帳憑證的編號應採用字號編號法，即把不同類型的記帳憑證用字加以區別，再把同類記帳憑證按順序連續編號。例如三種格式的記帳憑證，採用字號編號法時，應具體編為「收字第××號」「付字第××號」「轉字第××號」。如果某筆經濟業務需要填制一張以上的記帳憑證，記帳憑證的編號可採用分數編號法。例如第十筆轉帳業務需填制兩張憑證，則其編號為轉字 $10\frac{1}{2}$ 號（第 1 張）和轉字 $10\frac{2}{2}$ 號（第 2 張）。

(六) 記帳憑證必須有簽章，以明確經濟責任

製單人員、審核人員、記帳人員和會計主管必須在記帳憑證上簽章。出納人員根

據收款憑證收款或根據付款憑證付款時，均要在憑證上加蓋「收訖」「付訖」的戳記，以免重收重付，防止差錯。

四、記帳憑證的審核

如前所述，記帳憑證是根據審核無誤的原始憑證填制的，是登記帳簿的直接依據。為了保證帳簿記錄的正確性，會計人員必須在登記帳簿前對記帳憑證進行認真審核。除了編制記帳憑證的人員自審以外，還應建立專人審核或互審制度。因此，記帳憑證審核的內容主要有以下幾點：

（1）審核記帳憑證是否附有原始憑證，原始憑證是否齊全，內容是否合法，記帳憑證所記錄的經濟業務與所附原始憑證所反應的經濟業務是否相符。

（2）審核記帳憑證的會計分錄是否正確，帳戶對應關係是否清晰，金額計算是否準確，會計處理是否符合會計制度的規定。

（3）審核記帳憑證的摘要是否填寫清楚、項目填寫是否齊全，如日期、憑證編號、二級和明細會計科目、附件張數以及有關人員簽章等是否清楚、齊全。

對會計憑證進行審核是保證會計信息質量、發揮會計監督職能的重要手段。在審核過程中，如果發現憑證填制錯誤，應查明原因，按規定辦法及時處理和更正。只有經過審核無誤的記帳憑證，才能作為登記帳簿的依據。

第四節　會計憑證的傳遞與保管

一、會計憑證傳遞的意義和要求

會計憑證的傳遞，是指會計憑證從填制到歸檔保管的整個過程中，在單位內部各有關部門和人員之間的傳遞。正確地組織會計憑證的傳遞，對於及時地反應和監督經濟業務的發生和完成情況、合理地組織經濟活動、加強經濟管理責任、提高會計工作效率具有重要意義。

（一）會計憑證傳遞的意義

（1）有利於及時提供對經濟業務核算和監督的信息。會計憑證從填制到歸檔保管的整個過程中，需要在單位內部各有關部門和人員之間進行傳遞，而傳遞程序和傳遞時間又直接影響信息的及時披露。科學的傳遞程序應該使會計憑證沿著最迅速、最合理的流向運行，只有這樣，才能夠保證會計核算和監督的及時性，才能為信息需求者提供及時可靠的經濟信息。

（2）有利於經濟責任制的建立和完善。會計憑證傳遞程序作為會計制度的一部分，可以通過會計憑證在組織內部的有序流動，有效考核經辦業務的有關部門和人員是否按章辦事，從而使其相互牽制、相互制約，及時正確完成各項經濟業務，加強經營管理上的責任制。例如，從材料運輸到材料驗收入庫，由誰填制「收料單」，何時將「收料單」送到供應部門和財會部門，會計部門收到「收料單」後由誰進行審核並同供應

部門的發貨票進行核對，由誰、何時編制記帳憑證和登記帳簿，由誰負責整理、保管憑證等，企業都應做出規定，如此，就把材料收入業務中驗收入庫到登記入帳的全部工作，在本單位內部進行了分配，大家分工合作、共同完成。如此，既可以考核經辦業務的有關部門和人員是否履行了崗位職責，又可以加強經營管理，提高工作質量。

(二) 會計憑證傳遞的要求

各單位的經營業務性質是多種多樣的，各種經營業務又有各自的特點，所以，辦理各項經濟業務的部門和人員以及辦理憑證所需要的時間、傳遞程序也必然各不相同。這就要求每個單位必須根據自己的業務特點和管理特點，由單位領導會同會計部門及有關部門共同設計制定出一套會計憑證的傳遞程序，使各個部門保證有序、及時地按規定的程序進行憑證傳遞。各單位在設計制定會計憑證傳遞程序時，應注意以下幾個問題：

(1) 應當根據經濟業務的特點，結合企業內部機構的設置和人員分工的情況以及管理上的需要，規定各種會計憑證的聯次及其傳遞程序，使各有關部門和人員能夠按照規定程序處理和審核會計憑證，提高憑證傳遞速度。

(2) 應當根據有關部門和人員辦理經濟業務的必要時間確定憑證在各個環節停留的時間，既要保證業務手續的順利完成，又要盡可能使會計憑證以最快的速度傳遞。

(3) 應當加強會計憑證傳遞過程中的銜接，建立憑證交接的簽收製度，確保手續的完備、嚴密和簡便易行，這樣不僅保證了會計憑證的安全和完整，而且在各個環節中能夠做到責任明確。

二、會計憑證的保管

會計憑證的保管，是指會計憑證登帳後的整理、裝訂和歸檔存查。會計憑證既是記錄經濟業務、明確經濟責任的書面證明，又是登記帳簿的依據。因此，作為重要的經濟檔案和歷史資料，會計憑證必須由專人定期整理、妥善保管，不得丟失或任意銷毀。會計憑證的保管工作，既要遵循會計憑證的安全性和完整性原則，又要遵循憑證日後查閱的方便性原則。會計憑證歸檔保管的主要方法和要求有以下五點：

(1) 各單位的財會部門每月記帳完畢後要將本月的各種記帳憑證連同所附原始憑證加以整理，按順序號排列，裝訂成冊。首先檢查有無缺號和附件是否齊全，然後折疊整齊，加具封面、封底，裝訂成冊。封面上應註明：單位的名稱、所屬的年度和月份、起訖的日期、記帳憑證的種類、起訖號數、總計冊數等，並由有關人員簽章。如果憑證數量過多，可分裝成若干冊，在封面上加註「共幾冊」字樣。為了防止任意拆裝，裝訂線上要加貼封簽，並由會計主管人員蓋騎縫章。會計憑證封面的格式如表5-11所示。

表 5-11　　　　　　　　　　　會計憑證封面

單位名稱	
憑證類別	×× 憑證
冊　　數	第　　冊 共　　冊
起訖編號	自第　　號到　　號止共計　　張　附：原始憑證　　張
起訖日期	自　年　月　日至　年　月　日
會計主管：　　　　　複核：　　　　　　裝訂：		

　　(2) 如果某些記帳憑證所附原始憑證數量過多，也可以單獨裝訂成冊保管，但應在有關記帳憑證上註明「附件另訂」和原始憑證的名稱和編號，尤其是合同、契約、押金收據以及需要隨時查閱的收據等需要單獨保管，以便查核。

　　(3) 裝訂成冊的會計憑證應集中保管，並指定專人負責。對於調閱會計憑證應有嚴格的製度。本單位人員調閱需經會計主管同意，其他單位人員調閱要有正規的介紹信，經會計主管或單位領導同意。為避免需要使用原始憑證時抽出原始憑證，也可採用複製憑證的方法，但應有嚴格手續。調閱時，要在專門的登記簿上進行登記。

　　(4) 作為重要的檔案資料，年度終了，應將會計憑證送交會計檔案室或單位綜合檔案室歸檔。會計憑證歸檔後，應按年月順序排列，妥善保管。保管過程中應防止鼠咬蟲蛀、破損霉變情況的發生，要保證會計憑證的安全和完整。

　　(5) 會計憑證的保管期限和銷毀手續，必須嚴格執行國家《會計檔案管理辦法》的規定。原始憑證、記帳憑證和匯總記帳憑證保管期限為 30 年，其中涉外憑證和一些重要憑證應永久保存。未到期限，任何人不得隨意銷毀憑證。保存期滿之後，也必須按規定手續報經批准，方能銷毀憑證。

本章小結

　　會計憑證是記錄經濟業務、明確經濟責任的書面證明，是登記帳簿的依據。填制和審核會計憑證是會計核算的一種專門方法。會計憑證分為原始憑證和記帳憑證。原始憑證是經濟業務發生時填制或取得的、用以記錄和證明經濟業務發生或完成情況的原始書面證明，分為自製原始憑證和外來原始憑證兩種。記帳憑證是由會計人員根據審核後的原始憑證編制的，是登記帳簿的直接依據。記帳憑證分為通用記帳憑證和專用記帳憑證兩種。專用記帳憑證又分為收款憑證、付款憑證和轉帳憑證三種。會計憑證的填制必須符合有關的規定和要求。只有審核無誤的會計憑證才能作為登記帳簿的依據。企業應規定會計憑證的傳遞程序及其在各個環節停留及傳遞的時間。會計憑證作為重要的經濟檔案，必須按規定妥善保管。

思考題

1. 什麼是會計憑證？填制和審核會計憑證有什麼重要意義？
2. 會計憑證有哪些分類？
3. 什麼是原始憑證？其基本內容是什麼？填制原始憑證應遵循哪些要求？
4. 原始憑證審核的主要內容是什麼？
5. 什麼是記帳憑證？記帳憑證應具備哪些內容？
6. 收款憑證、付款憑證和轉帳憑證的填制方法是什麼？
7. 填制記帳憑證有哪些具體要求？
8. 審核記帳憑證的主要內容是什麼？
9. 組織會計憑證傳遞的意義是什麼？
10. 會計憑證保管的方法和一般要求是什麼？

練習題

一、單項選擇題

1. 填制會計憑證是（　　）的前提和依據。
   A. 設置帳戶　　　　　　　B. 成本計算
   C. 編制會計報表　　　　　D. 登記帳簿
2. 用以辦理業務手續，記載業務發生或完成情況，明確經濟責任的會計憑證是（　　）。
   A. 原始憑證　　　　　　　B. 記帳憑證
   C. 收款憑證　　　　　　　D. 付款憑證
3. 將現金送存銀行，一般應根據有關原始憑證填制（　　）。
   A. 現金收款憑證　　　　　B. 銀行存款收款憑證
   C. 現金付款憑證　　　　　D. 轉帳憑證
4. 下列單據中，不能作為記帳用的原始憑證是（　　）。
   A. 購銷合同　　　　　　　B. 產品製造費用分配表
   C. 現金支票存根　　　　　D. 出差車票
5. 企業外購材料一批，貨款尚未支付，根據有關原始憑證，應填制的記帳憑證是（　　）。
   A. 收款憑證　　　　　　　B. 付款憑證
   C. 轉帳憑證　　　　　　　D. 累計憑證
6. 材料入庫單屬於（　　）。
   A. 記帳憑證　　　　　　　B. 自製原始憑證
   C. 外來原始憑證　　　　　D. 累計憑證

7. 原始憑證按其取得的來源不同，可分為（　）。
　　A. 外來原始憑證和自製原始憑證　　B. 單式記帳憑證和複式記帳憑證
　　C. 一次憑證和累計憑證　　D. 收、付、轉記帳憑證
8. 記帳憑證按其用途的不同，可分為（　）。
　　A. 專用記帳憑證和通用記帳憑證　　B. 複式記帳憑證和單式記帳憑證
　　C. 匯總記帳憑證和非匯總記帳憑證　　D. 收款憑證和付款憑證
9. 下列項目中屬於外來原始憑證的是（　）。
　　A. 收料單　　B. 銷貨發票
　　C. 購貨發票　　D. 訂貨合同
10. 「發出材料匯總表」是（　　　）。
　　A. 匯總原始憑證　　B. 匯總記帳憑證
　　C. 累計憑證　　D. 轉帳憑證

二、多項選擇題

1. 限額領料單同時屬於（　　　）。
　　A. 自製原始憑證　　B. 累計憑證
　　C. 匯總原始憑證　　D. 記帳編制憑證
2. 原始憑證的審核內容主要有（　　　）。
　　A. 合法性　　B. 正確性
　　C. 合理性　　D. 完整性
3. 下列文件中，屬於外來原始憑證的有（　　　）。
　　A. 領料單
　　B. 購貨發票
　　C. 銀行對帳單
　　D. 銀行存款通知
　　E. 銀行存款餘額調節表
4. 在原始憑證上書寫阿拉伯數字，正確的是（　　　）。
　　A. 金額數字一律填寫到「分」
　　B. 無「角」「分」的，角位和分位填寫「0」，不得空格
　　C. 有「角」無「分」的，分位應當寫「0」
　　D. 有「角」無「分」的，分位也可以用符號「－」代替
5. 記帳憑證填制的依據是（　　　）。
　　A. 收款憑證　　B. 付款憑證
　　C. 原始憑證　　D. 原始憑證匯總表
　　E. 結帳等帳簿資料
6. 企業購入材料一批共 6,000 元，以轉帳支票支付 4,000 元，餘款暫欠，應填制（　　　）。
　　A. 一張轉帳憑證　　B. 一張轉帳憑證和一張付款憑證

  C. 一張付款憑證　　　　　　　　D. 一張轉帳憑證和一張收款憑證
 7. 差旅費報銷單屬於（　　）。
  A. 自製憑證　　　　　　　　　　B. 外來憑證
  C. 記帳憑證　　　　　　　　　　D. 一次憑證
 8. 記帳憑證是（　　）填制的。
  A. 經辦人員　　　　　　　　　　B. 會計人員
  C. 經濟業務發生時　　　　　　　D. 根據審核無誤的原始憑證
 9. 以下業務應該填制轉帳憑證的有（　　）。
  A. 材料入庫　　　　　　　　　　B. 生產領用原材料
  C. 購料付款　　　　　　　　　　D. 償還貨款
 10. 會計憑證的保管應做到（　　）。
  A. 定期歸檔、裝訂，以便查閱
  B. 查閱會計憑證要有手續
  C. 裝訂成冊的會計憑證應集中由專人負責保管
  D. 按會計製度規定的程序辦理銷毀手續

三、判斷題（表述正確的在括號內打「√」，不正確的打「×」）

 1. 原始憑證是登記明細分類帳的依據，記帳憑證是登記總分類帳的依據。（　　）
 2. 外來原始憑證都是一次憑證。（　　）
 3. 發料憑證匯總表屬於累計憑證。（　　）
 4. 將現金存入銀行的業務，可以既編制現金付款憑證，又編制銀行存款收款憑證，然後分別據以登記入帳。（　　）
 5. 會計憑證按其來源的不同可分為外來會計憑證和自製會計憑證兩種。（　　）
 6. 記帳憑證只能根據一張原始憑證填制。（　　）
 7. 憑證編號的 $10\frac{1}{3}$ 表示第十筆業務需要填制三張記帳憑證，共有三張原始憑證，該記帳憑證是根據其中的第一張原始憑證編制的。（　　）
 8. 收款憑證和付款憑證是用來記錄貨幣資金收付業務的憑證。（　　）
 9. 收款憑證左上方「貸方科目」應填寫「現金」或「銀行存款」科目。（　　）
 10. 會計憑證按規定保管期滿後，可由財會人員自行銷毀。（　　）

四、業務處理題

（一）目的：練習收款憑證、付款憑證和轉帳憑證的編制。

（二）資料：某企業為增值稅一般納稅人，2015 年 5 月份發生下列經濟業務：

 （1）5 月 3 日，從福源公司購入甲材料 10,000 千克，單價 2 元；乙材料 5,000 千克，單價 4 元。取得增值稅專用發票，材料價款共計 40,000 元，稅款 6,800 元，對方代墊運雜費 3,000 元，運雜費按材料數量進行分攤。材料尚未運到，貨稅款及運雜費

尚未支付。

（2）上述所購甲、乙材料運達，經驗收合格入原材料庫。

（3）5月5日，倉庫發出甲材料1,000千克，每千克成本2.2元，發出乙材料500千克，每千克4.2元，用於生產產品。

（4）5月6日，以銀行存款上交上月應交所得稅35,500元。

（5）5月7日，收到上月應收明達公司帳款36,000元，存入銀行。

（6）5月7日，銷售給向陽公司產品1,000件，每件售價50元，開出增值稅專用發票，共計貨款50,000元，稅款8,500元，貨稅款尚未收到。

（7）5月10日，以銀行存款支付應付福源公司帳款49,800元。

（8）5月11日，收到某企業投入的一項專利技術，雙方確認價值200,000元。

（9）5月15日，向銀行提取現金10,000元，以備發放工資。

（10）5月17日，以現金支付職工工資8,000元。

（11）5月18日，採購員張林出差預借差旅費1,000元，以現金支付。

（12）5月20日，從銀行借入短期借款50,000元，存入銀行。

（13）5月22日，收到5月7日銷售給向陽公司產品的貨稅款58,000元，存入銀行。

（14）5月24日，以現金支付廠部辦公用品費300元。

（15）5月28日，按規定計提固定資產折舊5,000元，其中生產車間固定資產折舊3,600元，管理部門固定資產折舊1,400元。

（16）5月29日，計提本月短期借款利息500元。

（17）5月30日，結轉本月職工工資8,000元，其中生產工人工資4,000元，車間管理人員工資2,000元，廠部管理人員工資2,000元。

（18）5月30日，結轉本月製造費用5,600元。

（19）5月30日，結轉本月完工入庫產品的成本共計60,000元。

（20）5月30日，結轉本月銷售A產品的成本30,000元。

（三）要求：根據上述業務填制收款憑證、付款憑證和轉帳憑證。

第六章　會計帳簿

【學習目標】通過本章的學習，學生應瞭解會計帳簿的含義、作用以及分類；掌握各類會計帳簿設置和登記的基本方法；掌握錯帳查找和更正的方法以及對帳和結帳的方法；熟悉會計帳簿使用規則、會計帳簿更換和保管的方法。

【引導案例】青雲公司出納王瑞兼管公司行政事務，平時工作較忙，習慣按旬集中做帳。2015年3月1日，青雲公司在中國工商銀行開設的基本存款帳戶的餘額為2,680,000元，3月4日支付工資及社會保險費780,000元，3月5日支付水電費及房租費220,000元，3月6日支付廣告費300,000元，3月7日採購部提出需要支付原材料採購款1,500,000元，由於沒有及時登記「銀行存款日記帳」，王瑞誤以為銀行存款餘額足夠支付購材料款，於是開出1,500,000元的支票交給對方單位進行轉帳。青雲公司於3月10日收到銀行退票通知書，並被罰款。由於此事項的發生，該公司上了企業信用黑名單，正在進行的融資貸款也受到了影響。該案例充分告訴我們正確、及時登帳的重要性。通過學習本章內容，你將會瞭解如何正確設置和登記各類帳簿。

第一節　會計帳簿概述

一、會計帳簿的含義

會計帳簿是以會計憑證為依據，由一定格式、相互聯繫的帳頁組成，用來全面、連續、系統、分類地記錄企業各項經濟業務內容及其變動情況的會計簿籍。

從原始憑證到記帳憑證，按照一定的會計科目和複式記帳法，大量經濟信息轉化為會計信息記錄在記帳憑證上。通過填制和審核原始憑證和記帳憑證，會計主體在生產經營活動中所發生的全部經濟業務都已紀錄到了會計憑證中。然而，填制和審核會計憑證只能零散地反應某項經濟業務的內容，不能全面、系統、連續地反應企業生產經營過程的變動情況，不能夠滿足經濟管理的需要，所以，還需要把記帳憑證所反應的經濟業務內容進行進一步的加工和處理，即將記帳憑證上所記錄的內容在帳戶中進行分門別類的登記——這就需要設置會計帳簿了。把會計憑證提供的大量零散的資料加以歸類、整理、集中，登記到帳簿中去，使其系統化、條理化，能夠給經濟管理提供系統、全面的會計資料信息。

帳簿的設置和登記，對於全面、系統、序時、分類反應各項經濟業務，充分發揮會計在經濟管理中的作用，具有重要意義。

二、會計帳簿的作用

設置和登記帳簿是會計核算工作的基本方法之一，也是會計核算工作的重要環節。登記帳簿在會計信息的加工處理過程中居於中樞環節，在會計核算工作中具有重要作用。

（一）為經濟管理提供系統、全面、連續的會計資料，為管理和決策提供重要的會計信息

帳簿登記時，我們是分不同的帳戶，按照經濟業務發生的時間順序，毫無遺漏地進行記錄。通過登記帳簿，我們既可以按照經濟業務發生的先後進行序時核算，提供某項業務活動的資料，又可以按照經濟業務性質的不同，在有關的分類帳中進行歸類核算，為經濟管理提供總括和明細的會計信息。因此，通過帳簿的記錄，我們可以把會計憑證提供的零散資料加以歸類匯總，形成系統、全面、連續的會計核算資料，集中反應企業資金使用及其變動情況，滿足企業經營管理的需要。

（二）可以瞭解和掌握企業的財務狀況和經營成果，有利於加強財產物資的管理與核算

通過帳簿的設置和登記，我們可以確定企業財務成果的形成，瞭解企業的財務狀況，合理地籌集和使用各項資金，提高資金的使用效果；有利於促進增收節支，及時、有效地控製成本費用，提高會計主體的盈利水平和經濟效益；為進行會計分析、會計檢查以及考核企業經營成果提供重要依據。

（三）為編制會計報表提供綜合、詳細的資料，為會計檢查提供依據

企業經營進行到一定時期，為了總結其經營活動情況，就必須在帳簿中進行結帳和對帳，使帳簿記錄數與實有數核對相符，為編制會計報表提供可靠的依據。同時，登記帳簿有利於參照會計核算資料進行會計檢查，實施會計監督。

三、會計帳簿的分類

為了滿足經濟管理的需要，每一帳簿體系中包含的帳簿是多種多樣的。這些帳簿可以按照不同的標準進行分類，主要有三種分類方式。

1. 按帳簿的性質和用途分類

按帳簿性質和用途的不同，會計帳簿可分為序時帳簿、分類帳簿和備查帳簿三種。

（1）序時帳簿。序時帳簿亦稱日記帳簿，是按照經濟業務發生或完成情況的先後順序，逐日逐筆、連續登記的帳簿。它是按時間順序記載經濟業務的發生或完成情況的原始記錄簿。它可以是序時登記全部經濟業務的帳簿即普通日記帳，也可以是序時登記某類經濟業務的帳簿即特種日記帳。特種日記帳通常記錄某一類比較重要的經濟業務，如「現金日記帳」「銀行存款日記帳」。是否需要設置普通日記帳，由各單位根據自身的業務特點和管理要求而定。特種日記帳中的「現金日記帳」和「銀行存款日記帳」，各單位都要設置，以便加強貨幣資金的核算和管理。

（2）分類帳簿。分類帳簿是將全部經濟業務按照總分類帳戶和明細分類帳戶分類

登記的帳簿，也稱分類帳，其按照分類概括程序的不同分為總分類帳和明細分類帳兩種。

①總分類帳。總分類帳簡稱總帳，是按照一級科目設置和登記的、用來登記全部經濟業務、提供總括核算指標的分類帳簿。

②明細分類帳。明細分類帳簡稱明細帳，是根據總帳科目設置、按其所屬的明細科目開設、用來登記某一類經濟業務、提供詳細核算指標的分類帳簿。

總分類帳簿和明細分類帳簿包括了除序時帳之外的全部帳戶，整個企業的生產經營過程和財務情況都能從分類帳簿中得到反應。同時，分類帳也可以對經濟活動過程中的違法行為進行監督，還可以為編制會計報表提供依據。所以，分類帳在會計核算工作中佔有十分重要的地位。

（3）備查帳簿。備查帳簿又稱輔助帳簿，是用來對某些在日記帳和分類帳中不便記錄或未能記錄的有關事項進行補充登記的帳簿，是屬於備查性質的一種輔助登記帳簿。它是根據表外科目設置的，如以經營租賃方式租入固定資產登記簿、受託加工材料登記簿等。設置備查登記簿的目的是便於日後對有關事項進行查考。備查帳簿並非每個單位都必須設置，各單位可以根據自己的實際需要而設置。備查帳簿沒有固定的格式，可以由各單位根據管理的需要自行設計，也可以使用分類帳的帳頁格式。

2. 按帳簿的外表形式分類

按帳簿的外表形式，可將帳簿分為訂本式帳簿、活頁式帳簿和卡片式帳簿三種。

（1）訂本式帳簿。訂本式帳簿簡稱訂本帳，是指在未使用前就固定地裝訂成冊並編訂頁碼的帳簿。訂本帳的優點是帳頁在使用中不會散失，並且其能防止抽換帳頁等舞弊行為的發生，有利於會計資料和會計檔案的完整性和嚴肅性。訂本帳的缺點是由於帳頁固定，人們不能根據需要增減帳頁，開設帳戶時需預留帳頁，容易出現帳頁的餘缺，從而造成浪費或影響連續記帳。同時，訂本帳不便於各帳戶的帳頁調整，也不便於同時分工記帳，不便於用電子計算機記帳。訂本式帳簿主要適用於總分類帳和現金、銀行存款日記帳。

（2）活頁式帳簿。活頁式帳簿簡稱活頁帳，是由若干零散的、具有專門格式的帳頁組成的帳簿。這種帳簿可以根據需要隨時添加、抽減帳頁，同時有利於分工記帳，提高登帳工作效率。活頁帳的特點是在啟用之前不固定地裝訂在一起，期末時才裝訂成冊。活頁帳的缺點是帳頁容易散失和被抽換，因此必須注意保存。為了防止這些弊端，活頁帳的帳頁必須編號並由有關人員在帳頁上簽章，平時可裝置在帳夾中保管使用，年度終了，裝訂成固定本、冊並歸檔保管。活頁式帳簿主要適用於各種明細帳。

（3）卡片式帳簿。卡片式帳簿也稱卡片帳，是由若干零散的、具有專門格式的卡片組成的、存放在卡片箱中可隨時取用的帳簿。這種帳簿使用中要防止帳頁散失及非法抽換，因此我們對啟用的卡片要逐張蓋章編號。卡片帳可以長期使用，不需逐年更換。卡片帳的優缺點同活頁式帳簿。卡片式帳簿主要適用於記錄比較複雜的財產明細帳，如固定資產明細帳。

3. 按帳頁格式分類

會計帳簿按帳頁格式的不同，可以分為三欄式帳簿、多欄式帳簿、數量金額式帳

簿等。

（1）三欄式帳簿。三欄式是會計核算一般通用的格式。「三欄」是指格式的基本結構有「借方」「貸方」及「餘額」三個金額欄，其格式如表 6-1 所示。

表 6-1　　　　　　　　　　　　　　　帳戶名稱

年		憑證		摘要	借方	貸方	借或貸	餘額
月	日	種類	號數					

（2）多欄式帳簿。多欄式帳簿在三欄式帳簿的基礎上，在借方和貸方下設若干金額欄，或在金額欄下設多欄，其根據核算的實際需要確定。多欄式帳簿的格式如表 6-2 和表 6-3 所示。

表 6-2　　　　　　　　　　　　　　　借項多欄式

年		憑證		摘要	借方			合計	貸方	餘額
月	日	種類	號數							

表 6-3　　　　　　　　　　　　　　　貸項多欄式

年		憑證		摘要	借方	貸方			合計	餘額
月	日	種類	號數							

（3）數量金額式帳簿。數量金額式帳簿是為了各類物資核算工作需要而設計的特定格式的帳簿，其在三個金額欄內增設數量及單價專欄，在記錄各類物資金額的同時登記相應的數量和單價。數量金額式帳簿的格式如表 6-4 所示。

表 6-4　　　　　　　　　　　數量金額式

年		憑證		摘要	收入			發出			結存		
月	日	種類	號數		數量	單價	金額	數量	單價	金額	數量	單價	金額

第二節　會計帳簿的設置與登記

一、會計帳簿的基本內容

各種帳簿所記錄的經濟內容不同，帳簿的格式也多種多樣，但各種帳簿均應具備一些基本內容。這些基本內容也稱為會計帳簿的基本要素，主要包括三個方面。

(一) 封面

封面上應註明帳簿名稱和記帳單位名稱。帳簿名稱如總分類帳、現金日記帳、原材料明細帳等。

(二) 扉頁

扉頁上應填製「帳簿啟用及經管人員一覽表」及「科目索引表」。在「帳簿啟用及經管人員一覽表」中應填明帳簿名稱、編號、頁數、啟用日期、經管人員姓名及交接日期、主管會計人員簽章等。「帳簿啟用經管人員一覽表」和「科目索引表」的一般格式如表 6-5 和表 6-6 所示。

表 6-5　　　　　　　　　帳簿啟用及經管人員一覽表

	單位名稱			
	帳簿名稱		印鑒	
	帳簿編號			
	帳簿頁數			
	啟用日期			
責任人	主管	會計	記帳	審核

表6-5(續)

經管人員及交接期		經管	年	月	日		
		交出	年	月	日		
		經管	年	月	日		
		交出	年	月	日		
		經管	年	月	日		
		交出	年	月	日		
		經管	年	月	日		
		交出	年	月	日		
備註							

表 6-6　　　　　　　　　　　　　科目索引表

頁數	科目	頁數	科目	頁數	科目	頁數	科目

(三) 帳頁

　　帳頁是帳簿的主要內容。帳頁因反應的經濟業務不同，存在不同的結構，但都應包括以下基本內容：

　　（1）帳戶名稱（包括一級會計科目、二級或明細會計科目）；
　　（2）登帳日期；
　　（3）憑證種類和字號；
　　（4）摘要欄；
　　（5）金額欄（借、貸方金額及餘額方向、金額）；
　　（6）頁次和分頁次。

二、會計帳簿設置的原則

設置和登記會計帳簿是會計核算的一種基本方法，也是會計核算工作的重要環節。設置帳簿是登記帳簿的前提。企業應根據自己的實際情況和經營管理的需要，設置不同的帳簿。設置帳簿一般應遵循以下基本原則：

（1）設置帳簿要做到統一性與實用性相結合，確保全面、系統地核算各項經濟業務，為經營管理提供系統、分類的會計資料。

（2）在帳簿的設置方面要組織嚴密，在滿足需要的前提下，盡量節約人力、物力。

（3）設置帳簿要有利於會計部門內部的合理分工，充分發揮整體效應，提高會計工作效率和水平。

（4）帳簿格式力求簡明實用，能夠提供經營管理所需的各項指標。

三、日記帳的設置與登記

日記帳是根據全部經濟業務發生或完成的先後順序，逐日、逐筆、連續進行登記的帳簿，或者是用來序時地記錄和反應某一類或某一項經濟業務的發生和完成情況的帳簿。因此，日記帳又分為普通日記帳和特種日記帳。下面著重介紹特種日記帳的結構和登記方法。普通日記帳的有關內容將在「會計核算形式」一章講解，這裡不再重複。

特種日記帳一般分為現金日記帳和銀行存款日記帳。

（一）現金日記帳

現金日記帳，是逐日逐筆序時記錄和反應庫存現金的收入、付出及結存情況的帳簿。通過現金日記帳的記錄，我們能全面瞭解現金的增減變動是否符合國家有關現金管理的規定。現金日記帳的帳頁格式，一般採用「金額三欄式」或「多欄式」。格式不同，登記的方法也有所不同。

（1）三欄式現金日記帳。現金日記帳一般採用「金額三欄式」帳頁，基本結構為「收入」「支出」和「結餘」三欄，如表6-7所示。

表6-7　　　　　　　　　現金日記帳（三欄式）　　　　　　　　單位：元

2015年		憑證		摘要	對方科目	收入	支出	結餘
月	日	字	號					
10	1			期初餘額				2,200
	3	現付	1	購買辦公用品	管理費用		500	1,700
	8	現收	1	收到報銷退款	其他應收款	300		2,000
	10	銀付	2	提取現金	銀行存款	50,000		52,000
	15	現付	2	發放工資	應付職工薪酬		50,000	2,000

現金日記帳通常由出納人員根據審核後的現金收款憑證、現金付款憑證和有關的銀行付款憑證逐日逐筆順序登記。涉及銀行存款和現金之間的收付業務，如從銀行提取現金業務，按規定只編制銀行存款付款憑證，故應當根據銀行存款付款憑證進行登記，即現

金日記帳的「收入」欄根據現金收款憑證和從銀行提取現金業務編制的銀行存款付款憑證進行登記，「支出」欄金額根據現金付款憑證登記。每天終了，必須結出當日現金結餘金額。現金收支業務量較大的單位，還可以結出當日的現金收入合計數、支出合計數，並在「摘要」欄註明「本日合計」字樣。為了便於識別，可在該行的下線處劃一條通欄單紅線。結出的現金收、支合計數和結餘數應在緊接最後一行業務記錄的次行登記，不得隔頁跳行。每日結出的帳面結餘數應與庫存現金實際數核對，做到帳實相符。

（2）多欄式現金日記帳。現金日記帳也可採用「多欄式」，其基本結構是將「收入」和「支出」按對應科目分設專欄，登帳時將其對應科目填寫在「收入」欄或者「支出」欄下空格內，常用的對應科目也可在製作帳頁時預先印製。多欄式現金日記帳的格式如表 6-8 所示。

表 6-8　　　　　　　　　　　現金日記帳（多欄式）　　　　　　　　　單位：元

年		憑證號數	摘要	收入的對方科目			支出的對方科目			結存
月	日			銀行存款	營業外收入	…	銀行存款	管理費用	…	

採用多欄式現金日記帳時，應按照收入、支出的對應科目分設專欄，逐日逐筆登記，到月末結帳時，分欄加計發生額，登記相應的總分類帳戶，但銀行存款帳戶除外。因為現金日記帳中銀行存款的收入、支出在銀行存款日記帳中也進行了記錄，為避免重複過帳，現金日記帳中的銀行存款欄目金額不再過入銀行存款總帳。多欄式日記帳提供了全月現金收入來源、付出去向的詳細具體的資料，但是在會計科目比較多的情況下，多欄式日記帳的帳面過寬，不便於分工登記，而且容易發生錯欄串行的錯誤。為此，在實際工作中可以將多欄式現金日記帳分設為多欄式現金收入日記帳和多欄式現金支出日記帳。

（二）銀行存款日記帳

銀行存款日記帳通常由出納人員根據審核後的銀行存款收款憑證、銀行存款付款憑證和有關的現金付款憑證逐日逐筆順序登記。「借方」欄根據銀行存款收款憑證進行登記，「貸方」欄根據銀行存款付款憑證進行登記。但對於現金存入銀行或者從本單位其他存款戶轉入本存款戶的銀行存款業務，規定只填制現金付款憑證或其他存款戶的銀行存款付款憑證，不再填制收款憑證。所以，對於將現金送存銀行或從本單位其他存款戶轉入本存款戶的銀行存款收入數額，應根據現金付款憑證或本單位其他存款戶的銀行存款付款憑證登記銀行存款日記帳的「借方」欄。每日終了，必須結出存款餘額。銀行存款日記帳應定期與銀行對帳單核對，至少每月核對一次。月份終了，本單位帳面結餘數與銀行對帳單如有差額，必須逐筆查明原因進行處理，並按月編制「銀行存款餘額調節表」，試算調節相符。銀行存款日記帳的格式一般也採用三欄式或多欄式。為便於與銀行對帳，也便於反應銀行存款的收付所採用的結算方式，銀行存款日記帳增設了「銀行結算憑證種類和號數」欄，如表 6-9 所

示。其登記方法與現金日記帳的登記方法基本相同，在此不再重述。

表 6-9　　　　　　　　　　銀行存款日記帳（三欄式）

單位：元

2015年		憑證		摘要	銀行結算憑證		對方科目	收入	支出	結餘
月	日	字	號		種類	號數				
10	1			期初餘額						50,200
	2	銀付	1	支付廣告費	轉支	1012	銷售費用		5,000	45,200
	8	銀收	1	收到前欠款	電匯	3055	應收帳款	23,400		68,600
	10	銀付	2	提取現金	現支	2016	庫存現金	50,000		118,600

四、分類帳的設置與登記

（一）總分類帳的設置與登記

總分類帳，是按照總分類帳戶分類登記全部經濟業務的帳簿。在會計核算中，應按照會計科目的編碼順序分設帳戶，並為每個帳戶預留若干帳頁。總分類帳能夠全面、總括地反應經濟活動情況及其結果，對明細帳起著統馭控制的作用，為編制會計報表提供了總括資料。因此，任何單位都要設置總分類帳。

總分類帳只要求提供金額指標，所以總分類帳帳頁的格式一般設借方、貸方、金額三個主要欄目且只記金額的登記，無數量的登記，其格式如表 6-10 所示。

表 6-10　　　　　　　　　　總分類帳

會計科目：應收帳款　　　　　　　　　　　　　　　　　　　第××頁

2015年		憑證		摘要	借方金額	貸方金額	借或貸	餘額
月	日	字	號					
3	1			期初餘額			借	30,000
	2	轉	1	賒銷商品	23,400		借	53,400
	5	銀收	1	收回前欠款		11,700	借	41,700
	8	轉	2	賒銷商品	20,000		借	61,700
				本期發生額及餘額	43,400	11,700	借	61,700

（二）明細分類帳的設置與登記

明細分類帳，是根據總帳科目設置、按其所屬的明細科目開設、用以記錄某一類經濟業務詳細核算資料的帳簿。由於總分類帳只能提供總括的資料，而明細分類帳能夠詳細具體地反應經濟活動的情況和結果，對總分類帳起著輔助補充的作用，因此，任何單位都要根據具體情況設置必要的明細分類帳，同時也為編制會計報表提供必要的明細資料。

明細分類帳根據其所記錄內容的性質和管理要求的不同，有的只需反應金額的變

化情況及其結果,有的則還需要反應實物數量的變化情況及其結果。與此相適應,明細分類帳的格式也就有所不同,主要有「金額三欄式」「數量金額式」「金額多欄式」。

1. 三欄式明細分類帳的設置與登記

(1) 三欄式明細分類帳的結構。三欄式明細分類帳設置「借方」「貸方」和「餘額」三個欄目,分別用來登記金額的增加、減少和結餘,不設數量欄,其格式如表6-11所示。

表 6-11　　　　　　　　　　　(帳戶名稱) 明細帳

會計科目:　　　　　　　　　　　　　　　　　　　　　　　　　第　頁

年		憑證		摘要	借方金額	貸方金額	借或貸	餘額
月	日	字	號					

這種格式的明細帳適用於只需要登記金額、不進行數量核算的經濟業務,如債權、債務的結算業務,需在「應收帳款」「應付帳款」總分類帳戶下分別按客戶或供應商名稱開設明細帳戶。

(2) 三欄式明細分類帳的登記。三欄式明細分類帳根據有關原始憑證和記帳憑證逐日逐筆進行借方、貸方金額登記,每筆登記完後結出餘額。如為借方餘額,在「借或貸」欄目中填寫「借」字;如為貸方餘額,在「借或貸」欄目中填寫「貸」字。每月終了時,計算出全月借方發生額合計和貸方發生額合計,並結算出月末餘額。

2. 數量金額式明細分類帳的設置與登記

(1) 數量金額式明細分類帳的設置。數量金額式明細帳是對具有實物形態的財產物資進行明細分類核算的帳簿。該帳簿帳頁在「收入」「發出」「結餘」欄內,分設「數量」「單價」「金額」三個欄次。這種帳簿適用於既需要核算金額又需要核算數量的各種財產物資科目,如「原材料明細分類帳」「庫存商品明細分類帳」「包裝物明細分類帳」,其具體格式如表6-12所示。

表 6-12　　　　　　　　　　　(帳戶名稱) 明細帳

一級科目:　　　　　　　　　　　　　　　　　　　　　　　　　第　頁
品名及規格:　　　　　　　　　　　　　　　　　　　　　　　計量單位:
　　　　　　　　　　　　　　　　　　　　　　　　　　　　　　存放地點:

年		憑證		摘要	收入(借方)			發出(貸方)			結存		
月	日	字	號		數量	單價	金額	數量	單價	金額	數量	單價	金額

（2）數量金額式明細分類帳的登記。數據金額式明細分類帳根據有關憑證進行「收入」「發出」欄的數量、單價的登記，同時計算出金額填入金額欄。每筆收入或發出數量、金額登記完畢後，要計算出結存的數量和金額，並填入數量和金額欄。每月終了時，加算全月收入和發出的數量和金額合計，並結算出月末結存數量和金額。

3. 多欄式明細分類帳的設置與登記

（1）多欄式明細分類帳的設置。多欄式明細分類帳是根據企業經濟業務和經營管理的需要，以及業務的性質、特點，在一張帳頁內設若干專欄，集中反應某一總帳各明細核算的詳細資料。這種格式適用於成本費用、收入、利潤科目，如「管理費用」「生產成本」「主營業務收入」等科目，其格式如表 6-13 和表 6-14 所示。

表 6-13　　　　　　　　　　　生產成本明細帳　　　　　　　　　單位：元

年		憑證		摘要	借方					貸方	借或貸	餘額
月	日	字	號		直接材料	直接人工	其他直接費用	製造費用	合計			

表 6-14　　　　　　　　　　　主營業務收入明細帳　　　　　　　　單位：元

年		憑證		摘要	借方	貸方					借或貸	餘額
月	日	字	號			甲產品	乙產品	丙產品	…	合計		

（2）多欄式明細分類帳的登記。多欄式明細帳根據有關原始憑證、記帳憑證、費用分配計算表進行登記，登記方法同前面講述過的多欄式日記帳登記方法相同，在此不再重述。

(三) 總分類帳與明細分類帳的關係和平行登記

總分類帳是根據總分類科目開設，用以提供總括指標的帳簿；明細分類帳是根據明細分類科目開設，用於提供明細指標的帳簿。兩者反應的經濟內容是相同的，只不過提供核算指標的詳細程度不同：前者提供某類經濟業務總括的核算指標，後者則提供某類經濟業務詳細的核算指標。總分類帳控製、統馭明細分類帳，即總分類帳控製著明細分類帳的核算內容和核算數據，明細分類帳則對總分類帳起著輔助和補充的作用。

為了使總分類帳戶與其屬的明細分類帳分別發揮統馭與補充的作用，便於帳戶核對，並確保核算資料的正確、完整，我們必須採用平行登記的方法，在總分類帳及其所屬的明細分類帳中進行記錄。平行登記，是指根據記帳憑證，一方面登記有關總分類帳戶，另一方面登記該總分類帳所屬的明細分類帳戶。平行登記的要點如下：

（1）同期登記。同期是指在同一會計期間，對每一項經濟業務，在有關的總分類

帳戶中進行總括登記的同時，要在有關的明細分類帳中進行明細登記。

（2）方向一致。一項經濟業務，若其在總分類帳戶登記借方金額，則其在有關明細分類帳戶也應登記借方金額；如果總分類帳戶登記在貸方，有關明細分類帳戶也應登記在貸方。有時因為記帳工作上的特殊需要，出現在總分類帳戶登記某一方向而有關明細分類帳用紅字登記在帳戶的相反方向的情況，這也屬於記帳上的方向一致。

（3）金額相等。對每一項經濟業務，記入總分類帳戶的金額，必須與記入有關明細分類帳戶的金額之和相等。

（4）依據相同。登記總分類帳戶是以記帳憑證（或記帳憑證匯總表、科目匯總表）為依據的，登記明細分類帳戶，必然以同一記帳憑證及所附的原始憑證為依據。

根據平行登記規則記帳後，總分類帳戶與明細分類帳戶之間產生了下列數量關係：總分類帳的借方（或貸方）本期發生額等於所屬明細帳借方（或貸方）本期發生額之和；總帳期末餘額等於所屬明細分類帳期末餘額之和。在會計核算工作中，可以利用上述數量關係檢查帳簿記錄的正確性。

【例6.1】2015年11月10日，華陽實業有限責任公司生產的甲產品完工入庫1,000件，單位成本590元，總成本590,000元；乙產品完工入庫500件，單位成本700元，總成本350,000元。假如甲、乙產品沒有期初存貨，當月甲產品銷售500件，單位成本590元，總成本295,000元；乙產品銷售300件，單位成本700元，總成本210,000元。庫存商品的總分類帳與明細分類帳的登記如表6-15至表6-17所示。

表6-15　　　　　　　　　　　　庫存商品總分類帳戶

會計科目：庫存商品　　　　　　　　　　　　　　　　　　　　　　單位：元

| 2015年 || 憑證字號 || 摘要 | 借方 | 貸方 | 借或貸 | 餘額 |
月	日	字	號					
11	01			期初餘額			借	0
11	10	略	略	完工產品入庫	940,000		借	940,000
11	31	略	略	結轉已銷產品成本		505,000	貸	435,000
11	31			期末餘額			借	435,000

表6-16　　　　　　　　　　　　庫存商品明細分類帳戶

產品名稱：甲產品　　　　　　　　　　　　　　　　　　　　　　　單位：元

| 2015年 || 憑證字號 | 摘要 | 收入 ||| 發出 ||| 結存 |||
月	日			數量	單價	金額	數量	單價	金額	數量	單價	金額
11	01		期初餘額									0
11	10	略	略	1,000	590	590,000				1,000	590	590,000
11	31	略	略				500	590	295,000	500	590	295,000
11	31		期末餘額	1,000	590	590,000	500	590	295,000	500	590	295,000

表 6-17 　　　　　　　　　　庫存商品明細分類帳戶

產品名稱：乙產品　　　　　　　　　　　　　　　　　　　　　　　　　單位：元

2015 年		憑證字號	摘要	收入			發出			結存		
月	日			數量	單價	金額	數量	單價	金額	數量	單價	金額
11	01		期初餘額									0
11	10	略	略	500	700	350,000				500	700	350,000
11	31	略	略				300	700	2,10,000	200	700	140,000
11	31		期末餘額	500	700	350,000	300	700	2,10,000	200	700	140,000

第三節　　會計帳簿的使用規則

一、會計帳簿啟用的規則

　　啟用會計帳簿時，應當在帳簿封面上寫明單位名稱和帳簿名稱。在帳簿扉頁上應當附啟用表，內容包括啟用日期、帳簿使用頁數、記帳人員和會計機構負責人、會計主管人員姓名，並應加蓋姓名章和單位公章。記帳人員或者會計機構負責人、會計主管人員調動工作時，應當註明交接日期、接辦人員或者監交人員姓名，並由交接雙方人員簽名或者蓋章。

　　啟用訂本式帳簿，應當按順序編訂的頁數使用，不得跳頁、缺號。使用活頁式帳簿，應當按帳戶順序編號，並定期裝訂成冊，年度終了再按實際使用的帳頁順序編定頁碼，另加帳戶目錄，記明每個帳戶的名稱和頁次。

二、會計帳簿的登記規則

　　（1）登記帳簿時，應當將會計憑證日期、編號、業務內容摘要、金額和其他有關資料逐項記入帳內，做到數字準確、摘要清楚、登記及時、字跡工整。

　　（2）登記完畢後，要在記帳憑證上簽名或者蓋章，並註明已經登帳的符號（如「√」），表示已經記帳。

　　（3）帳簿中書寫的文字和數字上面要留有適當空格，不要寫滿格，一般應占格距的二分之一。書寫阿拉伯數字，字體要自右上方斜向左下方，有傾斜度。

　　（4）登記帳簿要用藍黑墨水或者碳素墨水書寫，不得使用圓珠筆或者鉛筆書寫。這是因為各種帳簿的歸檔保管年限一般都在十年以上，有些關係到重要經濟資料的帳簿更要長期保管，因此要求帳簿紀錄保持清晰，以便長期查核使用，防止塗改。但是，下列情況可以用紅色墨水記帳：

　　①按照紅字衝帳的記帳憑證，衝銷錯誤記錄。
　　②在不設借貸欄的多欄式帳頁中，登記減少數。
　　③在三欄式帳戶的餘額欄前，如未印明餘額的方向，在餘額欄內登記負數金額。

④會計製度中規定用紅字登記的其他記錄。

（5）各種帳簿按頁次順序連續登記，不得跳行、隔頁。如果發生跳行、隔頁，應當將空行、空頁的金額欄由右上角向左下角用紅筆劃一條對角斜線註銷，同時在摘要欄內註明「此行空白」「此頁空白」字樣，並由會計人員和會計機構負責人（會計主管人員）壓線蓋章。

（6）凡需要結出餘額的帳戶，結出餘額後，應當在「借或貸」欄內寫明「借」或「貸」字樣。沒有餘額的帳戶，應當在「借或貸」欄內寫「平」字，並在餘額欄內「元」位上填「0」。現金日記帳和銀行存款日記帳必須逐日結出餘額。

（7）每一帳頁登記完畢結轉下頁時，要在該帳頁的最末一行加計發生額合計數和結出餘額，並在該行「摘要」欄註明「過次頁」字樣，然後，再把這個發生額合計數和餘額填列在下一頁的第一行內，並在「摘要」欄內註明「承前頁」，以保證帳簿記錄的連續性。

（8）實行會計電算化的單位，總帳和明細帳應當定期打印。

三、錯帳的查找方法和更正規則

在記帳過程中，可能發生各種各樣的差錯，產生錯帳，如重記、漏記、數字顛倒、數字記錯、科目記錯、借貸方向顛倒等，從而造成帳證、帳帳、帳實不符，進而影響會計信息的準確性。對此，我們應及時找出差錯，並予以更正。

（一）錯帳的查找方法

查找記帳錯誤的方法一般有逆查法、餘數複核法、尾數法、二除法、九除法等。

1. 逆查法

逆查法又叫反查法，即與記帳的順序相反，從帳戶餘額試算表到原始憑證，從尾到頭進行普遍檢查的方法。其檢查程序是：

（1）檢查帳戶餘額試算表的餘額合計是否正確；
（2）檢查各帳戶的餘額計算是否正確；
（3）將總分類帳與所屬明細分類帳進行核對，以檢查其記錄是否正確、相符；
（4）逐筆核對帳簿記錄是否與記帳憑證相符；
（5）逐筆核對記帳憑證是否與原始憑證相符，以及憑證中的數字計算是否正確。

在實際工作中，採用逆查法通常能快速、準確地查出錯帳所在之處。

2. 餘數複核法

餘數複核法主要用於查找總帳餘額計算是否正確。其步驟如下：

（1）逐筆複算結出的餘額是否正確，注意上下頁餘額有無過帳和錯誤；
（2）檢查各總分類帳戶及其所屬明細分類帳戶的發生額及餘額是否相符；
（3）檢查分析某些帳戶的餘額有無不正常的現象，從中找出問題。

3. 尾數法

尾數法是指對於發生的差錯只查找末位數，以提高查錯效率的方法。這種方法適合於借貸方金額其它位數都一致，而只有末位數出現差錯的情況。

4. 二除法

二除法是用於查找因數字記反方向而發生的錯帳，如將應記入借方的數字誤記入了貸方，或者相反，這樣會導致一方的合計數加大，而另一方的合計數減少，並且其差異數字恰好是記錯了方向的數字的兩倍，同時差異數字也必定是偶數。如果將這個差異數除以2，則商數就可能是記錯的數字，我們再在帳簿中查找與這個商數相同的數字，看其是否記錯了方向，如此便可找到錯帳的所在之處。例如：應記入「銀行存款」科目借方的4,000元誤記入貸方，則該期間借方合計數小於貸方合計數8,000，8,000除以2的商4,000即為結算方向相反的金額。

5. 九除法

九除法主要適用於以下三種情況：

（1）將數字寫小。如將400元錯記為40元錯位的差異數是400-40＝360元（它是原數400元的90%），將差異數除以9，得40元。40即為錯誤數字，擴大十倍為正確數字。

（2）將數字寫大。如將60元錯記為600元，錯位的差異數是600-60＝540元（它是原數60元的9倍），將差異數除以9，得60元。60即為正確數字，擴大十倍為錯誤數字。

（3）鄰數顛倒。如將89誤寫為98，將差數（98-89＝9）除以9，得出的商為1，連續加11為12、23、34、45、56、67、78、89，在這些數字中就能找出顛倒的數字。

(二) 錯帳的更正規則

在記帳過程中，如果帳簿記錄發生錯誤，必須按照規定方法進行更正，不準採用塗改、挖補、刮擦或者用藥水消除字跡再重新抄寫等方法。

1. 劃線更正法

劃線更正法又稱紅線更正法，適用於在結帳前發現帳簿記錄中文字、數字有錯誤，而其所依據的記帳憑證並無錯誤的情況。更正的方法是：將錯誤的文字或者數字劃一條紅線註銷，但必須使原有字跡仍可辨認，以備查驗，然後在劃線上方用藍字或黑字填寫正確的文字或者數字，並由會計人員和會計機構負責人在更正處蓋章。對於錯誤的數字，應當全部劃線更正，不得只更正其中的錯誤數字，如把2,346誤寫成2,345時，應將錯誤數字2,345全部用紅線註銷並寫上正確的數字，即2,346，而不能只刪改「5」。對於文字錯誤，則可只劃去錯誤部分，不必將與錯字相關聯的其他文字劃去，如把預收帳款誤寫為預付帳款時，僅劃去「付」字更正為「收」即可。

2. 紅字更正法

紅字更正法又稱紅字衝銷法，其用紅字記錄表明對原有記錄的衝減，一般適應於以下兩種情況：

（1）記帳以後，發現記帳憑證中應借、應貸記帳方向、會計科目或金額有錯誤時，可採用紅字更正法更正。更正的方法是：首先用紅字金額填制一份與原錯誤記帳憑證會計科目、記帳方向和金額相同的記帳憑證，摘要欄內註明「訂正某月某日第×號憑證」，並據以用紅字登記帳簿，從而衝銷原來的錯誤記錄，然後用藍字金額重新填制一

份正確的記帳憑證，摘要欄註明「補記某月某日第×號憑證」，據以用藍筆或黑筆入帳並用藍字登記帳簿。

【例6.2】華陽實業有限責任公司以銀行存款償還前欠新興公司的帳款 8,000 元。該筆業務本應借記「應付帳款」科目，但在編制記帳憑證時，卻誤借記為「應收帳款」科目，並已過帳。其錯誤記帳憑證反應的會計分錄為：

借：應收帳款　　　　　　　　　　　　　　　　　　　　8,000
　　貸：銀行存款　　　　　　　　　　　　　　　　　　　8,000

①對上述錯誤進行更正時，應先填制一張與原記帳憑證內容完全相同的紅字憑證，並據此過帳。

借：應收帳款　　　　　　　　　　　　　　　　　　　　8,000
　　貸：銀行存款　　　　　　　　　　　　　　　　　　　8,000

（註：☐ 表示框內為紅字，下同）

②按正常程序編制一張正確的記帳憑證，並據此過帳。

借：應付帳款　　　　　　　　　　　　　　　　　　　　8,000
　　貸：銀行存款　　　　　　　　　　　　　　　　　　　8,000

③過帳結果如圖 6-1 所示。

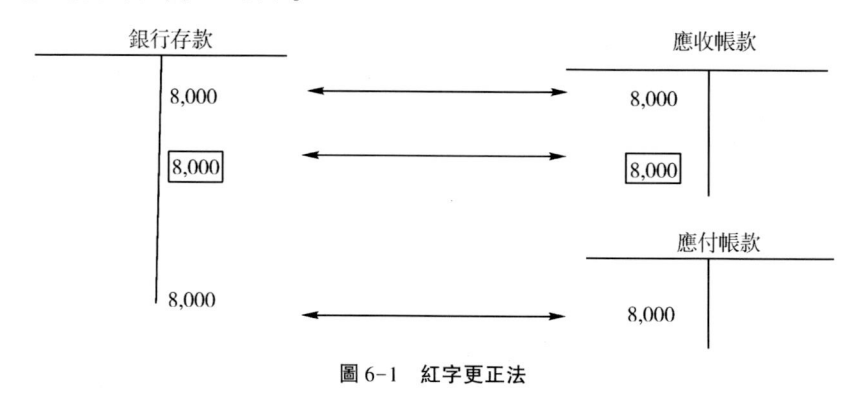

```
     銀行存款              應收帳款
      |  8,000          8,000  |
      |                         |
    8,000 |          8,000     |
      |                         |
                        應付帳款
      |                         |
    8,000 |                8,000|
```

圖 6-1　紅字更正法

（2）在記帳以後，發現記帳憑證中應借、應貸會計科目並無錯誤，而記帳憑證和帳簿記錄的金額有錯誤，且所記金額大於應記金額時，可採用紅字更正法。更正方法為：將多記的金額（即正確數與錯誤數之間的差額）用紅字填寫一張與原錯誤記帳憑證記帳方向、應借應貸會計科目相同的記帳憑證，摘要欄內註明「衝銷某月某日第×號憑證多記金額」，並據以記入帳戶，衝銷多記金額，求得正確金額。

【例6.3】華陽實業有限責任公司以銀行存款支付本月管理部門的水電費 500 元。該筆業務在填制記帳憑證時，誤記為 5,000 元，但會計科目、借貸方向均無錯誤，並已過帳。其錯誤記帳憑證反應的會計分錄為：

借：管理費用　　　　　　　　　　　　　　　　　　　　5,000
　　貸：銀行存款　　　　　　　　　　　　　　　　　　　5,000

該分錄借貸方向和會計科目正確，只是金額多記了 4,500 元，這時只需填制一張與原記帳憑證相同，金額為 4,500 元的紅字憑證入帳即可，過帳結果如圖 6-2 所示。

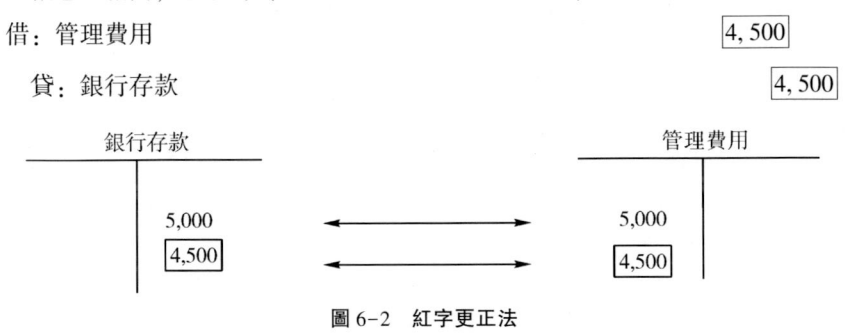

借：管理費用　　　　　　　　　　　　　　　　　　　　　　　4,500

　　貸：銀行存款　　　　　　　　　　　　　　　　　　　　　　4,500

銀行存款	管理費用
5,000	5,000
4,500	4,500

圖 6-2　紅字更正法

3. 補充登記法

補充登記法又稱藍字補記法。在記帳以後，發現記帳憑證中應借、應貸會計科目並無錯誤，而記帳憑證帳簿記錄的金額有錯誤，且所記金額小於應記金額時，可採用補充登記法。更正的方法是：將少記的金額（即正確數與錯誤數之間的差額）用藍字填寫一張與原錯誤記帳憑證記帳方向、應借應貸會計科目相同的記帳憑證，摘要欄內註明「補記某月某日第×號憑證少記金額」，並據以記入帳戶，補記少記金額，求得正確金額。

【例 6.4】華陽實業有限責任公司從銀行提取現金 8,000 元。該筆業務在填制記帳憑證時，誤記為 800 元，但會計科目、借貸方向均無錯誤，並已過帳。其錯誤記帳憑證反應的會計分錄為：

借：庫存現金　　　　　　　　　　　　　　　　　　　　　　　　800

　　貸：銀行存款　　　　　　　　　　　　　　　　　　　　　　　800

該分錄借貸方向和會計科目正確，只是金額少記了 7,200 元，這時只需填制一張與原記帳憑證相同，金額為 7,200 元的藍字憑證入帳即可，過帳結果如圖 6-3 所示。

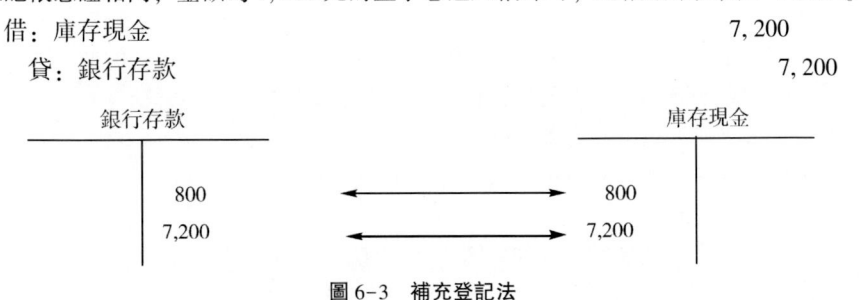

借：庫存現金　　　　　　　　　　　　　　　　　　　　　　　7,200

　　貸：銀行存款　　　　　　　　　　　　　　　　　　　　　　7,200

銀行存款	庫存現金
800	800
7,200	7,200

圖 6-3　補充登記法

第四節　對帳和結帳

一、對帳

對帳，就是核對帳目，是將帳簿上所記載的資料進行內部核對、內外核對、帳實核對，以保證會計核算資料正確可靠的一項會計工作。對帳可以使各種帳簿記錄完整和正確，如實地反應和監督經濟活動情況，為編制會計報表提供真實可靠的數據資料。

（一）帳證核對

帳證核對，是指各種帳簿（包括總帳、明細帳以及現金、銀行存款日記帳）的記錄與有關的記帳憑證和原始憑證進行核對，要求做到帳證相符。帳證核對通常在日常工作中進行。會計憑證是登記帳簿的依據，帳證核對主要檢查登帳中的錯誤。核對時，將憑證和帳簿的記錄內容、數量、金額和會計科目等相互對比，保證二者相符。

（二）帳帳核對

帳帳核對，是指各種帳簿之間的有關記錄互相核對，要求做到帳帳相符。具體核對的方法如下：

（1）各帳戶的期末借方餘額合計與期末貸方餘額合計數應核對相符。

（2）有關總帳的借、貸方本期發生額及餘額與所屬明細帳的借、貸方本期發生額及餘額之和應核對相符。

（3）現金日記帳和銀行存款日記帳的餘額與總帳的有關帳戶餘額應核對相符。

（4）會計部門財產物資明細帳期末餘額與財產物資保管和使用部門的明細帳期末餘額應核對相符。

（三）帳實核對

帳實核對是在帳帳核對的基礎上，將各種財產物資的帳面餘額與實存數額進行核對。因為實物的增減變化、款項的收付都要在有關帳簿中如實反應，因此，通過會計帳簿記錄與實物和款項的實有數進行核對，可以檢查驗證款項與實物會計帳簿記錄的正確性，以便及時發現財產物資和貨幣資金管理中存在的問題，查明原因、分清責任、改善管理，保證帳實相符。帳實核對的主要內容包括：

（1）現金日記帳帳面餘額與現金實際庫存數核對相符。

（2）銀行存款日記帳帳面餘額與開戶銀行對帳單核對相符。

（3）各種材料、物資明細分類帳帳面餘額與實存數核對相符。

（4）各種債權債務明細帳帳面餘額與有關債權、債務單位或個人的帳面記錄核對相符。

實際工作中，帳實核對一般要結合財產清查進行。有關財產清查的內容和方法將在以後的章節中介紹。

二、結帳

結帳，就是在把一定時期內所發生的經濟業務全部登記入帳的基礎上，在會計期末結算出本期發生額合計數和期末餘額，對該會計期間的經濟活動進行總結的帳務工作。及時結帳有利於及時、正確地確定當期的經營成果，瞭解會計期間內的資產、負債、所有者權益的增減變化及其結果，同時為編制會計報表提供所需資料。會計分期一般實行日曆制，會計期間分為年、季、月。結帳於各會計期末進行，所以，可以分為月結、季結、年結。

(一) 結帳前的準備工作

（1）檢查本期內日常發生的經濟業務是否已全部登記入帳，若發現漏帳、錯帳，應及時補記、更正。

（2）在實行權責發生制的單位，應按照權責發生制的要求，進行帳項調整的帳務處理，以計算確定本期的成本、費用、收入和財務成果。帳項調整包括幾個方面：

①成本類帳戶轉帳。為了正確計算產品成本，期末時，「製造費用」應按企業成本核算的有關規定，分配記入有關成本核算對象，同時將本帳戶本期發生額分配轉入「生產成本」帳戶。「生產成本」帳戶匯集的費用應在完工產品和在產品之間進行分配，計算出完工產品的生產成本，並通過本帳戶貸方轉到「庫存商品」帳戶借方。

②本期未收到、支付款項但應在本期確認收入、費用的轉帳業務。如待攤費用、預提費用、固定資產折舊、無形資產攤銷等業務也應填製記帳憑證，據以轉入有關的成本和費用帳戶中。

③有關損益、權益類帳戶轉帳。期末，將「主營業務收入」「其他業務收入」「營業外收入」等收入帳戶的本期發生額合計數轉入「本年利潤」帳戶中，同時，將「主營業務成本」「管理費用」「財務費用」「銷售費用」「其他業務支出」「主營業務稅金及附加」「營業外支出」「所得稅」等支出帳戶的本期發生額的合計數轉入「本年利潤」帳戶中，計算本期利潤。年度終了時，應將全年實現的淨利潤總額，從「本年利潤」帳戶轉入「利潤分配——未分配利潤」帳戶；將全年利潤分配總額，從「利潤分配」其他明細帳戶轉入「利潤分配——未分配利潤」帳戶。

(二) 結帳的方法

結帳是在把本期全部經濟業務登記入帳的基礎上，結算出所有帳戶的本期發生額和期末餘額的會計行為。

（1）月結。按月進行，稱為月結。辦理月結，應在各帳戶最後一行分錄下面劃一條通欄紅線，在紅線下結算出本月發生額及月末餘額（如無餘額，應在「借或貸」欄內登記「平」字，在「餘額」欄中填「0」），在「摘要」欄中註明「本月合計」或「月份發生額及餘額」字樣，然後在下面再劃一條通欄紅線，表示月結完畢。

（2）季結。按季結算，稱為季結。辦理季結，應在本季度最後一個月的月結下面結算出本季度的發生額和季末餘額，並在「摘要」欄中註明「第×季度發生額及餘額」或「本季合計」字樣，然後在下面劃一條通欄紅線，表示季結完畢。

(3) 年結。年度終了，還應進行年度結帳，稱為年結。辦理年結，應在 12 月份月結或第四季度季結記錄的下一行，結算出全年 12 個月的發生額及年末餘額，並在「摘要」欄註明「年度發生額及餘額」或「本年合計」字樣。對有餘額的帳戶還應將年初的借（或貸）方餘額，記入下一行的貸（或借）方欄中，並在「摘要」欄中註明「結轉下年」字樣。最後，再在下一行計算、登記借方合計數和貸方合計數（借、貸兩方的合計數應平衡），並在下面劃通欄雙紅線，表示完成年結工作。對於需要更換新帳的，應在辦理年結的同時，在新帳中有關帳戶第一行的「摘要」欄中註明「上年轉入」或「年初餘額」字樣，並將上年餘額記入「餘額」欄中。年末餘額轉入新帳，不必填制記帳憑證。另外，對於需要反應年初至各月末累計發生額的帳戶，應在月結（或季結）的下面，結算出年初至本月末的累計發生額，在「摘要」欄中註明「本年累計」字樣，並在下面劃一條通欄紅線。

第五節　會計帳簿的更換與保管

一、會計帳簿的更換

會計帳簿是記錄和反應經濟業務的重要歷史資料和證據。為了使每個會計年度的帳簿資料明晰和便於保管，一般來說，總帳、日記帳和多數明細帳要每年更換一次，這些帳簿在每年年終按規定辦理完結帳手續後，就應更換、啟用新的帳簿，並將餘額結轉記入新帳簿中。但有些財產物資明細帳和債權、債務明細帳，由於材料等財產物資的品種、規格繁多，債權、債務單位也較多，如果更換新帳，重抄一遍的工作量相當大，因此，可以跨年度使用，不必每年更換一次。卡片式帳簿，如固定資產卡片，以及各種備查帳簿，也都可以連續使用。

二、會計帳簿的保管

會計帳簿同會計憑證和會計報表一樣，都屬於會計檔案，是重要的經濟檔案，各單位必須按規定妥善保管，確保其安全與完整，並充分加以利用。

（一）會計帳簿的裝訂整理

在年度終了更換新帳簿後，應將使用過的各種帳簿（跨年度使用的帳簿除外）按時裝訂、整理立卷。

（1）裝訂前，首先要按帳簿啟用和經管人員一覽表的使用頁數核對各個帳戶是否相符、帳頁數是否齊全、序號排列是否連續，然後按會計帳簿封面、帳簿啟用表、帳戶目錄、按頁數順序排列的帳頁、封底的順序裝訂。

（2）對活頁帳簿，要保留已使用過的帳頁，將帳頁數填寫齊全，除去空白頁並撤掉帳夾，用質地好的牛皮紙做封面和封底，裝訂成冊。多欄式、三欄式、數量金額式等活頁帳不得混裝，應按同類業務、同類帳頁裝訂在一起。裝訂好後，應在封面上填

明帳目的種類並編卷號，由會計主管人員和裝訂人員簽章。

(3) 裝訂後，會計帳簿的封口要嚴密，封口處要加蓋有關印章。封面要齊全、平整，並註明所屬年度和帳簿名稱、編號。不得有折角、缺角、錯頁、掉頁、加空白紙的現象。會計帳簿要按保管期限分別編制卷號。

(二) 按期移交檔案部門進行保管

年度結帳後，更換下來的帳簿可暫由本單位財務會計部門保管一年，期滿後原則上應由財務會計部門移交本單位檔案部門保管。移交時需要編制移交清冊，填寫「會計帳簿歸檔保管登記表」，如表 6-18 所示。交接人員按移交清冊和交接清單項目核查無誤後簽章，並在帳簿使用日期欄內填寫移交日期。

表 6-18　　　　　　　　　　會計帳簿歸檔保管登記表
××年度

帳簿名稱	頁數	經管人	保管期限	冊數	備註

已歸檔的會計帳簿作為會計檔案為本單位提供利用，原件不得借出，如有特殊需要，須經上級主管單位或本單位領導、會計主管人員批准，在不拆散原卷冊的前提下，進行查閱或者複製，並要辦理登記手續。

會計帳簿是重要的會計檔案之一，必須嚴格按《會計檔案管理辦法》規定的保管年限妥善保管，不得丟失和任意銷毀。按修訂後的《會計檔案管理辦法》，自 2016 年 1 月 1 日起，各總分類帳、日記帳及明細帳的保管期限均為 30 年。固定資產卡片在固定資產報廢清理後保管 5 年。實際工作中，各單位可以根據實際利用的經驗、規律和特點，適當延長有關會計檔案的保管期限，但必須有較為充分的理由。

本章小結

會計帳簿是由一定格式、互有聯繫的若干帳頁組成的，設置和登記帳簿是會計核算的重要方法之一。本章主要闡述了會計帳簿的設置、帳簿的分類、帳簿的格式、帳簿的登記方法，其中重點闡述了日記帳和分類帳的種類、登記方法，同時也介紹了帳簿的啟用、登記和保管規則。期末時，為使帳簿登記告一段落，各帳戶要進行對帳、結帳，為此，本章介紹了對帳、結帳和錯帳更正的基本方法。

思考題

1. 什麼是會計帳簿？會計帳簿的作用有哪些？
2. 會計帳簿有幾種分類方法？各包括什麼內容？
3. 會計帳簿設置的原則和基本內容是什麼？

4. 現金日記帳和銀行存款日記帳的格式分別有幾種？如何登記？
5. 什麼是平行登記？平行登記的要點有哪些？
6. 會計帳簿啟用時應注意哪些事項？
7. 帳簿在登記時有哪些基本要求？
8. 對帳和結帳在會計核算中具有哪些重要意義？
9. 什麼是對帳？對帳包括哪些內容？其主要方法如何？
10. 什麼是結帳？結帳主要包括幾個方面的內容？
11. 查找錯帳的方法都有哪些？
12. 三種錯帳更正方法各適用於什麼情況？如何更正？

練習題

一、單項選擇題

1. 為了保證帳簿記錄的正確性，記帳時必須根據審核無誤的（　　）進行記帳。
   A. 會計分錄　　　　　　　　B. 會計憑證
   C. 經濟合同　　　　　　　　D. 領導批示
2. 租入固定資產登記簿屬於（　　）。
   A. 序時帳　　　　　　　　　B. 總分類帳
   C. 明細分類帳　　　　　　　D. 備查簿
3. 數量金額式明細帳一般適用於（　　）。
   A.「應收帳款」帳戶　　　　　B.「庫存商品」帳戶
   C.「製造費用」帳戶　　　　　D.「固定資產」帳戶
4.「應收帳款」明細帳的格式一般採用（　　）。
   A. 數量金額式　　　　　　　B. 多欄式
   C. 訂本式　　　　　　　　　D. 三欄式
5. 企業在選購帳簿時，總帳、現金日記帳、銀行存款日記帳適合選用（　　）。
   A. 卡片帳　　　　　　　　　B. 活頁帳
   C. 訂本式　　　　　　　　　D. 備查帳
6. 多欄式明細帳格式一般適用於（　　）。
   A. 債權、債務類帳戶　　　　B. 財產、物資類帳戶
   C. 費用成本類和收入成果類帳戶　D. 貨幣資產類帳戶
7. 在結帳前，如果發現帳簿記錄中的數字或文字錯誤，屬於過帳筆誤和計算錯誤，可採用（　　）進行更正。
   A. 劃線更正法　　　　　　　B. 紅字更正法
   C. 補充登記法　　　　　　　D. 撕掉重填
8. 會計人員在填制記帳憑證時，將650元錯記為560元，並且已登記入帳，月末結帳時發現此筆錯帳，更正時應採用的方法是（　　）。

A. 劃線更正法　　　　　　　　B. 紅字更正法
C. 補充登記法　　　　　　　　D. 核對帳目的方法

9. 下列項目中，（　　）是連接會計憑證和會計報表的中間環節。
A. 複式記帳　　　　　　　　　B. 設置會計科目和帳戶
C. 設置和登記帳簿　　　　　　D. 編制會計分錄

10. 用轉帳支票支付前欠 A 公司貨款 5,000 元，會計人員編制的記帳憑證為借記應收帳款 5,000 元，貸記銀行存款 5,000 元，並已審核登記入帳，該記帳憑證（　　）。
A. 沒有錯誤　　　　　　　　　B. 有錯誤，使用劃線更正法更正
C. 有錯誤，使用紅字沖銷法更正　D. 有錯誤，使用補充登記法更正

二、多項選擇題

1. 總分類帳戶和明細分類帳戶平行登記的基本要點是（　　）。
A. 登記的原始依據相同　　　　B. 登記的金額相同
C. 登記的方向相同　　　　　　D. 登記的會計期間相同

2. 對帳包括的主要內容有（　　）。
A. 帳帳核對　　　　　　　　　B. 帳證核對
C. 帳表核對　　　　　　　　　D. 帳實核對

3. 帳簿按其用途可以分為（　　）。
A. 分類帳簿　　　　　　　　　B. 活頁帳簿
C. 序時帳簿　　　　　　　　　D. 備查帳簿

4. 下列應採用多欄式明細帳的有（　　）。
A. 原材料　　　　　　　　　　B. 生產成本
C. 管理費用　　　　　　　　　D. 主營業務收入

5. 「紅字更正法」適用於（　　）。
A. 記帳前，發現記帳憑證上的文字或數字有誤
B. 記帳後，發現原記帳憑證上應借、應貸科目填錯
C. 記帳後，發現原記帳憑證上所填金額小於應填金額
D. 記帳後，發現原記帳憑證上所填金額大於應填金額

6. 下列可作為登記現金日記帳依據的是（　　）。
A. 現金收款憑證
B. 現金付款憑證
C. 銀行存款收款憑證
D. 提取現金業務填制的銀行存款付款憑證

7. 明細分類帳可以根據（　　）登記。
A. 原始憑證　　　　　　　　　B. 匯總原始憑證
C. 累計憑證　　　　　　　　　D. 記帳憑證

8. 下列情況可以用紅色墨水記帳的是（　　）。
A. 按照紅字沖帳的記帳憑證，沖銷錯誤記錄

B. 在不設借貸等欄的多欄式帳頁中，登記減少數

C. 在三欄式帳戶的餘額欄前，印明餘額方向的，在餘額欄內登記負數餘額

D. 在三欄式帳戶的餘額欄前，未印明餘額方向的，在餘額欄內登記負數餘額

9. 會計帳簿的基本內容包括（　　）。

　A. 封面　　　　　　　　　　B. 扉頁
　C. 帳頁　　　　　　　　　　D. 帳簿名稱

10. 下列屬於序時帳的是（　　）。

　A. 現金日記帳　　　　　　　B. 銀行存款日記帳
　C. 應收帳款明細帳　　　　　D. 主營業務收入明細帳

三、判斷題（表述正確的在括號內打「√」，不正確的打「×」）

1. 登記帳簿是編制財務會計報告的前提和依據。　　　　　　　　（　　）
2. 紅色墨水只能在劃線、改錯和衝帳時使用。　　　　　　　　　（　　）
3. 凡需要結出餘額的帳戶，結出餘額後，應當在「借或貸」欄內寫明「借」或「貸」字樣，以表示餘額的方向。　　　　　　　　　　　　　　　（　　）
4. 備查帳可以為某些經濟業務的內容提供必要的補充資料，它沒有統一的格式，各單位可根據實際工作的需要來設置。備查帳的記錄年終應列入本單位的會計報告。
　　　　　　　　　　　　　　　　　　　　　　　　　　　　　　（　　）
5. 在結帳前若發現帳簿記錄有錯而記帳憑證無錯，即過帳筆誤或帳簿數字計算有錯誤，可用劃線更正法進行更正。　　　　　　　　　　　　　　（　　）
6. 所有的明細帳，年末時都必須更換。　　　　　　　　　　　　（　　）
7. 新舊帳有關帳戶之間轉記餘額，不必編制記帳憑證。　　　　　（　　）
8. 總分類帳必須採用訂本式的三欄式帳戶。　　　　　　　　　　（　　）
9. 現金日記帳的借方是根據收款憑證登記的，貸方是根據付款憑證登記的。
　　　　　　　　　　　　　　　　　　　　　　　　　　　　　　（　　）
10. 明細分類帳一般根據記帳憑證直接登記，但個別明細分類帳可以根據原始憑證登記。　　　　　　　　　　　　　　　　　　　　　　　　　　　（　　）

四、業務練習題

練習一

（一）目的：練習總帳與明細帳的平行登記。

（二）資料：某企業「應收帳款」帳戶下設「A公司」「B公司」「C公司」三個明細帳戶。20××年3月初，「應收帳款」帳戶期初餘額為4,500元，其中應A公司2,000元，應收B公司1,800元，應收C公司700元。3月份，有關「應收帳款」帳戶的業務如下：

（1）1日，銷售價值1,000元的甲產品給A公司，企業尚未收到貨款。

（2）5日，A公司歸還所欠本單位貨款1,200元，送存銀行。

(3) 12日，銷售價值4,200元的甲產品給C公司，企業暫未收到貨款。

　　(4) 16日，銷售價值3,200元的乙產品給A公司，銷售價值1,200元的乙產品給B公司，企業暫未收到貨款。

　　(5) 23日，C公司歸還所欠本單位貨款700元，送存銀行。

　　(6) 28日，銷售價值2,200元的乙產品給C公司，企業暫未收到貨款。

(三) 要求：根據上述資料進行「應收帳款」總帳與明細帳的平行登記，並將總帳帳戶本期發生額及餘額進行核對。

　　練習二

(一) 目的：練習錯帳的更正。

(二) 資料：某企業20××年3月末對帳時發現以下記錄錯誤：

　　(1) 5日，採購員李想出差，暫借款500元，以現金支付。記帳憑證中記錄的會計分錄如下，並據以入帳。

　　借：其他應收款　　　　　　　　　　　　　　　　　　　　5,000
　　　貸：庫存現金　　　　　　　　　　　　　　　　　　　　　5,000

　　(2) 10日，以銀行存款1,200元支付水電費。記帳憑證中記錄的會計分錄如下，並據以入帳。

　　借：銷售費用　　　　　　　　　　　　　　　　　　　　　1,200
　　　貸：銀行存款　　　　　　　　　　　　　　　　　　　　　1,200

　　(3) 23日，以銀行存款償還前欠某企業的帳款10,000元。記帳憑證中記錄的會計分錄如下，並據以入帳。

　　借：應付帳款　　　　　　　　　　　　　　　　　　　　　1,000
　　　貸：銀行存款　　　　　　　　　　　　　　　　　　　　　1,000

　　(4) 25日，從銀行提取現金1,500元，記帳憑證中記錄的會計分錄如下。登記帳簿時，「庫存現金」帳戶的金額為150元。

　　借：庫存現金　　　　　　　　　　　　　　　　　　　　　1,500
　　　貸：銀行存款　　　　　　　　　　　　　　　　　　　　　1,500

(三) 要求：判斷以上錯誤記錄應採用何種更正方法並對其進行更正。

第七章　帳戶分類

【學習目標】通過本章的學習，學生應瞭解帳戶經濟內容的含義、帳戶按經濟內容的分類以及每一類帳戶核算的內容和具體構成；瞭解按用途和結構分類的含義、每一類帳戶的具體用途、結構及核算的內容。

【引導案例】宏陽廠是一家鋼廠，大陽公司是一家鋼材加工企業，大陽公司生產所需鋼材經常由宏陽廠購入，兩家企業已是多年的合作夥伴，在購料款的結算方面，雙方時有賒銷和預付的情況發生，但因相互信任，講求誠信，預付貨款的情況不是很多。

要求分析：

(1) 對於此類貨款結算業務，雙方應分別設置哪些帳戶進行核算？

(2) 在預付貨款事項不多的情況下，雙方可否將所設相應帳戶進行合併？如何合併？

(3) 若 2014 年 5 月 5 日，大陽公司預付 8,000 元貨款給宏陽廠，請就此筆預付款，分別在雙方的帳戶中，結合帳戶設置進行核算分析。

第一節　帳戶按經濟內容分類

　　帳戶的經濟內容是指帳戶反應的會計對象的具體內容。帳戶之間最本質的差別在於其反應的經濟內容不同，因而帳戶的經濟內容是帳戶分類的基礎，帳戶按經濟內容分類是最基本的分類方法。帳戶按反應的經濟內容分類即是按反應的會計對象要素分類。如前所述，會計要素可分為資產、負債、所有者權益、收入、費用和利潤。與此相適應，帳戶按經濟內容分類，也可以分為資產類帳戶、負債類帳戶、所有者權益類帳戶、收入類帳戶、費用類帳戶和利潤類帳戶。每一類帳戶分別為各個會計要素提供核算指標，在每類帳戶中再按該要素中不同經濟內容的項目設立若干帳戶，從而構成一個完整的帳戶體系。

　　需要指出的是，企業在一定期間實現的利潤經過分配後，除分配給投資者的利潤外，提取的盈餘公積和未分配利潤最終要計入所有者權益。所以，帳戶按經濟內容分類，可以將「本年利潤」「利潤分配」和「盈餘公積」帳戶計入所有者權益類帳戶。另外，許多企業，特別是製造、加工企業，為了進行產品成本計算，需要專門設置用來核算產品成本的帳戶。企業在一定期間取得的收入和發生的費用最終體現在當期損益的計算中，因而將相關收入與費用帳戶歸為一類，即損益類帳戶。

　　所以，就工業企業而言，帳戶按經濟內容分類，可以分為資產類帳戶、負債類帳

戶、所有者權益類帳戶、成本類帳戶、損益類帳戶。

一、資產類帳戶

資產類帳戶是用來反應企業資產的增減變動及其結存情況的帳戶。按照資產流動性的不同，這類帳戶又可以分為兩類。

(一) 反應流動資產的帳戶

流動資產是指可以在 1 年或者超過 1 年的一個營業週期內變現或耗用的資產，如「庫存現金」「銀行存款」「交易性金融資產」「應收帳款」「原材料」「庫存商品」等。

(二) 反應非流動資產的帳戶

除流動資產以外的其他資產屬於非流動資產，如「持有至到期投資」「長期股權投資」「固定資產」「無形資產」「在建工程」「長期待攤費用」等。

二、負債類帳戶

負債類帳戶是用來反應企業負債增減變動及其結存情況的帳戶。按照負債的償還期不同，這類帳戶又可以分為兩類。

(一) 反應流動負債的帳戶

流動負債是指將在 1 年（含 1 年）或者超過 1 年的一個營業週期內償還的債務，如「短期借款」「交易性金融負債」「應付票據」「應付帳款」「應付職工薪酬」「應交稅費」等。

(二) 反應長期負債的帳戶

長期負債是指償還期在 1 年或者超過 1 年的一個營業週期以上的債務，如「長期借款」「應付債券」「長期應付款」等。

三、所有者權益類帳戶

所有者權益類帳戶是用來反應企業所有者權益增減變動及其結存情況的帳戶。按照所有者權益來源的不同，這類帳戶又可以分為兩類。

(一) 反應所有者原始投資的帳戶

如「實收資本」帳戶。

(二) 反應所有者投資收益的帳戶

如「本年利潤」「利潤分配」「盈餘公積」等帳戶。

四、成本類帳戶

成本類帳戶是用來反應和監督企業生產費用、計算產品成本的帳戶。在工業企業生產過程中，用來歸集製造產品的生產費用、計算產品生產成本的帳戶有「製造費用」「生產成本」帳戶。

成本類帳戶與資產類帳戶有著密切的聯繫。資產一經耗用就轉化為費用成本，成本類帳戶的期末借方餘額屬於企業的資產。「生產成本」帳戶的借方餘額為在產品，是企業的流動資產。

五、損益類帳戶

損益類帳戶是指那些核算內容與損益的計算、確定直接相關的帳戶，主要是指那些用來反應企業收入和費用的帳戶。這類帳戶按其與損益組成內容的關係，又可分為三類。

（一）用來反應營業損益的帳戶

如「主營業務收入」「主營業務成本」「其他業務收入」「其他業務成本」「稅金及附加」「管理費用」「財務費用」「銷售費用」等帳戶。這裡的收入和費用之間有著直接配比或期間配比的關係。

（二）用來反應營業外收支的帳戶

如「營業外收入」「營業外支出」帳戶。

（三）用來反應所得稅的帳戶

如「所得稅費用」帳戶。

第二節 帳戶按用途和結構分類

將帳戶按其反應的經濟內容進行分類，對於正確區分帳戶的經濟性質、合理地設置和運用帳戶、提供企業經營管理和對外報告所需要的各種核算指標，具有重要意義。但是，僅按經濟內容對帳戶進行分類，還難以詳細地說明各個帳戶的具體用途，而且各種核算指標也不易統一，因為按照經濟內容劃分的帳戶，可能具有不同的用途和結構。所謂帳戶的用途是指設置和運用帳戶的目的，即通過帳戶記錄提供什麼核算指標。所謂帳戶的結構，是指在帳戶中如何登記經濟業務以取得所需要的各種核算指標，即帳戶借方登記什麼，貸方登記什麼，期末帳戶有無餘額，如有餘額在帳戶的哪一方，表示什麼。例如「固定資產」帳戶和「累計折舊」帳戶，按其反應的經濟內容來看都屬於資產類帳戶，而且都是用來反應固定資產的帳戶，但是這兩個帳戶的用途和結構是不相同的。「固定資產」帳戶是按其原始價值反應固定資產增減變動及其結存情況的帳戶，增加記入借方，減少記入貸方，期末借方餘額表示企業現有固定資產的原始價值。而「累計折舊」帳戶則是用來反應固定資產由於損耗而引起的價值減少，即累計提取折舊情況的帳戶，計提折舊的增加記入貸方，已提折舊的減少或註銷記入借方，期末餘額在貸方，表示現有固定資產的累計折舊。類似情況還有「本年利潤」帳戶和「利潤分配」帳戶。以上事例說明，雖然按照經濟內容分類是帳戶的基本分類方式，帳戶的用途和結構也直接或間接地依存於帳戶的經濟內容，但帳戶按經濟內容分類並不

能代替帳戶按用途和結構分類。為了深入理解和掌握帳戶在提供核算指標方面的規律性、正確地設置和運用帳戶來記錄經濟業務，我們有必要在帳戶按經濟內容分類的基礎上，進一步研究帳戶按用途和結構分類，而這一點又恰好說明了兩種分類的關係：帳戶按經濟內容分類是基本的、主要的分類，帳戶按用途和結構分類是在按經濟內容分類的基礎上進行的進一步分類，是對帳戶按經濟內容分類的必要補充。帳戶按其用途結構分類，一般劃分為盤存帳戶、資本帳戶、結算帳戶、損益類帳戶、集合分配帳戶、成本計算帳戶、跨期攤提帳戶、財務成果帳戶、計價對比帳戶、調整帳戶十類。下面分別說明各類帳戶的用途和結構特點。

一、盤存帳戶

盤存帳戶是用來核算和監督各項財產物資和貨幣資金增減變動及其實有數額的帳戶。這類帳戶的借方反應各項財產物資和貨幣資金的增加，貸方反應各項財產物資和貨幣資金的減少。餘額在借方，反應各項財產物資和貨幣資金的結存。盤存帳戶的結構如圖 7-1 所示。

借方	盤存帳戶	貸方
期初餘額：期初財產物資或貨幣資金結存額 發生額：本期財產物資或貨幣資金的增加額		發生額：本期財產物資或貨幣資金的減少額
期末餘額：期末財產物資或貨幣資金的結存額		

圖 7-1　盤存帳戶的結構

屬於盤存帳戶的有「原材料」「庫存現金」「銀行存款」「固定資產」「庫存商品」等。這類帳戶均可以通過財產清查的方法，檢查實存的財產物資及其在經營管理上存在的問題。這類帳戶除了貨幣資金帳戶外，其餘帳戶的實物明細帳均可提供實物和貨幣兩種指標。

二、資本帳戶

資本帳戶是指用來核算和監督企業從外部取得的投資、增收的資本以及從內部形成的累積的增減變化及其實有數的帳戶。這類帳戶的借方反應各項投資和累積的減少，貸方反應各項投資和累積的增加。餘額在貸方，反應各項投資累積的結存數。資本帳戶的結構如圖 7-2 所示。

借方	資本帳戶	貸方
發生額：本期資本和公積金的減少額	期初餘額：期初資本和公積金實有額 發生額：本期資本和公積金的增加額	
	期末餘額：期末資本和公積金實有額	

圖 7-2　資本帳戶的結構

屬於資本帳戶的有「實收資本」「資本公積」「盈餘公積」等。這類帳戶的總分類帳及其明細分類帳只能提供貨幣指標。

三、結算帳戶

結算帳戶是指用來核算和監督因企業與其他經濟主體及個人在經濟往來中發生結算關係而產生的應收、應付款項的帳戶。應收款項與應付款項性質相反，前者屬於資產，後者屬於負債，因此，結算帳戶具有不同的用途和結構。

（一）債權結算帳戶

債權結算帳戶是用來核算和監督本單位其他經濟主體及個人在經濟往來中發生的各種應收及預付款項的帳戶。這類帳戶的借方登記各項應收款項和預付款項的增加，貸方反應各項應收款項和預付款項的減少。餘額在借方，反應各種應收款的結存，表示企業已取得尚未收回的債權。債權結算帳戶的結構如圖 7-3 所示。

借方	債權結算帳戶	貸方
期初餘額：期初尚未收回的應收款項及未結算的預付款		
發生額：本期應收款項的增加額及預付項的增加額	發生額：本期應收款項的減少或預付款項的減少額	
期末餘額：期末尚未收回的應收款項及未結算的預付款項		

圖 7-3　債權結算帳戶的結構

屬於債權結算帳戶的有「應收帳款」「預付帳款」「其他應收款」「應收票據」等。

（二）債務結算帳戶

債務結算帳戶是用來核算和監督經濟主體及個人在經濟往來中發生的各種應付及預收款項的帳戶。這類帳戶的借方登記各項應付款項和預收款項的減少，貸方反應各項應付款項和預收款項的增加。餘額在貸方，反應各種應付款的結存，表示企業尚未償還的債務。債務結算帳戶的結構如圖 7-4 所示。

借方	債務結算帳戶	貸方
	期初餘額：期初尚未支付的應付款及未結算的預收款	
發生額：本期應付款項的減少額或預收款項的減少額	發生額：本期應付款項的增加額及預收款項的增加額	
	期末餘額：期末尚未支付的應付款及未結算的預收款	

圖 7-4　債務結算帳戶的結構

屬於債務結算帳戶的有「應付帳款」「預收帳款」「其他應付款」「應交稅費」「應付職工薪酬」「應付票據」等。

（三）債權債務結算帳戶

債權債務結算帳戶也稱為資產負債結算帳戶和往來結算帳戶，是用來核算、監督公司、企業同其他單位或個人之間的往來結算業務的帳戶。某些與公司、企業經常發生業務往來的單位，有時是公司、企業的債權人，有時又是公司、企業的債務人。為了集中核算監督公司、企業與這種單位發生的債權債務等往來結算情況，有必要在同一個債權結算帳戶或者同一個債務結算帳戶中核算應收和應付該單位款項的增減變動情況及其餘額，即在債權或者債務結算類帳戶的借方登記債權的增加和債務的減少，貸方登記債務的增加和債權的減少。這類帳戶餘額可能在借方，也可能在貸方。餘額若在借方，表示尚未收回的債權淨額；餘額若在貸方，表示尚未償還的債務淨額。例如企業不單獨設置「預付帳款」帳戶，而用「應付帳款」帳戶同時核算和監督企業應付帳款和預付帳款的增減變動情況和結果，則此時的「應付帳款」帳戶就是一個債權債務結算帳戶。這類帳戶的結構如圖 7-5 所示。

借方	債權債務結算帳戶	貸方
期初餘額：期初債權大於債務的差額		期初餘額：期初債務大於債權的差額
發生額：本期債權的增加額 　　　　本期債務的減少額		發生額：本期債務的增加額 　　　　本期債權的減少額
期末餘額：期末債權大於債務的差額		期末餘額：期末債務大於債權的差額

圖 7-5　債權債務結算帳戶的結構

由於債權債務結算帳戶屬於雙重性質帳戶，其餘額有時在借方，有時在貸方，因此借方餘額或貸方餘額只是表示債權和債務增減變動後的差額，並不反應公司、企業的債權和債務的實際餘額。對於這類帳戶，我們在編制資產負債表時，應根據有關總分類帳戶和所屬明細分類帳戶餘額的方向來判斷帳戶的性質是資產還是負債，以便真實反應公司、企業債權債務的實際情況。結算類帳戶的特點是只提供貨幣指標，而且按發生結算業務的單位名稱或個人名字開設明細分類帳戶，進行明細分類核算。

四、損益類帳戶

損益類帳戶是用來匯集企業在一定期間內的收入和支出，並如期結轉該項收入或支出的帳戶。該類帳戶按照其匯集的性質和經濟內容，又可以劃分為收益類帳戶和費用（支出）類帳戶兩類。

（一）收益類帳戶

收益類帳戶是用來匯集和分配結轉企業在經營過程中從事某種經濟活動或其他活動所取得的收入的帳戶。這類帳戶的貸方反應某種收入的增加，借方反應該項收入的減少或轉銷。歸集的收入經轉銷後，帳戶無餘額。該帳戶的結構如圖 7-6 所示。屬於收益類帳戶的有「主營業務收入」「其他業務收入」「投資收益」「營業外收入」等。

借方	收益類帳戶	貸方
發生額：結轉到「本年利潤」帳戶的數額		發生額：歸集本期內各項收入的發生數

圖 7-6　收益類帳戶的結構

（二）費用類帳戶

費用類帳戶是用來匯集和分配結轉企業在經營過程中從事某種經濟活動或其他活動所發生的費用，以反應該項費用的發生及其分配情況的帳戶。這類帳戶的借方反應某種費用的匯集，貸方反應該項費用的分配結轉。歸集的費用分配結轉後，帳戶無餘額。該帳戶的結構如圖 7-7 所示。屬於費用類帳戶的有「主營業務成本」「稅金及附加」「財務費用」「管理費用」「銷售費用」「其他業務成本」「營業外支出」「所得稅費用」等。費用類帳戶一般沒有餘額，其帳戶的一方歸集本期發生的收入或費用數額，另一方將本期歸集的數額全部轉出。

借方	費用類帳戶	貸方
發生額：歸集本期內各項費用（支出）的發生數		發生額：結轉到「本年利潤」帳戶的數額

圖 7-7　費用類帳戶的結構

五、集合分配帳戶

集合分配帳戶是用來歸集分配經營過程中某個階段所發生的某種費用的帳戶。這類帳戶的借方登記費用的發生數，貸方登記費用的分配數。一般情況下，集合分配帳戶沒有期末餘額，因為本期發生的費用，一般應於期末全部分配出去，由有關的成本

計算對象負擔。集合分配帳戶主要有「製造費用」帳戶。集合分配帳戶一般結構如圖 7-8 所示。

借方	集合分配帳戶	貸方
發生額：歸集本期經營過程中某方面費用的數額		發生額：分配到有關成本計算對象上的數額

圖 7-8 集合分配帳戶的結構

六、成本計算帳戶

成本計算帳戶是用來核算和監督企業在生產經營過程中某一經營階段所發生的全部費用，並借以確定該過程各成本計算對象的實際成本的帳戶。這類帳戶的借方登記應計入某成本對象的全部費用，表示費用的發生，貸方登記已完成的某階段經營活動的成本。餘額在借方，反應尚未結束的某經營階段的實際成本。成本計算帳戶的結構如圖 7-9 所示。屬於成本計算帳戶的有「生產成本」「材料採購」等。這類帳戶應按各個成本計算對象分別設置明細分類帳進行明細核算，可以提供有關成本計算對象的貨幣指標和實物指標。

借方	成本計算帳戶	貸方
期初餘額：期初尚未完成某個經營階段的成本計算對象的實際成本 發生額：歸集經營過程某個階段發生的全部費用		發生額：結轉已完成某個經營階段的成本計算對象的實際成本
期末餘額：尚未完成該階段成本計算對象的實際成本		

圖 7-9 成本計算帳戶的結構

七、跨期攤提帳戶

跨期攤提帳戶是用來核算和監督應由幾個會計期間共同負擔的費用，並將這些費用在各個會計期間進行分攤或預提的帳戶。設置這類帳戶的目的是為了按照權責發生制原則，嚴格劃分費用的受益期間，正確計算各個會計期間的成本和盈虧，如「長期待攤費用」帳戶。該帳戶借方登記費用的實際支出額和發生額，貸方登記應由各個會計期間負擔的費用數。跨期攤提帳戶的結構如圖 7-10 所示。

借方	跨期攤提帳戶	貸方
期初餘額：期初已支付但尚未攤銷的待攤費用數額		
發生額：本期待攤費用	發生額：本期待攤費用的攤銷數額	
期末餘額：已支付但尚未攤銷的待攤費用數額		

圖 7-10　跨期攤提帳戶的結構

八、財務成果帳戶

　　財務成果帳戶是用來計算並反應一定期間企業全部經營活動的最終成果，並確定企業利潤或虧損數的帳戶。這類帳戶的借方登記匯總各項經營業務活動的費用和損失，貸方登記匯總各項經營業務活動的收入。期末如為借方餘額，表示費用大於收入的差額，為企業發生的虧損總額；期末如為貸方餘額，表示收入大於費用的差額，為企業實現的利潤總額。財務成果帳戶的結構如圖 7-11 所示。屬於財務成果帳戶的主要有「本年利潤」。這類帳戶只反應企業一年財務成果的形成，平時的餘額為本年的累計利潤總額或虧損總額，年終結轉後無餘額。

借方	財務成果帳戶	貸方
發生額：轉入的各項費用	發生額：轉入的各項收入	
（或）期末餘額：發生的虧損總額	期末餘額：實現的利潤總額	

圖 7-11　財務成果帳戶的結構

九、計價對比帳戶

　　計價對比帳戶是指對某項經濟業務按兩種不同的計價標準進行計價以確定其業務成果的帳戶。這類帳戶的借方登記某項經濟業務的一種計價，貸方登記該項經濟業務的另一種計價，期末將兩種計價進行對比，確定成果。計價對比帳戶的結構如圖 7-12 所示。屬於計價對比帳戶的有「材料採購」帳戶。

借方	計價對比帳戶	貸方
發生額：業務的第一種計價	發生額：業務的第二種計價	
期末餘額：第一種計價大於第二種計價的差額	期末餘額：第二種計價大於第一種計價的差額	

圖 7-12　計價對比帳戶的結構

十、調整帳戶

調整帳戶用於調整某個帳戶（被調整帳戶）的餘額，用以表明被調整帳戶的實際餘額。調整帳戶按調整的方式可分為抵減帳戶、附加帳戶和抵減附加帳戶。

（一）抵減帳戶

抵減帳戶亦稱備抵帳戶，是用來抵減被調整帳戶的餘額以求得被調整帳戶實際餘額的帳戶。其調整方式可用公式表示為：

被調整帳戶餘額－抵減帳戶餘額＝被調整帳戶實際餘額

抵減帳戶的餘額一定要與被調整帳戶的餘額方向相反，上述公式才能成立。如果被調整帳戶的餘額在借方，抵減帳戶的餘額一定在貸方，如「固定資產」和「累計折舊」、「應收帳款」和「壞帳準備」。這類抵減帳戶與被調整帳戶的抵減方式如圖 7-13 所示。

借方	被調整帳戶	貸方	借方	抵減帳戶	貸方
餘額：某項經濟活動的原始數據					餘額：該項經濟活動的抵減數據

圖 7-13　抵減帳戶與被調整帳戶的抵減方式

如果被調整帳戶的餘額在貸方，抵減帳戶的餘額一定在借方，如「本年利潤」和「利潤分配」。利潤分配帳戶是本年利潤帳戶的抵減帳戶。利潤分配借方反應期末已分配的利潤數，本年利潤貸方餘額減去利潤分配借方餘額，差額表示企業期末尚未分配的利潤。這類抵減帳戶與被調整帳戶的抵減方式如圖 7-14 所示。

借方	被調整帳戶	貸方	借方	抵減帳戶	貸方
		餘額：某項經濟活動的原始數據	餘額：該項經濟活動的抵減數據		

圖 7-14　抵減帳戶與被調整帳戶的抵減方式

（二）附加帳戶

附加帳戶是用來增加被調整帳戶的餘額以求得被調整帳戶實際餘額的帳戶。其調整方式可用公式表示為：

被調整帳戶餘額＋附加帳戶餘額＝被調整帳戶實際餘額

附加帳戶的餘額一定要與被調整帳戶的餘額方向一致，上述公式才能成立。如果被調整帳戶的餘額在借方，附加帳戶的餘額也一定在借方；如果被調整帳戶的餘額在貸方，附加帳戶的餘額也一定在貸方。附加帳戶與被調整帳戶的附加方式如圖 7-15 所示。

借方	被調整帳戶	貸方		借方	附加帳戶	貸方
餘額：某項經濟活動的原始數據				餘額：該項經濟活動的附加數據		

圖 7-15　附加帳戶與被調整帳戶的附加方式

（三）抵減附加帳戶

　　抵減附加帳戶是依據調整帳戶的餘額方向不同，用來抵減被調整帳戶餘額，或者用來附加被調整帳戶餘額以求得被調整帳戶實際餘額的帳戶。當調整帳戶的餘額與被調整帳戶的餘額方向相反時，該類帳戶起抵減帳戶的作用，其調整方式與抵減帳戶相同；當調整帳戶的餘額與被調整帳戶的餘額方向一致時，該類帳戶起附加帳戶的作用，其調整方式與附加帳戶相同。這類帳戶的具體運用將在中級財務會計學中闡述。應當指出的是，被調整帳戶與調整帳戶是反應相同的經濟內容，相互聯繫、結合使用的一組帳戶，調整帳戶離開了被調整帳戶，將失去存在的意義。被調整帳戶反應某項經濟活動的原始數額，調整帳戶反應對原始數額的調整數額，兩者結合共同擔負經濟管理中所需要的某些特定指標。

本章小結

　　為了更好地掌握和運用帳戶，我們有必要進一步掌握帳戶的分類。本章主要介紹了帳戶按經濟內容進行的分類和按用途、結構進行的分類。就工業企業而言，帳戶按經濟內容劃分可以分為資產、負債、所有者權益、成本和損益類帳戶。帳戶按用途和結構劃分可以分為盤存帳戶、資本帳戶、結算帳戶、損益類帳戶、集合分配帳戶、成本計算帳戶、跨期攤提帳戶、財務成果帳戶、計價對比帳戶和調整帳戶。這兩種分類的關係是：帳戶按經濟內容分類是最基本、最主要的分類，按用途和結構分類是在此基礎上所作的進一步分類，是對帳戶按經濟內容進行分類的必要補充。有些帳戶按經濟內容劃分屬同一類，但按用途、結構劃分則屬不同類，大家在學習時要注意融會貫通，深入理解。

思考題

　　1. 什麼是帳戶的經濟內容？帳戶按經濟內容劃分可分為哪幾類？每一類包括哪幾小類？

　　2. 帳戶按用途和結構劃分可分為哪幾類？

　　3. 什麼是調整帳戶？可分為哪幾類？

　　4. 什麼是結算帳戶？可分為哪幾類？

5. 什麼是盤存帳戶？它有何特點？

練習題

一、單項選擇題

1. 「應付利息」帳戶按經濟內容分類，屬於（ ）。
   A. 資產類帳戶　　　　　　　　B. 負債類帳戶
   C. 損益類帳戶　　　　　　　　D. 所有者權益類帳戶
2. 債權債務結算帳戶的借方登記（ ）。
   A. 債權的增加　　　　　　　　B. 債務的增加
   C. 債權的增加、債務的減少　　D. 債務的增加、債權的減少
3. 結算帳戶的期末餘額在（ ）。
   A. 借方　　　　　　　　　　　B. 貸方
   C. 可能在借方，也可能在貸方　D. 一般在借方，也有可能在貸方
4. 期末盤存帳戶如有餘額，則在（ ）。
   A. 借方　　　　　　　　　　　B. 貸方
   C. 可能在借方，也可能在貸方　D. 一般在借方，也有可能在貸方
5. 用來核算和監督應由各個會計期間共同負擔的費用，並將這些費用攤配於各個會計期間的帳戶是（ ）。
   A. 集合分配帳戶　　　　　　　B. 費用帳戶
   C. 計價對比帳戶　　　　　　　D. 跨期攤提帳戶
6. 下列帳戶中屬於費用帳戶的是（ ）。
   A. 管理費用　　　　　　　　　B. 製造費用
   C. 生產成本　　　　　　　　　D. 累計折舊
7. 下列帳戶中屬於調整帳戶的是（ ）。
   A. 固定資產　　　　　　　　　B. 利潤分配
   C. 應收帳款　　　　　　　　　D. 本年利潤
8. 財務成果帳戶的貸方餘額表示（ ）。
   A. 淨利潤　　　　　　　　　　B. 收益額
   C. 虧損額　　　　　　　　　　D. 費用額

二、多項選擇題

1. 帳戶的結構，具體包括（ ）。
   A. 借方核算的內容　　　　　　B. 貸方核算的內容
   C. 期末餘額方向　　　　　　　D. 餘額表示的內容
2. 帳戶的用途是指（ ）。
   A. 通過帳戶記錄能夠提供什麼核算指標　B. 通過帳戶怎樣記錄經濟業務

C. 開設和運用帳戶的目的　　　　D. 借貸方登記的內容
3. 下列帳戶中,(　　) 屬於費用類帳戶。
   A.「待攤費用」帳戶　　　　　　B.「製造費用」帳戶
   C.「管理費用」帳戶　　　　　　D.「財務費用」帳戶
4. 下列帳戶中,(　　) 屬於收入類帳戶。
   A.「營業外收入」帳戶　　　　　B.「本年利潤」帳戶
   C.「主營業務收入」帳戶　　　　D.「其他業務收入」帳戶
5. 下列屬於盤存帳戶的是(　　)。
   A.「庫存商品」帳戶　　　　　　B.「銀行存款」帳戶
   C.「原材料」帳戶　　　　　　　D.「短期借款」帳戶
6. 下列屬於所有者權益帳戶的是(　　)。
   A.「本年利潤」帳戶　　　　　　B.「利潤分配」帳戶
   C.「盈餘公積」帳戶　　　　　　D.「實收資本」帳戶

三、判斷題（表述正確的在括號內打「√」,不正確的打「×」)

1.「長期待攤費用」屬於費用類帳戶。　　　　　　　　　　　(　　)
2.「預付帳款」帳戶的餘額總是在借方,所以它肯定是資產類帳戶。(　　)
3.「固定資產」帳戶是「累計折舊」帳戶的被調整帳戶。　　　　(　　)
4. 盤存帳戶可以通過財產清查來檢查其帳實是否一致,所以其明細帳都應提供實物和金額兩種指標。　　　　　　　　　　　　　　　　　　　　(　　)
5.「主營業務成本」「營業外支出」等帳戶屬於費用帳戶。　　　(　　)
6.「生產成本」帳戶和「製造費用」帳戶均屬於成本類帳戶。　　(　　)
7. 計價對比帳戶是用來對某項經濟業務按照兩種不同的計價標準進行核算對比,借以確定企業經營成果的帳戶,如「材料採購」帳戶。　　　　　(　　)
8. 成本計算帳戶期末應無餘額。　　　　　　　　　　　　　　(　　)
9.「本年利潤」屬於損益類帳戶。　　　　　　　　　　　　　　(　　)
10. 企業的財務成果是根據收入和費用相抵來計算的,所以財務成果帳戶包括收入帳戶和費用帳戶。　　　　　　　　　　　　　　　　　　　　(　　)

四、業務練習題

練習一

(一) 目的：練習將帳戶按經濟內容和用途結構進行分類。

(二) 資料：帳戶名稱如下。

庫存現金、銀行存款、庫存商品、固定資產、應付帳款、預收帳款、短期借款、製造費用、應付職工薪酬、應交稅費、應收帳款、應收票據、其他應收款、實收資本、盈餘公積、製造費用、生產成本、主營業務收入、營業外收入、主營業務成本、銷售費用、管理費用、財務費用、本年利潤、累計折舊、壞帳準備、利潤分配、材料採購。

(三) 要求：將上列帳戶名稱填入下表相應欄目內。

按用途和結構分類 \ 按經濟內容分類	資產帳戶	負債帳戶	所有者權益帳戶	成本帳戶	損益帳戶
盤存帳戶 結算帳戶 跨期攤提帳戶 資本帳戶 集合分配帳戶 調整帳戶 損益帳戶 成本計算帳戶 計價對比帳戶 財務成果帳戶					

練習二

(一) 目的：練習將帳戶按用途和結構進行分類。

(二) 資料：

借方	固定資產	貸方
期初餘額：650,000 本期發生額：70,000	本期發生額：90,000	
期末餘額		

借方	應收帳款	貸方
期初餘額：80,000 本期發生額：65,000	本期發生額：45,000	
期末餘額		

借方	壞帳準備	貸方
本期發生額：500	期初餘額：600 本期發生額：400	
	期末餘額	

借方	累計折舊	貸方
本期發生額：10,000	期初餘額：82,000 本期發生額：20,000	
	期末餘額	

(三) 要求：

(1) 計算各帳戶期末餘額。

(2) 計算「應收帳款」「固定資產」帳戶期末淨額。

169

第八章　財產清查

【學習目標】通過本章學習，學生應瞭解財產清查的意義和種類；理解永續盤存制和實地盤存制的不同特點和具體應用；掌握實物資產、庫存現金、銀行存款和往來款項等的清查方法；掌握錯帳更正的方法。

【引導案例】深圳某證券營業部財務部設財務經理、會計及出納三個崗位。2002年8月，由於該營業部總經理調離，新總經理對營業部情況不熟悉，很多事務需要財務經理協助。財務經理因工作繁忙沒有核對8~11月份的銀行對帳單，也未編制銀行存款餘額調節表。營業部出納朱某見有機可乘，便從9月份開始挪用營業部資金（以客戶提取保證金為名，填寫現金支票，自己提現使用）。12月初，財務經理要朱某將銀行對帳單拿來核對，以編制銀行存款餘額調節表，朱某見事情敗露，便於當晚潛逃。第二天，財務經理發現銀行對帳單與銀行存款日記帳不符。經查，發現朱某從9月份挪用第一筆資金開始，3個月累計挪用人民幣90萬元，港幣10萬元。雖然後來警方將朱某追捕歸案，但由於朱某所挪用的資金已基本被他揮霍一空，損失已無法挽回。現要求大家就以上案例思考或者討論財產清查工作的重要性以及企業應如何做好財產清查工作。

第一節　財產清查概述

一、財產清查的概念和意義

財產清查是通過對財產物資、貨幣資金和往來款項進行實地盤點與核對，以查明其實有數同帳面數是否相符的一種專門的會計方法。

財產清查的範圍極為廣泛，從形態上看，其既包括各種實物的清點，也包括各種債權、債務和結算款項的查詢核對；從存放地點看，其既包括對存放在本企業的財產物資的清查，也包括對存放在外單位的實物和款項的清查。另外，對其他單位委託代為保管或加工的材料物資，企業也同樣要進行清查。

（一）財產清查原因

會計核算的對象是企業實際發生的經濟業務，在核算過程中如果嚴格遵循規範的程序和方法進行記錄和核算，帳簿記錄就能夠真實地反應財產物資的增減變動和結餘，但是在實際工作中通常會出現下列情況：

（1）財產物資在保管過程中發生自然損耗，如干耗、破損、霉爛等；

(2) 由於計量檢驗器具不準確，造成財產物資收發時出現品種或數量上的計量錯誤；
　　(3) 保管人員在收發中發生計算或登記上的差錯；
　　(4) 會計人員記帳時出現差錯；
　　(5) 因管理不善或責任人失職造成了財產物資變質、短缺等損失；
　　(6) 不法分子貪污盜竊、營私舞弊造成的損失；
　　(7) 遭受了自然災害，如水災、火災等。
　　上述情況的發生，往往會造成某些財產物資的實存數與帳存數不符。財產清查的目的，就是要查明並保證各資產項目的帳實一致性。企業和行政、事業等單位的各種財產物資，其增減變動及結存情況都是以會計帳簿來記錄反應的，準確地反應各項資產的真實情況，是經濟管理對會計核算的客觀要求，也是會計核算的基本原則。為此，企業必須進行財產清查。

(二) 財產清查的意義

　　1. 保證會計核算資料真實準確
　　通過財產清查，能夠查明各項財產的實際數額，並與帳面數額進行核對，確定帳存數與實存數是否相符。對確認的盤虧、盤盈財產及時進行處理，保證會計帳簿記錄的真實準確。由於財產清查在編制會計報表之前進行，因此又可以保證會計報表的各項數據真實準確，為單位的生產經營管理提供正確、有效的信息，避免預測和決策的失誤。

　　2. 能夠有針對性地建立、健全財產物資管理製度
　　通過財產清查，對某些財產帳實不符的原因進行分析，能夠及時發現財產物資管理製度存在的薄弱環節，有針對性地建立、健全管理製度和內部控製製度，堵塞漏洞，並能進一步明確經濟責任，防患於未然，提高財產物資的管理水平，保證物流管理質量。

　　3、促進資產的有效管理和安全完整
　　通過財產清查，有關人員能夠具體瞭解單位各項財產的使用、儲存狀況和質量構成，及時發現不良資產和沉澱資產。對於已經損壞或變質、失去有效性的不良資產，應及時轉銷，以免虛列資產，使資產不實；對於儲存時間太長、將失去有效性和超儲積壓的沉澱資產，應及時處理，既避免損失，又減少資金占用，使其投入正常的經營週轉，從而促進資金的有效管理和安全完整。

　　4. 挖掘財產潛力，加速資金週轉
　　通過財產清查，企業可以及時查明各種財產物資的庫存和使用情況。如發現有限制不用的財產物資，應及時加以處理，以充分發揮它們的效能；如發現有呆滯積壓的財產物資，也應及時加以處理，並分析原因，採取措施，改善經營管理。這樣，可以使財產物資得到充分合理的利用，加速資金週轉，提高企業的經濟效益。

　　5. 促進財經紀律和結算製度的貫徹執行
　　通過對財產、物資、貨幣資金及往來款項的清查，可以查明單位有關業務人員是

否遵守財經紀律和結算紀律，有無貪污盜竊、挪用公款的情況；查明各項資金使用是否合理，是否符合黨和國家的方針政策和法規，從而使工作人員更加自覺地遵紀守法，自覺維護和遵守財經紀律。

二、財產清查的種類

財產清查總是在具體的時間、地點和一定範圍內進行的，為了正確地使用財產清查方法，必須對其進行分類考察。財產清查可以按不同的標準進行分類。

（一）按清查的對象和範圍劃分，財產清查可分為全面清查和局部清查

1. 全面清查

全面清查是指對全部財產進行盤點和核對。例如，工業企業全面清查的對象一般包括：

（1）結算款項，包括應收款項、應付款項、應交稅費等是否存在，與債務、債權單位的相應債權、債務金額是否一致；

（2）材料、在產品、自製半成品、庫存商品等各項存貨的實存數量與帳面數量是否一致，是否有報廢損失和積壓物資等；

（3）各項投資是否存在，投資收益是否按照國家統一的會計製度規定進行確認和計量；

（4）房屋建築物、機器設備、運輸工具等各項固定資產的實存數量與帳面數量是否一致；

（5）在建工程的實際發生額與帳面記錄是否一致；

（6）需要清產核實的其他內容。

全面清查範圍廣，參加的部門人員多。一般來說，在以下幾種情況下，需要進行全面清查：

（1）編制年度會計報表之前；

（2）法定進行的清產核資或資產評估；

（3）發生產權方面的重大變化，如破產清算、撤銷、兼併、改制或改變隸屬關係；

（4）發生了重大的經濟違法事件。

2. 局部清查

局部清查是根據需要，對部分財產進行盤點與核對。由於全面清查很費力，難以經常進行，所以企業時常進行局部清查。局部清查一般在以下情況進行：

（1）流動性較大的物資，如材料、產成品等，除了年度清查外，年內還要輪流盤點或重新抽查一次；

（2）對於各種貴重物資，每月應清查盤點一次；

（3）對於銀行存款和銀行借款，每月應同銀行核對一次；

（4）庫存現金由出納人員在每日終了時，自行清查一次；

（5）各種往來款項，每年至少要核對一至兩次。

另外，如果發現某種物品被盜或者由於自然力造成物品毀損，以及其他責任事故

造成物品損失等，都應及時進行局部清查，以便查明原因，及時處理，並調整帳簿記錄。

(二) 按清查的時間劃分，財產清查可分為定期清查和不定期清查

　　1. 定期清查

　　定期清查是指按照預先安排的時間對財產物資、貨幣資金和往來款項進行盤點和核對。這種清查通常在年末、季末、月末結帳時進行。定期清查根據不同需要，可以全面清查，也可以局部清查。一般情況下，年末應進行全面清查，季末、月末只進行局部清查。

　　2. 不定期清查

　　不定期清查是事先並不規定清查時間，而是根據實際需要臨時決定對財產物資進行盤點與核對。不定期清查一般在以下情況下進行：

　　（1）更換財產物資和庫存現金保管人員時，為分清經濟責任，需對有關人員所保管的財產物資和庫存現金進行清查；

　　（2）發生非常災害和意外損失時，要對受災損失的財產進行清查，以查明損失情況；

　　（3）上級主管部門、財政和審計部門對本單位進行會計檢查時，應按檢查要求及範圍進行清查，以驗證會計資料的真實可信；

　　（4）按照有關規定，進行臨時性的清產核資工作，以摸清企業的家底。

　　根據上述情況進行的不定期清查，對其對象和範圍可以進行全面清查，也可以進行局部清查，應根據實際需要而定。

第二節　財產清查的程序和方法

一、財產清查的程序

　　財產清查是一項工作量大、涉及面廣的工作，為了保證財產清查的質量，達到清查的目的，應該按科學合理的程序進行財產清查。財產清查一般可分為準備階段、實施清查階段及分析和處理階段。

（一）準備階段

　　財產清查涉及管理部門、財務會計部門、財產物資保管部門，以及與本單位有業務和資金往來的外部有關單位和個人。因此，為了保證財產清查工作有條不紊地進行，財產清查前必須有計劃、有組織、有領導、有步驟地做好準備工作。

　　1. 組織準備

　　（1）成立清查領導小組。

　　財產清查必須成立清查領導小組，負責清查的組織和管理體制。特別是全面清查時，範圍廣，任務重，應由廠級領導任清查小組負責人。清查工作領導小組的任務是：①負

責清查工作意義的宣傳，提高有關人員做好清查工作的自覺性；②制訂清查計劃，確定清查範圍，規定清查時間和步驟；③配備清查人員，落實清查人員的分工和職責；④協調有關部門處理清查中出現的矛盾，檢查清查工作的質量，提出清查結果的處理意見。

（2）配備清查人員。

參加清查工作的人員應由會計、業務、倉庫等部門的人員組成，選擇清查人員的標準是責任心強、業務水平高、作風嚴謹。清查人員的任務是具體進行各項清查工作的操作。

2. 業務準備

為了保證財產清查的質量，達到確定各項財產物資是否帳實相符的目的，還必須保證清查工具的質量。為此，凡是與清查有關的工具都要在財產清查開始之前做好準備。準備的具體內容如下：

（1）帳簿準備。這項工作的負責人是會計人員。準備的具體內容是：將所有財產物資的收發憑證都登記入帳，結出餘額；認真核對總帳和有關明細帳的餘額，做到計算正確，內容完整，帳證相符，帳帳相符，保證為帳實核對提供正確的依據。

（2）實物準備。這項工作的負責人是財產物資使用、保管部門的人員。準備的具體內容是：將所有進行清查的實物整理清楚，放置整齊，碼放一致，便於點數，還要掛上標籤，標明實物名稱、規格和結存數量。實物使用、保管部門如有明細帳的，要結出明細帳的餘額。

（3）計量器具登記表格的準備。①計量器具：在清查地點準備好各種計量器具，並嚴格檢查、校正度量衡器具，保證計量準備。②登記表格：為清查人員準備好登記用的各種表格，如盤點表、實存帳存對比表等，還要在盤點表中預先抄寫填列各項財產物資的編號、名稱、規格和存放地點等。

(二) 實施清查階段

財產清查的重要環節是盤點財產物資的實存數量。為明確責任，在財產清查過程中，實物保管人員必須在場，並參加盤點工作。清查人員應就盤點結果填寫「盤存單」，詳細說明各項財產物資的編號、名稱、規格、計量單位、數量、單價、金額等，並由盤點人員和實物保管人員分別簽字蓋章。「盤存單」是實物盤點結果的書面證明，也是反應財產物資實存金額的原始憑證，其一般格式如表 8-1 所示。

表 8-1　　　　　　　　　　　**盤存單**　　　　　　　　　　編號
單位名稱　　　　　　　　　　　　　　　　　　　　　　　盤點時間
財產類別　　　　　　　　　　　　　　　　　　　　　　　存放地點

編號	名稱	規格	計量單位	數量	單價	金額	備註

盤點人簽章：　　　　　　　　實物保管人簽章：

(三) 分析和處理階段

盤點完畢，會計部門應根據「盤存單」上所列物資的實際結存數與帳面結存記錄進行核對，對於帳實不符的，編制「實存帳存對比表」，確定財產物資盤盈或盤虧的數額。「實存帳存對比表」是調整帳面記錄的重要原始憑證，也是分析盤盈盤虧原因、明確經濟責任的重要依據，其一般格式如表 8-2 所示。

表 8-2　　　　　　　　　　　實存帳存對比表

單位名稱：　　　　　　　　　　　年　月　日

編號	類別及名稱	計量單位	單價	實存		帳存		對比結果				備註
								盤盈		盤虧		
				數量	金額	數量	金額	數量	金額	數量	金額	

二、實物資產的清查

實物資產是指具有實物形態的各種財產，包括固定資產、原材料、在產品、低值易耗品、包裝物以及庫存商品等。

(一) 財產盤存製度

財產的盤存製度是指在日常會計核算中採取什麼方式來確定各項財產物資的帳面結存額。財產清查是為了確定本單位的各項財產實存數額與帳面數額是否相符，那麼在日常核算中，實存數額與帳面數額是什麼關係呢？這要取決於採用的核算方法，即採用永續盤存制，還是採用實地盤存制。

1. 永續盤存制

永續盤存制也稱帳面盤存制，是指通過帳簿記錄連續反應各項財產物資增減變化及結存情況的方法。這種方法要求平時在各種財產物資的明細帳上都要根據會計憑證將各項財產物資的增減數額進行連續登記，並隨時結出帳面餘額。可根據下列公式結出帳面餘額：

發出存貨價值＝發出存貨數量×存貨單價

期末帳面結存金額＝期初帳面結存金額＋本期增加金額－本期減少金額

永續盤存制的優點，一是核算手續嚴密，能及時反應各項財產物資的收、發、結存情況；二是財產物資明細帳上的結存數量可以隨時與確定的庫存最高儲備量和最低儲備量進行比較，檢查有無超額儲備或儲備不足的情況，以便隨時組織物資的購銷或處理，加速資金週轉；三是通過對財產物資的輪番盤點，經常保持帳實相符，如財產物資發生溢餘和短缺，應查明原因，及時糾正。

永續盤存制的缺點是各項財產物資的明細帳核算工作量大。儘管如此，由於這種方法加強了對財產物資的管理，在控制和保護財產安全方面有明顯的優越性，所以在

會計實務中得到了廣泛應用。一般來說，除了特殊行業的企業對於特定商品的核算必須採用實地盤存制外，其他核算都應採用永續盤存制。

【例8.1】大陽公司2015年5月份A材料發生以下收發業務：
（1）5月1日，結存2,000千克，單價20元，金額40,000元；
（2）5月5日購入300千克，單價20元；
（3）5月8日發出500千克，單價20元；
（4）5月10日發出600千克，單價20元；
（5）5月25日購入1,000千克，單價20元。

根據以上資料，採用永續盤存製度，登記A材料明細帳如表8-3所示。

表8-3　　　　　　　　　　　　明細分類帳

會計科目：A材料　　　　　　　　　　　　　　　　　　　　　　　　第　頁

2015年		憑證號數	摘要	收入			發出			結存		
月	日			數量	單價	金額	數量	單價	金額	數量	單價	金額
5	1	略	初餘							2,000	20	40,000
5	5	略	購入	300	20	6,000				2,300	20	46,000
5	8	略	發出				500	20	10,000	1,800	20	36,000
5	10	略	發出				600	20	12,000	1,200	20	24,000
5	25	略	購入	1,000	20	20,000				2,200	20	44,000
5	31		合計	1,300	20	26,000	1,100	20	22,000	2,200	20	44,000

2. 實地盤存製度

實地盤存制也稱以存計耗制，是平時根據有關會計憑證，只登記財產物資的增加數，不登記減少數，月末或一定時期可根據期末盤點資料，弄清各種財物的實有數額，倒算出本期減少數額，並記入有關明細帳中的一種物資盤存製度。

計算公式：

期末存貨金額＝期末存貨盤點數量×存貨單價

本期減少金額＝期初帳面結存金額＋本期增加金額－期末存貨金額

【例8.2】以前例資料為依據，採用實地盤存製度，經期末盤點庫存商品帳面結存數量為2,000千克，則A材料明細帳如表8-4所示。

表8-4　　　　　　　　　　　　明細分類帳

會計科目：A材料　　　　　　　　　　　　　　　　　　　　　　　　第　頁

2016年		憑證號數	摘要	收入			發出			結存		
月	日			數量	單價	金額	數量	單價	金額	數量	單價	金額
5	1		初餘							2,000	20	40,000
5	5	略	購入	300	20	6,000				2,300	20	46,000

表8-4(續)

2016年		憑證號數	摘要	收入			發出			結存		
月	日			數量	單價	金額	數量	單價	金額	數量	單價	金額
5	25	略	購入	1,000	20	20,000				3,300	20	66,000
5	31		盤點							2,000	20	40,000
5	31		發出				1,300	20	26,000			
5	31		本期發生額及餘額	1,300	20	26,000	1,300	20	26,000	2,000	20	40,000

通過上例可以看出，實地盤存制的優點主要是可以簡化存貨的明細核算工作——由於對存貨只登記增加數，不登記減少數，可以減輕會計人員平時的工作量。實地盤存制的主要缺點，一是手續不夠嚴密，不能隨時反應和監督財產物資的結存數量和金額；二是由於以期末結存數量來倒擠本期財產物資的減少數量，凡屬未計入期末結存的財產物資都被認為是已經使用，這樣，很容易使已發生的浪費、盜竊和自然損耗所形成的損失都隱藏到倒擠求得的減少數內作為成本開支，從而模糊合理損耗和不正當損耗的界線，削弱了對財產物資的監督作用，影響了成本計算的正確性和清晰性；三是由於月末一次盤點結存數，雖然減少了平時的工作量，但卻加大了會計期末的工作。

由此可見，實地盤存制是一種不完善和不嚴密的財產物資管理辦法，非特殊情況，一盤不宜採用。在實際工作中，實地盤存制通常只適用於價值低、規格雜、增減頻繁的材料、廢料或是零售商店非貴重商品和一些損耗大、質量不穩定的鮮活商品。

(二) 存貨的計價方法

企業的各項存貨，由於入庫的批次不同，往往形成不同的入庫單價，而發出存貨時，就涉及採用哪一個入庫單價的問題。確定發出存貨單價的常用方法通常有四種，即先進先出法、加權平均法、移動加權平均法和個別計價法。在實際工作中，企業可以根據存貨的特點和市場價格等實際情況選擇相應的計價方法。

1. 先進先出法

採用這種方法是假定先入庫的財產物資先出庫，發出財產物資的單價按帳面登記的最先入庫的財產物資的單價計算。具體做法是，收入存貨時，逐筆登記每一批存貨的數量、單價和金額；發出存貨時，按照先進先出法的原則計價，逐筆登記存貨的發出和結存金額。下面舉例說明用先進先出法對發出存貨及期末結存存貨價值的計算方法。

【例8.3】鵬達公司2015年5月份B材料期初庫存數量為200千克，單價15元。5月4日購入300千克，單價16元；8日發出300千克；11日購入600千克，單價14元；20日發出300千克。

用先進先出法核算鵬達公司2015年5月份發出B材料的價值和期末B材料的價值，如表8-5所示。

表 8-5　　　　　　　　　　　　　　明細分類帳

會計科目：B 材料　　　　　　　　　　　　　　　　　　　　　　　第　　頁

2015年		憑證號數	摘要	收入			發出			結存		
月	日			數量	單價	金額	數量	單價	金額	數量	單價	金額
5	1	略	初餘							200	15	3,000
5	4	略	購入	300	16	4,800				200 300	15 16	3,000 4,800
5	8	略	發出				200 100	15 16	3,000 1,600	200	16	3,200
5	11	略	購入	600	14	8,400				200 600	16 14	3,200 8,400
5	20	略	發出				200 100	16 14	3,200 1,400	500	14	7,000
5	31	略	合計	900		13,200	600		9,200	500	14	7,000

2. 全月一次加權平均法

採用這種方法，財產物資明細帳的登記處理方法是：購入的財產物資逐筆登記數量、單價和金額，發出的財產物資逐筆登記數量，不登記單價和金額，也不逐筆計算結存的單價和金額。月末，計算出財產物資的加權平均單價，按這個加權平均單價分別計算發出和結存的財產物資的金額。全月一次加權平均法的計算公式如下：

存貨平均單價＝（期初結存存貨實際成本＋本期收入存貨實際成本）／（期初結存存貨數量＋本期收入存貨數量）

【例 8.4】仍以上述資料為例，採用全月一次加權平均法對發出存貨及期末結存存貨價值進行計算。

用全月一次加權平均法核算鵬達公司 2015 年 5 月份發出 B 材料的價值和期末 B 材料的價值，如表 8-6 所示。

表 8-6　　　　　　　　　　　　　　明細分類帳

會計科目：B 材料　　　　　　　　　　　　　　　　　　　　　　　第　　頁

2015年		憑證號數	摘要	收入			發出			結存		
月	日			數量	單價	金額	數量	單價	金額	數量	單價	金額
5	1	略	初餘							200	15	3,000
5	4	略	購入	300	16	4,800				500		
5	8	略	發出				300			200		
5	11	略	購入	600	14	8,400				800		
5	20	略	發出				300			500		
5	31	略	合計	900		13,200	600	14.73	8,835	500	14.73	7,365

B 材料平均單價＝（3,000+13,200）／（200+900）＝14.73（元）

發出存貨成本按照單價14.73元計算出的結果應為8,838元，由於尾數的原因，將3元的差額從發出材料成本中減去，因此發出存貨的成本調整為8,835元。

3. 移動加權平均法

採用這種方法，財產物資明細帳的登記處理方法是：每次收到存貨後，立即根據庫存存貨的總數量和總成本計算出新的加權平均單位成本，並對發出存貨進行計價。購入的財產物資逐筆登記數量、單價和金額，並按新的加權平均單價計算結存的數量、單價和金額；發出的財產物資逐筆登記數量、單價和金額，並隨時計算結存的數量、單價和金額。採用移動加權平均法計算存貨平均單價的公式如下：

存貨平均單價＝（原有結存存貨實際成本+本批收入存貨實際成本）／（原有結存存貨數量+本批收入存貨數量）

【例8.5】仍以上述資料為例，採用移動加權平均法對發出存貨及期末結存存貨價值進行計算。

用移動加權平均法核算鵬達公司2015年5月份發出B材料的價值和期末B材料的價值，如表8-7所示。

表8-7　　　　　　　　　　　　明細分類帳

會計科目：B材料　　　　　　　　　　　　　　　　　　　　第　　頁

2015年		憑證號數	摘要	收入			發出			結存		
月	日			數量	單價	金額	數量	單價	金額	數量	單價	金額
5	1	略	初餘							200	15	3,000
5	4	略	購入	300	16	4,800				500	15.6	7,800
5	8	略	發出				300	15.6	4,680	200	15.6	3,120
5	11	略	購入	600	14	8,400				800	14.4	11,520
5	20	略	發出				300	14.4	4,320	500	14.4	7,200
5	31		合計	900		13,200	600		9,000	500	14.4	7,200

4. 個別計價法

採用這種方法，是根據發出的財產物資入庫時的實際成本計算其發出的實際成本。為了保證正確使用這種方法，財產物資入庫時，必須編號，並掛上編號和標籤，分別存放和保管，便於發出時準確識別。這種方法一般只適用於價值高、數量小的財產物資，其計算公式為：

每批次存貨發出成本＝該批次存貨發出數量×該批次存貨的單位成本

(三) 實物資產清查的具體方法

實物資產的清查是指從質量和數量上對固定資產、原材料、在產品、包裝物、低值易耗品以及庫存商品等進行清查，並核定其實際價值。對實物資產的清查通常有四種方法。

1. 實地盤點法

實地盤點法是通過逐一清點或使用計量器計量的方法確定物資實存數量的一種方法。這種方法適用於原材料、機器設備和庫存商品等多數財產物資的清查。

2. 抽樣盤存法

抽樣盤存法是通過測算總體積或總重量，再抽樣盤點單位體積和單位重量，然後測算出總數的方法。這種方法適用於包裝完整的大件財產及價值小、數量多、質量比較均勻的不便於逐一點數的財產物資，如包裝好的成袋糧食、化肥。從本質上講，抽樣盤存法是實地盤點法的一種補充方法。

3. 技術推算法

技術推算法是通過量方、計尺等技術推算的方法來確定財產物資結存數量的一種方法。這種方法適用於難以逐一清點的物資，如散裝的飼料、化肥等。從本質上講，技術推算法也是實地盤點法的一種補充方法。

4. 查詢核實法

查詢核實法是依據帳簿記錄，以一定的查詢方式，核查財產物資、貨幣資金、債權債務數量及其價值量的方法。這種方法根據查詢結果進行分析，以確定有關財產物資、貨幣資金、債權債務的實物數量和價值量。查詢核實法適用於債權債務、委託代銷、委託加工、出租出借的財產物資以及外埠存款等。

對於財產物資的質量檢驗，可以根據不同的物理、化學性質採取不同的技術方法進行檢查，並根據財產物資的質量情況，按照成本價值計價原則，對其價值作出如實記錄。

各項財產物資的盤點結果應如實地登記在「實物盤存單」上，如果實存數額與帳面結存數額核對後出現帳實不符，會計人員應編制「實存帳存對比表」，以確定各種實物的盤盈或盤虧數額。實存數大於帳存數，為盤盈；實存數小於帳存數，為盤虧。「實存帳存對比表」是財產清查的重要報表，應嚴肅認真地填報。

三、庫存現金的清查

庫存現金的清查主要是通過盤點庫存現金的實有數，然後與現金日記帳相核對，確定帳存與實存是否相等。庫存現金清查包括以下兩種情況：

（1）由出納人員每日清點庫存現金的實有數，並與現金日記帳結餘額相核對，以確保帳實相符，這是出納人員的職責。

（2）由清查人員定期或不定期地進行清查。清查時，出納人員必須在場，配合清查人員清查帳務處理是否合理合法、帳簿記錄有無錯誤，以確定帳實是否相符。對於臨時挪用和借給個人的庫存現金，不允許以白條收據抵庫；對於超過銀行核定限額的庫存現金，要及時送存開戶銀行；不允許任意坐支現金。

庫存現金盤點結束後，應根據實地盤點的結果及與現金日記帳核對的情況及時填制「庫存現金盤點報告表」。「庫存現金盤點報告表」也是重要的原始憑證，它既起「實物盤存單」的作用，又起「實存帳存對比表」的作用。也就是說，「庫存現金盤點報告表」既能反應庫存現金的實存數，又可以作為調整帳面記錄的原始憑證，還是分

析庫存現金餘缺的依據。所以,「庫存現金盤點報告表」應由盤點人員和出納人員認真填寫,共同簽章。「庫存現金盤點報告表」的一般格式如表 8-8 所示。

表 8-8　　　　　　　　　　庫存現金盤點報告表

單位名稱:　　　　　　　　　　年　月　日

實存金額	帳存金額	對比結果		備註
		盤盈	盤虧	

盤點人員簽章　　　　　　　　　　出納員簽章

四、銀行存款的清查

銀行存款的清查與實物和現金的清查方法不同,它是採用與銀行核對帳目的方法來進行的。該清查主要是將銀行送來的對帳單上的銀行存款餘額與本單位銀行存款日記帳的帳面餘額逐筆進行核對,以查明帳實是否相符。在同銀行核對帳目之前,應先詳細檢查本單位銀行存款日記帳的正確性與完整性,然後根據銀行送來的對帳單逐筆進行核對。但由於辦理結算手續和憑證傳遞時間的原因,即使企業和銀行雙方記帳過程都沒有錯誤,企業銀行存款日記帳的餘額和銀行對帳單的餘額也可能不一致,產生這種不一致的原因是可能存在未達帳項。所謂「未達帳項」是指結算憑證傳遞時間的不一致,造成企業與銀行雙方之間對於同一項業務,一方已登記入帳,而另一方尚未登記入帳的款項。企業與銀行之間的未達帳項大致有以下四種類型:

(1) 企業已收銀行未收的款項。企業存入銀行的款項,企業已經作為存款入帳,而開戶銀行尚未辦妥手續,未記入企業存款戶。

(2) 企業已付銀行未付的款項。企業開出支票或其他付款憑證,已作為存款減少登記入帳,而銀行尚未支付或辦理,未記入企業存款戶。

(3) 銀行已收企業未收的款項。企業委託銀行代收的款項或銀行付給企業的利息,銀行已收妥登記入帳,而企業沒有接到有關憑證,尚未入帳。

(4) 銀行已付企業未付的款項。銀行代企業支付款項後,已作為款項減少記入企業存款戶,但企業沒有接到付款通知,尚未入帳。

上述任何一種情況的發生,都會導致企業銀行存款日記帳的餘額與銀行對帳單的餘額不一致。因此,在對銀行存款的清查中,除了對記帳造成的錯誤要及時進行處理外,還應注意有無未達帳項。如果發現有未達帳項,應通過編制「銀行存款餘額調節表」予以調節,以檢驗雙方的帳面餘額是否相符。「銀行存款餘額調節表」是在銀行存款日記帳和銀行存款對帳單餘額的基礎上加減雙方各自的未達帳項,使雙方餘額達到平衡,其調節公式如下:

銀行存款日記帳+銀行已收企業未收的款項−銀行已付企業未付的款項=銀行存款對帳單餘額+企業已收銀行未收的款項−企業已付銀行未付的款項

下面舉例說明「銀行存款餘額調節表」的編制方法。

【例8.6】大陽公司2015年1月31日的銀行存款日記帳的餘額為22,000元，銀行對帳單上的存款餘額為20,000元。經逐筆核對，發現有下列未達帳項：

（1）28日，企業銷售產品收到轉帳支票30,000元，已送存銀行並登記入帳。銀行尚未辦理入帳手續。

（2）29日，銀行收到S企業匯來的購貨款20,000元，銀行已登記增加。收款通知尚未送達企業，企業尚未入帳。

（3）29日，企業採購原材料開出轉帳支票一張計11,000元，企業已作銀行存款付出，銀行尚未收到支票而未入帳。

（4）30日，銀行代付電費3,000元，付款通知尚未到達企業，企業尚未入帳。

根據上述未達帳項，可編制「銀行存款餘額調節表」，如表8-9所示。

表8-9　　　　　　　　　　　　　銀行存款餘額調節表

項目	金額	項目	金額
銀行對帳單存款餘額：	20,000	企業銀行存款帳面餘額：	22,000
加：企業已收銀行未收的款項	30,000	加：銀行已收企業未收的款項	20,000
減：企業已付銀行未付的款項	11,000	減：銀行已付企業未付的款項	3,000
調節後的餘額	39,000	調節後的餘額	39,000

經過調整後的左右方餘額已經消除了未達帳項的影響。如果雙方帳目沒有其他差錯存在，左右雙方調節後的餘額必定相符。如不相符，則表明還存在差錯，應進一步查明原因，予以更正。此外應該注意的是，調節後的銀行存款餘額並不能作為調整帳簿記錄的依據，不能據此將未達帳登入銀行存款帳，而應在收到銀行的收付款通知後，才進行帳務處理。「銀行存款餘額調節表」通常作為清查資料與銀行對帳單一併附在當月銀行存款日記帳後保存。

上述對銀行存款的清查方法，同樣適用於對銀行借款的清查。通過對銀行借款的清查，可以檢查企業的銀行借款是否按規定用途加以使用，是否按期歸還等。

五、往來款項的清查

企業的往來款項一般包括應收帳款、其他應收款、預付帳款、應付帳款、其他應付款和預收帳款等。對這些往來款項的清查一般採取「函證核對法」，也就是採取同對方經濟往來單位核對帳目的方法。清查時，首先將本企業的各項應收、應付等往來款項正確完整地登記入帳，然後逐戶編制一式兩聯的「往來款項對帳單」，送交對方單位並委託對方單位進行核對。如果對方單位核對無誤，應在回單上蓋章後退回本單位；如果對方發現數字不符，應在回單上註明不符的具體內容和原因後退回本單位，作為進一步核對的依據。「往來款項對帳單」的格式如圖8-1所示。

```
┌─────────────────────────────────────────────────────────────┐
│                    往來款項對帳單                            │
│    單位：                                                    │
│       你單位20××年×月×日購入我單位×產品××臺，已付貨款××元，尚有××元貨款未付，請核對│
│    後將回單聯寄回。                                          │
│                                        核查單位：（蓋章）    │
│                                        20××年×月×日         │
│    ----------沿此虛線裁開，將以下回單聯寄回----------        │
│                    往來款項對帳單（回聯）                    │
│    核查單位：                                                │
│       你單位寄來的「往來款項對帳單」已經收到，經核對相符無誤（或不符，註明具體內容）。│
│                                        ××單位：（蓋章）     │
│                                        20××年×月×日         │
└─────────────────────────────────────────────────────────────┘
```

圖 8-1　往來款項對帳單

發出「往來款項對帳單」的單位收到對方的回單聯後，對其中不符或錯誤的帳目應及時查明原因，並按規定的手續和方法進行更正，最後再根據清查的結果編制「往來款項清查報告表」，其一般格式如表 8-10 所示。

表 8-10　　　　　　　　往來款項清查報告表

××企業　20××年×月×日

| 明細科目 || 清查結果 || 不符單位及原因分析 |||| 備註 |
名稱	金額	相符	不符	不符單位名稱	爭執中款項	未達帳項	無法收回	拖付款項	

記帳人員簽章　　　　　　　清查人員簽章

六、其他財產清查的方法

（一）各種無形資產的清查方法

無形資產作為企業長期使用而沒有實物形態的資產，它的特點是不存在實物形態，表明單位所擁有的特殊權利，有助於企業獲得超額收益。無形資產的會計核算包括無形資產的取得、攤銷和減值等，因此，在進行清查時，應具體表明無形資產是否按規定取得入帳、攤銷、減值，查明無形資產是否帳實相符。如果無形資產因實際情況發生變化，不能繼續給企業帶來收益或不能給企業帶來預計的收益時，在核算上應立即核銷。在清查過程中，應查明無形資產有無這種變化，是否按時沖銷等。

（二）各項投資的清查方法

投資是企業為了在未來可預見的時期內獲得收益或是資金增值，根據國家法律、法規的規定，向其他單位投放各種資產和權益的經濟行為。企業投放的可以是廠房、設備等固定資產，也可以是材料、低值易耗品等流動資產；可以是實物形態的，也可以是貨幣形態的；可以是有形資產，也可以是無形資產；可以是長期投資，也可以是

短期投資。在資產清查時，應對各項投資進行清查，看其是否符合國家法律、法規的規定，投資的投入、收回及結存是否正確等。清查方法主要是本單位逐項審查並與接受投資的單位核對帳目。

（三）其他資產的清查方法

其他資產的清查主要包括開辦費用、融資租入固定資產改良支出、固定資產大修理支出的清查。清查時主要清查資產的內容是否符合規定、是否按規定進行攤銷。清查的方法主要是財會部門逐項核查帳簿記錄，必要時詢證落實。

（四）在建工程的清查方法

企業的在建工程是指正處在建設過程中的各項工程。企業要盡快把在建工程建成投產，交付使用，充分發揮投資效果。在資產清查過程中，要認真清查在建工程，清查的方法是到現場實地盤點。要按工程項目逐一清查，除清查工程項目外，還要檢查在建過程中存在的問題，如已完工工程是否已及時辦理交接手續；有無發生報廢毀損的工程，並查明原因；有無停建、緩建工程等。

第三節 財產清查結果的處理

一、財產清查結果的處理要求和步驟

通過財產清查，必然會發現財產管理和會計核算方面存在的各種問題。對於這些問題，企業都必須認真查明原因，根據國家有關的政策、法令和製度的規定，認真地予以處理。

（一）認真查明帳實不符的性質和原因，並確定處理辦法

對於財產清查中發現的各種財產物資的盤盈、盤虧以及損失，應核准數字，認真調查分析發生差異的原因，明確經濟責任和法律責任，依據會計準則和有關財務製度的規定，確定處理辦法。一般來說，對於各種存貨的盤盈、盤虧、毀損的淨收益或者淨損失，應當及時辦理審批手續，如由本單位承擔的應計入當期損益；對於個人工作失職造成的短缺、損失應由個人賠償；對於自然災害引起的財產損失，應扣除保險公司賠款和殘料價值後，計入營業外支出；對於定額內的或自然原因引起的盤盈、盤虧，應在辦理手續後及時轉帳。

（二）積極處理多餘物資，清理長期不清的債權和債務

在清查過程中，對於積壓呆滯和不需用的物資，應積極組織調劑，除在本單位內部設法利用、代用外，還應積極推銷或組織調撥，力求做到物盡其用；對於長期不清的債權、債務，應指定專人，主動與對方單位研究解決。

（三）總結經驗教訓，建立健全財產管理製度

財產清查不僅要查明財產物資的實有數額，處理財產物資的盤盈盤虧，還要促進

會計單位內部各個部門改善財產物資管理。針對財產清查中發生的問題，應查找原因，總結經驗，制定改進措施，建立健全各項管理製度，促進各單位管好財產物資，使財產清查工作發揮更大的作用。

(四) 及時調整帳目，做到帳實相符

為了保證會計資料的真實性，做到帳實相符，必須根據財產清查的結果和帳實之間的差異，及時調整帳目，進行必要的帳務處理。財產清查的帳務處理應當分兩個步驟：

(1) 審批之前，將已查明的財產物資盤盈、盤虧和損失等，根據清查中取得的原始憑證（如實存帳存對比表）編制記帳憑證，據以登記有關帳簿，做到帳實相符。調整帳簿記錄的原則是：以「實存」為準，盤盈時，補充帳面記錄；盤虧時，衝銷帳面記錄。在調整帳面記錄，做到帳實相符之後，就可以將編制的「實存帳存對比表」和撰寫的文字說明，按照規定程序一併報送有關領導和部門批准。

(2) 當有關領導部門對所呈報的財產清查結果提出處理意見後，企業單位應嚴格按照批覆意見編制有關記帳憑證，進行批准後的帳務處理，登記有關帳簿，並追回由於責任者個人原因所造成的財產損失。

二、財產清查結果的帳務處理

(一) 帳戶設置

為了反應和監督企業在財產清查中查明的各種財產盤盈、盤虧和毀損及其處理情況，應設置「待處理財產損溢」帳戶。該帳戶屬於資產類帳戶，用於核算財產物資盤盈、盤虧和毀損情況及處理情況，借方登記發生的待處理財產盤虧、毀損數和結轉已批准處理的財產盤盈數；貸方登記發生的待處理財產盤盈數和結轉已批准處理的財產盤虧和毀損數。若帳戶的餘額在借方，表示尚未批准處理的財產物資的淨損失；若餘額在貸方，表示尚未批准處理的財產物資的淨溢餘。為了進行明細核算，可在「待處理財產損溢」帳戶下設置「待處理固定資產損溢」和「待處理流動資產損溢」兩個明細帳戶。「待處理財產損溢」帳戶結構如圖 8-2 所示。

借方	待處理財產損溢	貸方
期初餘額：期初尚未批准轉帳的財產物資的淨損失 本期發生額：1. 本期發生的盤虧數及毀損數 　　　　　　2. 根據批准轉帳的盤盈數		期初餘額：期初尚未批准轉帳的財產物資的淨溢餘 本期發生額：1. 本期發生的盤盈數 　　　　　　2. 根據批准轉帳的盤虧數
期末餘額：期末尚未批准轉帳的財產物資的淨損失		期末餘額：期末尚未批准轉帳的財產物資的淨溢餘

圖 8-2　待處理財產損溢帳戶的結構

(二) 固定資產盤盈和盤虧的帳務處理

1. 固定資產盤盈的核算

對於盤盈的固定資產，首先應根據其重置完全價值借記「固定資產」帳戶，按其估計折舊額貸記「累計折舊」帳戶，按其淨值（重置完全價值與估計折舊之間的差額）貸記「以前年度損益調整」帳戶；其次計算應納所得稅費用，借記「以前年度損益調整」帳戶，貸記「應交稅費——應交所得稅」帳戶；接著補提盈餘公積，借記「以前年度損益調整」帳戶，貸記「盈餘公積」帳戶；最後調整利潤分配，借記「以前年度損益調整」帳戶，貸記「利潤分配——未分配利潤」帳戶。

【例8.7】大陽公司於2015年6月30日對企業全部的固定資產進行盤查，盤盈一臺機器設備，該設備當前市場價格為30,000元，根據其新舊程度估計價值損耗為20,000元。企業所得稅稅率為25%。該公司有關會計處理為：

(1) 借：固定資產　　　　　　　　　　　　　　　　　30,000
　　　貸：累計折舊　　　　　　　　　　　　　　　　　20,000
　　　　　以前年度損益調整　　　　　　　　　　　　　10,000
(2) 借：以前年度損益調整　　　　　　　　　　　　　　2,500
　　　貸：應交稅費——應交所得稅　　　　　　　　　　2,500
(3) 借：以前年度損益調整　　　　　　　　　　　　　　　750
　　　貸：盈餘公積——法定盈餘公積　　　　　　　　　　750
(4) 借：以前年度損益調整　　　　　　　　　　　　　　6,750
　　　貸：利潤分配——未分配利潤　　　　　　　　　　6,750

2. 固定資產盤虧的核算

對於在清查中發現的盤虧和毀損的固定資產，在審批前，應按帳面淨值借記「待處理財產損溢——待處理固定資產損溢」帳戶，按已提折舊額借記「累計折舊」帳戶，按帳面原值貸記「固定資產」帳戶；審批後，根據上級批准意見，借記「營業外支出」帳戶，貸記「待處理財產損溢——待處理固定資產損溢」帳戶。

【例8.8】2015年1月，大陽公司在財產清查中發現短缺設備一臺，帳面原價60,000元，已提折舊32,000元。

(1) 報經批准前，公司根據「實存帳存對比表」所列的盤虧數額，編制記帳憑證並登記入帳，作如下會計分錄：

借：待處理財產損溢——待處理固定資產損溢　　　　28,000
　　累計折舊　　　　　　　　　　　　　　　　　　32,000
　貸：固定資產　　　　　　　　　　　　　　　　　60,000

(2) 審批後，根據批准意見，編制記帳憑證並登記入帳，作如下會計分錄：

借：營業外支出　　　　　　　　　　　　　　　　　28,000
　貸：待處理財產損溢——待處理固定資產損溢　　　28,000

（三）存貨清查結果的帳務處理

1. 存貨盤盈的帳務處理

發生存貨盤盈後，應查明發生的原因，及時辦理盤盈存貨的入帳手續，調整存貨帳面記錄，借記有關存貨帳戶，貨記「待處理財產損溢」帳戶，經有關部門批准後，借記「待處理財產損溢」帳戶，貨記有關帳戶。

【例 8.9】2015 年 1 月，大陽公司在財產清查過程中盤盈一批 A 材料，價值 900 元；盤盈一批乙產品，價值 3,000 元。

（1）報經批准前，根據「實存帳存對比表」所載明的盤盈數，作如下會計分錄：

借：原材料——A 材料	900
庫存商品——乙產品	3,000
貨：待處理財產損溢——待處理流動資產損溢	3,900

（2）存貨的盤盈一般都是由計量上的差錯引起的，對於這種盤盈一般應衝減當期的管理費用。在報經批准後，作如下會計分錄：

借：待處理財產損溢——待處理流動資產損溢	3,900
貨：管理費用	3,900

2. 存貨盤虧和毀損的帳務處理

存貨發生盤虧和毀損後，在報批前應轉入「待處理財產損溢」帳戶，待批准後根據不同情況，分別進行處理：

（1）屬於定額內的自然損耗，按規定轉作管理費用。

（2）屬於超定額損耗及存貨毀損，能確定過失人的，應由過失人賠償；屬保險責任範圍的，應由保險公司理賠。扣除過失人或保險公司的賠償以及殘值後的部分，計入管理費用。

（3）屬於自然災害所造成的存貨損失，扣除保險公司賠款和殘值後的部分，計入營業外支出。

【例 8.10】2015 年 7 月，大陽公司在財產清查中發現 A 材料盤虧 700 元，B 材料盤虧 2,200 元。經查，A 材料盤虧中定額內損耗 500 元，管理人員過失造成的損失 200 元，B 材料的毀損是由自然災害造成的，經整理收回殘料價值 200 元，已入庫，另外可以從保險公司取得賠款 1,200 元。

（1）報經批准前，根據「實存帳存對比表」作如下會計分錄：

借：待處理財產損溢——待處理流動資產損溢	2,900
貨：原材料——A 材料	700
——B 材料	2,200

（2）根據盤虧、毀損的原因及審批意見，A 材料的盤虧定額損耗部分計入「管理費用」帳戶；管理人員過失造成的損失應由相應的責任人賠償，計入「其他應收款」帳戶；B 材料損毀為自然災害造成，扣除殘料價值和保險賠償款後的淨損失，計入「營業外支出」帳戶。會計分錄如下：

①借：管理費用	500

其他應收款——××　　　　　　　　　　　　　　　　　200
　　　　貸：待處理財產損溢——待處理流動資產損溢　　　　　　700
　②借：原材料——B 材料　　　　　　　　　　　　　　　　　200
　　　其他應收款——保險賠款　　　　　　　　　　　　　　1,200
　　　營業外支出　　　　　　　　　　　　　　　　　　　　　800
　　　　貸：待處理財產損溢——待處理流動資產損溢　　　　　2,200

（四）貨幣資金清查結果的處理

　　貨幣資金主要包括庫存現金和銀行存款。前面已經說明，銀行存款的清查主要是通過企業的銀行日記帳與銀行送來的對帳單逐筆核對來進行的。通過核對，如果發現企業日記帳有錯帳、漏帳，應立即加以糾正；如果發現銀行有錯帳、漏帳，應及時通知銀行查明更正。對於發現的未達帳項，則應通過編制「銀行存款餘額調節表」來調節，但無須對未達帳項作帳面調整，而是等結算憑證到達後再進行帳務處理。所以，這裡對貨幣資金清查結果的處理主要是對庫存現金清理結果的處理。

　　庫存現金清查中發現庫存現金短缺或溢餘時，要設法查明原因，並及時根據「庫存現金盤點報告表」進行處理，按短款或長款的金額記入「待處理財產損溢」帳戶，待查明原因後再轉帳。

　　【例 8.11】2015 年 1 月，大陽公司進行庫存現金清查時，發現實際庫存現金比現金日記帳餘款多 20 元，經查明，日記帳無誤。

　　（1）報經批准前，先調整帳目，作會計分錄如下：
　　借：庫存現金　　　　　　　　　　　　　　　　　　　　　20
　　　　貸：待處理財產損溢——待處理流動資產損溢　　　　　　20
　　（2）經反覆調查，未查明原因。經批准，作營業外收入處理，分錄如下：
　　借：待處理財產損溢——待處理流動資產損溢　　　　　　　20
　　　　貸：營業外收入　　　　　　　　　　　　　　　　　　　20

　　【例 8.12】2015 年 2 月，大陽公司進行庫存現金清查時，發現實際庫存現金比現金日記帳餘款少 500 元。

　　（1）報經批准前，先調整帳目，作會計分錄如下：
　　借：待處理財產損溢——待處理流動資產損溢　　　　　　500
　　　　貸：庫存現金　　　　　　　　　　　　　　　　　　　500
　　（2）經檢查，其中 200 元屬於出納員王麗的責任，應由其賠償，其餘 300 元未查明原因，經上級領導批准記入當期管理費用。會計分錄如下：
　①借：其他應收款——王麗　　　　　　　　　　　　　　　200
　　　管理費用　　　　　　　　　　　　　　　　　　　　　300
　　　　貸：待處理財產損溢——待處理流動資產損溢　　　　　500
　②當出納員賠償時：
　　借：庫存現金　　　　　　　　　　　　　　　　　　　　200
　　　　貸：其他應收款——王麗　　　　　　　　　　　　　　200

（五）往來款項清查結果的帳務處理

往來款項的清查，也是採用同對方單位核對帳目的方法來進行。清查單位應在檢查本單位應收應付款項帳目正確、完整的基礎上，編制應收款對帳單和應付款對帳單，分送有關單位進行核對。對帳單一式兩聯，其中一聯作為回單。對方單位核對相符，應在對帳單上蓋章後退回本單位，如有不符，應在對帳單上註明，或另抄對帳單退回本單位，作為進一步核對的依據。

應收應付款項應及時處理，對於長期無法收回的應收帳款，即壞帳，要按既定的程序予以核銷，衝減應收帳款。當採用直接轉銷法核算時，應借記「管理費用」科目，貸記「應收帳款」科目；當採用備抵法核算時，應借記「壞帳準備」科目，貸記「應收帳款」科目。對於應付款項中實在無法支付的部分，應轉作營業外收入處理，借記「應付帳款」科目，貸記「營業外收入」科目。

【例 8.13】2015 年 1 月，大陽公司在財產清查中發現有一筆應收方宇公司的款項已超過規定年限，按規定轉為壞帳處理，金額為 3,500 元。

根據有關規定，作如下會計分錄：
借：壞帳準備　　　　　　　　　　　　　　　　　　　3,500
　　貸：應收帳款——方宇公司　　　　　　　　　　　　　3,500

【例 8.14】2015 年 1 月，大陽公司在財產清查中發現一筆應付 H 公司款項，因債權單位已不存在，無法支付，按規定應予核銷，金額為 4,000 元。

根據有關確認憑證及審批手續，作如下會計分錄：
借：應付帳款——H 公司　　　　　　　　　　　　　　4,000
　　貸：營業外收入　　　　　　　　　　　　　　　　　　4,000

本章小結

財產清查，是通過對財產物資、貨幣資金和往來款項進行實地盤點與核對，以查明其實有數同帳面數是否相符的一種專門的會計方法。本章系統地介紹了財產清查的意義、種類、方法以及財產清查結果的處理。通過本章的學習，大家應掌握財產清查的一般程序和方法，特別是各項財產物資、貨幣資金和往來款項的清查方法以及對清查結果進行處理的方法。

思考題

1. 什麼是財產清查？財產清查有什麼意義？
2. 財產清查有哪幾種分類？其適用範圍如何？
3. 什麼是永續盤存制？什麼是實地盤存制？
4. 實物清查的具體方法有哪些？

5. 對庫存現金和銀行存款應如何進行清查？
6. 什麼是未達帳項？未達帳項有哪幾種？其形成原因是什麼？
7. 如何進行債權債務的清查？
8. 對財產清查結果的處理應符合哪些要求？

練習題

一、單項選擇題

1. 下面屬於對銀行存款清查的方法是（　　）。
   A. 定期盤點法　　　　　　　　B. 實地盤存法
   C. 和往來單位核對帳目法　　　D. 與銀行核對帳目法
2. 下列各項中應登記待處理財產損溢帳戶貸方的是（　　）。
   A. 財產的盤虧數　　　　　　　B. 財產的盤盈數
   C. 財產盤虧的轉銷數　　　　　D. 尚未處理的財產淨溢餘
3. 對於長期掛帳的應收款項，在批准轉銷時，應借記（　　）帳戶。
   A. 營業外支出　　　　　　　　B. 壞帳準備
   C. 應付帳款　　　　　　　　　D. 營業外收入
4. 企業在清產核資時，不包括對（　　）的清理。
   A. 應收帳款　　　　　　　　　B. 應付帳款
   C. 固定資產　　　　　　　　　D. 應付票據
5. 下列各項中屬於實物資產清查的是（　　）。
   A. 庫存現金　　　　　　　　　B. 銀行存款
   C. 存貨　　　　　　　　　　　D. 應收帳款
6. 在記帳無誤的情況下，銀行對帳單與銀行存款日記帳帳面餘額不一致的原因是（　　）。
   A. 應付帳款　　　　　　　　　B. 應收帳款
   C. 外埠存款　　　　　　　　　D. 未達帳款
7. 在永續盤存制下，平時（　　）。
   A. 對各項財產物資的增加和減少數，都不在帳簿中登記
   B. 只在帳簿中登記財產物資的減少數，不登記財產物資的增加數
   C. 只在帳簿中登記財產物資的增加數，不登記財產物資的減少數
   D. 對各項財產物資的增加和減少數，都要根據會計憑證在帳簿中登記
8. 在實地盤存制下，平時（　　）。
   A. 只在帳簿中登記財產物資的減少數，不登記財產物資的增加數
   B. 只在帳簿中登記財產物資的增加數，不登記財產物資的減少數
   C. 對各項財產物資的增加數和減少數，都要根據會計憑證登記入帳
   D. 通過財產清查確定財產物資增加數和減少數

9. 對庫存現金的清查應採用的方法是（　　）。
   A. 技術推算法　　　　　　　　B. 實地盤點法
   C. 實地盤存制　　　　　　　　D. 帳面認定法
10. 下列各項中，屬於清查時盤虧固定資產應採用的會計科目是（　　）。
    A. 以前年度損益調整　　　　　B. 待處理財產損溢
    C. 材料成本差異　　　　　　　D. 固定資產清理

二、多項選擇題

1. 下列各項中適用於全面清查的有（　　）。
   A. 年終決算　　　　　　　　　B. 開展清產核資
   C. 單位主要負責人調離工作　　D. 單位撤銷、改變隸屬關係
2. 關於企業編制的「銀行存款餘額調節表」，下列表述中正確的有（　　）。
   A. 可調節帳面餘額
   B. 確定企業可實際動用的款項
   C. 調節後雙方餘額相等，說明雙方記帳相符
   D. 通過對未達帳項調整後才能確定雙方記帳是否一致
3. 關於「待處理財產損溢」帳戶，下列表述中正確的有（　　）。
   A. 借方登記待處理財產物資盤虧數和毀損數
   B. 借方登記結轉已批准轉帳的財產物資盤盈數
   C. 貸方登記待處理財產物資盤盈數及結轉已批准轉帳的財產物資盤虧數
   D. 期末餘額在借方，表示待處理財產物資的盤盈或盤虧數
4. 財產物資的盤存製度有（　　）。
   A. 實地盤點法　　　　　　　　B. 技術推算法
   C. 永續盤存制　　　　　　　　D. 實地盤存制
5. 下列各項中屬於庫存現金盤虧的帳務處理中可能涉及的帳戶有（　　）。
   A. 庫存現金　　　　　　　　　B. 管理費用
   C. 營業外支出　　　　　　　　D. 其他應收款
6. 財產清查按照清查時間可以分為（　　）。
   A. 全面清查　　　　　　　　　B. 局部清查
   C. 定期清查　　　　　　　　　D. 不定期清查
7. 對財產物資的數量清查，一般採用（　　）。
   A. 帳面價值法　　　　　　　　B. 實地盤點法
   C. 技術推算法　　　　　　　　D. 查詢核實法
8. 實地盤點法一般適用於（　　）清查。
   A. 各項實物財產物資　　　　　B. 銀行存款
   C. 庫存現金　　　　　　　　　D. 應付帳款
9. 查詢法一般適用於（　　）清查。
   A. 債權債務　　　　　　　　　B. 銀行存款

C. 出租出借包裝物　　　　　D. 委託加工材料

10. 企業未達帳項有以下（　　）幾種情況。
　　A. 企業已收款入帳，而銀行未收款入帳
　　B. 企業已付款入帳，而銀行未付款入帳
　　C. 銀行已收款入帳，而企業未收款入帳
　　D. 銀行已付款入帳，而企業未付款入帳

三、判斷題（表述正確的在括號內打「√」，不正確的打「×」）

1. 財產清查就是採用實地盤點的方法對企業所擁有的財產進行清查。（　　）
2. 定期清查的時間一般都在年末。（　　）
3. 在財產清查前，會計部門要做到帳證、帳帳相符。（　　）
4. 進行財產清查時，如發現帳存數小於實存數，此即為盤虧。（　　）
5. 對於現金的清查，一般採用實地盤點法。（　　）
6. 庫存現金應每日清點。（　　）
7. 未達帳項是由於企業和銀行的結帳時間不一致造成的。（　　）
8. 在一般情況下，全面清查既可以是定期清查，也可以是不定期清查。（　　）
9. 在進行庫存現金和存貨清查時，出納人員和實物保管人員不得在場。（　　）
10. 銀行存款餘額調節表編制完畢，若調節後餘額相符，表明帳簿記錄基本無錯誤。
　　　　　　　　　　　　　　　　　　　　　　　　　　　　　　　　　　（　　）

四、業務練習題

練習一

（一）目的：練習庫存材料清查結果的帳務處理。

（二）資料：某企業2015年3月進行材料清查，發現有四種材料與帳面數量不符：

1. A材料帳面餘額為4,800千克，單價5元，共計24,000元，實存為4,790千克，盤虧10千克，經查系材料定額內損耗，批准後轉入期間費用。

2. B材料帳面餘額為6,500千克，單價6元，共計39,000元，實存為6,590千克，盤盈90千克，經查系材料收發過程中計量誤差累計所致，批准後衝減期間費用。

3. C材料帳面餘額為398千克，單價45元，共計17,910元，清查時發現材料全部毀損，廢料估價480元已驗收入庫。經查是由於暴風雨襲擊倉庫所致，應由保險公司賠償12,000元。淨損失作為營業外支出處理。

4. D材料帳面餘額365千克，單價16元，共計5,840元，實存為360千克，盤虧5千克，經查系保管人員責任心不強造成的損失，經批准責令其賠償，賠款尚未收到。

（三）要求：根據以上經濟業務編制會計分錄。

練習二

（一）目的：練習固定資產清查的核算。

(二) 資料：某企業 2015 年 6 月對固定資產進行清查，發現以下帳實不符：

1. 盤盈機器設備一臺，重置價值為 80,000 元，經鑒定為七成新，批准後通過「以前年度損益調整」帳戶處理。

2. 盤虧機器設備一臺，帳面原值 32,000 元，已提取折舊 14,000 元，經批准將其淨值轉作營業外支出。

(三) 要求：根據以上經濟業務編制會計分錄。

練習三

(一) 目的：練習銀行存款的清查方法及銀行存款餘額調節表的編制。

(二) 資料：

1. 某工業企業 2015 年 9 月 20 日至月末的銀行存款日記帳所記經濟業務如下：

(1) 20 日開出轉帳支票#3678，支付購入材料的貨款 1,400 元。

(2) 21 日收到三木公司貨款 24,000 元。

(3) 24 日開出轉帳支票#4656，支付購料運雜費 700 元。

(4) 26 日開出轉帳支票#4700，支付下季度的房租 1,600 元。

(5) 27 日收到銷貨款轉帳支票#3822，金額 9,700 元。

(6) 30 日開出轉帳支票#5233，支付日常零星費用 200 元。

(7) 31 日銀行存款日記帳餘額 35,320 元。

2. 銀行對帳單所列 20 日至月末經濟業務如下：

(1) 20 日結算應付銀行存款利息 800 元。

(2) 22 日收到企業開出轉帳支票#3678，金額為 1,400 元。

(3) 24 日收到三木公司貨款 24,000 元。

(4) 26 日銀行為企業代付水電費 1,320 元。

(5) 27 日收到企業開出轉帳支票#4656 支付購料運雜費，金額為 700 元。

(6) 30 日代收外地企業匯來貨款 1,400 元。

(7) 31 日銀行對帳單餘額 26,700 元。

(三) 要求：根據以上資料，將企業銀行存款帳面記錄與銀行對帳單逐筆核對，查明未達帳項，編制「銀行存款餘額調節表」，並計算出調節後的銀行存款餘額。

練習四

(一) 目的：練習銀行存款餘額調節表的編制。

(二) 資料：某企業 2015 年 3 月 31 日銀行存款日記帳的帳面餘額是 24,000 元，銀行對帳單上的帳面餘額是 24,400 元。經逐筆核對，發現以下幾筆未達帳項：

1. 企業於月末收到其他單位的轉帳支票 2,500 元，企業已經入帳，銀行尚未入帳；

2. 企業於月末開出轉帳支票 1,500 元，企業已經入帳，銀行尚未入帳；

3. 企業委託銀行代收貨款 4,900 元，銀行已經入帳，企業尚未入帳；

4. 銀行代企業支付水費 3,500 元，銀行已經入帳，企業尚未入帳。

（三）要求：根據上述資料，編制銀行存款餘額調節表。

練習五

（一）目的：練習應收應付款項清查的核算。

（二）資料：某工業企業 2015 年 12 月清查往來帳項時，發現以下業務長期掛在帳上：

1. 長期掛在帳上的應付甲廠貨款的尾數 32 元，由於對方機構撤銷無法支付，經批准作為營業外收入處理。

2. 沒收逾期未退回的包裝物押金 480 元，經批准作為其他業務收入處理。

3. 職工張某暫借款 45 元，由於該職工調出企業，無法收回，經批准作為期間費用處理。

4. 由於對方單位撤銷，造成應收而無法收回的企業銷貨款 400 元，經批准作為期間費用處理。

（三）要求：根據以上經濟業務編制會計分錄。

第九章　財務會計報告

【學習目標】通過本章的學習，學生應理解財務會計報告的概念、作用和構成；瞭解財務會計報表的種類和編制要求；掌握資產負債表和利潤表的基本結構、主要內容和編制方法，瞭解現金流量表、所有者權益變動表和財務報表附註的基本內容。

【引導案例】「瓊民源」，全稱海南現代農業發展股份有限公司，曾經是中國股市1996年最耀眼的「大黑馬」之一，股價全年漲幅高達1,059%。後來，公司因被指控製造虛假財務會計報告而受到查處，公司股票也從1997年3月1日起停牌。在經過一年多的調查後，1998年4月29日，中國證監會公布了對「瓊民源」案的調查結果和處理意見。調查發現，「瓊民源」1996年年報中所稱的5.71億元利潤中，有5.66億元是虛構的，並已虛增了6.57億元資本公積金。「瓊民源」在1996年以虛假年報嚴重誤導投資者，使股價在短時間內扶搖直上，大批股民高位套牢，構成中國證券史上最嚴重的一起證券詐欺案。儘管製造虛假財務數據的違法犯罪者受到了應有的懲罰，但廣大投資者已遭受嚴重損失。

通過上述案例思考：財務會計報表的編制有哪些要求，對信息使用者有什麼重要意義？

第一節　財務會計報告概述

一、財務會計報告的概念和作用

財務會計報告是企業對外提供的、反應企業某一特定日期的財務狀況以及某一會計期間的經營成果和現金流量等的書面文件。編制財務會計報告是對一定期間經濟業務進行會計匯總核算所採用的方法。

企業日常發生的各項經濟業務首要進行日常的會計核算，即填制和審核會計憑證，並按有關規定登記會計帳簿。會計憑證和會計帳簿是會計信息的兩個重要載體，通過對發生的每一項經濟業務事項按照會計核算的要求進行有關會計確認、計量、記錄後，便形成了相應的分類會計信息。但是，這些會計信息對於會計信息利用者來說，仍然被認為是分散和零星的，缺乏概括和綜合，信息利用者難以從中全面地看清企業在一定時期的財務狀況和一定期間的經營成果以及現金流量情況。因此，企業還必須在帳簿登記的基礎上，對會計信息進行進一步的加工整理及匯總，按照會計信息利用者的要求，編制完整的財務會計報告文件。財務會計報告對有關會計信息利用者來說，

具有三個方面的作用。

（一）能向投資人、債權人提供決策所需要的信息

財務會計報告可以提供企業財務狀況和償債能力、盈利能力等信息，作為投資人、債權人決策的依據。

（二）有利於財政、稅務、審計等部門加強企業的管理和監督

財稅部門利用財務會計報表所提供的資料，可以瞭解企業資金籌集和運用是否合理，檢查企業稅收、利潤計劃的完成情況以及有無違反稅法和財經紀律的現象；審計部門利用財務會計報表可以瞭解企業財務狀況和經營情況及財經政策、法令和紀律執行情況，從而為進行財務審計和經濟效益審計提供必要的資料。

（三）有助於企業加強和改善經營管理，提高經濟效益

利用財務會計報表所提供的資料，可以幫助企業領導和管理人員分析檢查企業的經濟活動是否符合製度規定；考核企業資金、成本、利潤等計劃指標完成程度；分析評價經營管理中的優點和缺點，採取措施，改善經營管理，提高經濟效益。

二、企業財務會計報告的構成

企業財務會計報告分為年度、半年度、季度和月度財務會計報告。其中，月報要求簡明扼要，及時反應；年報要求提示完整，反應全面；季報和半年報在會計信息的詳細程度方面介於月報和年報之間。半年度、季度和月度財務會計報告統稱為中期財務報告。

《企業會計製度》規定，年度、半年度財務會計報告應當包括：

(1) 會計報表，包括資產負債表、利潤表、現金流量表和相關附表；
(2) 會計報表附註；
(3) 財務情況說明書。

財務會計報表是財務會計報告的主要組成部分，它們分別從不同的角度反應了企業的財務狀況、經營成果和現金流量情況。其中，資產負債表是反應企業某一特定日期財務狀況的報表，利潤表是反應企業在一定期間經營成果及其分配情況的報表；現金流量表是反應企業在一定期間內現金及現金等價物流入和流出情況的報表。這三張報表從動態和靜態角度來看，資產負債表反應的是企業一定時點上關於財務狀況的靜態信息，是一種靜態報表；利潤表和現金流量表反應的是企業在一定期間關於經營成果的動態信息，是一種動態報表。資產負債表、利潤表和現金流量表構成了企業對外報送的三大基本會計報表。

財務會計報表還包括有關附表，主要是指利潤分配表、股東權益增減變動表等。其中，利潤分配表主要提供企業一定會計期間利潤分配的信息，股東權益增減變動表主要提供企業在一定會計期間內股東權益各項目增減變動情況的信息。

三、財務會計報表的分類

為了全面地認識財務會計報表內容體系，加深對財務會計報表內容體系的理解，

摸清其變化規律，我們需要從不同的角度，對財務會計報表進行分類研究。

(一) 按財務會計報表所反應資金運動的性質劃分

企業從事的生產經營活動用貨幣表現就是資金運動。運動的形態有靜態和動態之分。財務會計報表是對企業生產經營過程中的財務狀況和經營成果進行的綜合反應，所以其內容也會有靜態表現和動態表現，從而構成了靜態報表和動態報表。

1. 靜態報表

靜態報表是指反應資金運動處於相對靜止狀態下的報表，即表示某一特定時日的資產、負債和所有者權益等基本財務狀況的報表，這類報表就是資產負債表。所以，資產負債表可以說是綜合反應某一特定日期（通常為月末、季末、半年末或年末）基本財務情況的報表。靜態報表始終處於企業經營活動期間的開始和結束兩個時日上，通過這兩個不同時日上資產負債表的對比，可以看出本期經營對基本財務狀況的影響結果。

2. 動態報表

動態報表是用以表現企業在一定期間內的經營成果的形成及經營中對現金增減變化施加影響的報表。這類報表有利潤表、現金流量表和所有者權益變動表。動態報表是處於經營期間內的報表，在時間表示上都是月度、季度、半年度或年度。

就一個會計期間來說，靜態報表處於會計期間的起點和終點，動態報表處於會計期間內。通過終點和起點的兩個靜態報表的對比，可以看出經過該會計期間後基本財務狀況的變化結果。會計期間內的動態報表可以充分揭示本期企業從事經營活動所創造的經營成果和籌資活動、經營活動、財務活動及分配活動等對靜態列示的變化結果的影響大小及其原因。這樣，通過動、靜的有機結合，就可充分完整地表現整個企業的財務狀況和經營成果，也為了解分析各會計報表之間的內在勾稽關係提供了理論依據。

(二) 按財務會計報表的時間屬性劃分

會計分期，是會計核算的基本前提之一。財務會計報表就是依據會計分期的要求，對企業的經營活動進行分期揭示。因此，每個財務會計報表的內容，都要有特定的會計期間限制。各種會計信息報表究竟應取多長的會計期間，主要取決於財務會計報表的內容和會計信息利用者的要求。

中國會計期間是以公曆年度來劃分的，在此基礎上又進一步劃分為自然季度和月份，所以也就有月度、季度、半年度和年度財務會計報表之分。

1. 中期財務會計報表

中期是指短於一個會計年度的期間，所以，月度和季度、半年度財務會計報表統稱為中期財務會計報表，可以快速報送給有關會計信息利用者，使其及時瞭解企業的經營情況。中期財務會計報表包括資產負債表、利潤表、現金流量表、所有者權益變動表和附註。中期財務會計報表的財務報表應當是完整的，財務報表附註可以按照重要性原則要求予以披露。

2. 年度財務會計報表

年度財務會計報表是一種決算總結，會計信息利用者據此瞭解年度內全部經營情況。因此，年度財務會計報表應當包括完整的財務報表和附註。

(三) 按財務會計報表利用者同企業的關係劃分

財務會計報表使用者有外部的利害關係者，如主管財政機關、稅務機關、投資者、債權人等，也有企業內部經營管理者，他們各自從不同的角度對財務會計報表提出了不同的要求，因此形成了外部財務會計報表和內部財務會計報表。本書所講的財務會計報表指的是外部財務會計報表。

1. 外部財務會計報表

外部財務會計報表是向企業外部的所有利害關係人公開的財務會計報表，包括資產負債表、利潤表、現金流量表、所有者權益變動表以及財務報表附註等。

2. 內部財務會計報表

內部財務會計報表是為企業內部經營管理者提供的經營管理所需的財務會計報表，其內容大部分涉及企業的經營秘密，如主要產品生產成本表、製造費用明細表、管理費用明細表等，這些財務會計報表都是不宜公開揭示的，具體內容和格式完全由企業自主決定，國家不作硬性要求。

(四) 按財務會計報表的空間範圍劃分

財務會計報表按照提供信息的空間範圍的不同，可分為個別財務會計報表和合併財務會計報表。

1. 個別財務會計報表

個別財務會計報表是直接以各企業的會計帳簿記錄編制的財務會計報表，這是最基本的財務會計報表，任何企業都必須編制本單位的財務會計報表。

2. 合併財務會計報表

合併財務會計報表是在符合編制合併財務會計報表的前提下，由母公司採用一定方法將企業集團和成員企業的個別財務會計報表合併在一起編制的財務會計報表。

四、財務會計報表的編制要求

財務會計報表是會計部門提供會計信息資料的重要手段。為了充分發揮財務會計報表的作用，保證財務會計報表所提供的信息質量，在編制財務會計報表時，必須嚴格遵守四個基本要求。

(一) 數字真實

編制財務會計報表必須符合國家宏觀經濟管理、有關法律法規的要求，如實反應財務狀況和經營情況，不能用估計數代替實際數，必須做到數字真實、計算準確，以保證財務會計報表的真實性。任何人不得篡改或授意、指示、強令他人篡改會計報表的有關數字。必須做到按期結帳，認真對帳和進行財產清查，在結帳、對帳和財產清

查的基礎上，通過編制總分類帳戶本期發生額試算平衡表以驗算帳目有無錯漏，為正確編制財務會計報表提供可靠的數據。在編報以後，還必須認真複核，做到帳表相符，報表與報表之間有關數字銜接一致。

(二) 內容完整

財務會計報表應滿足有關各方面瞭解本企業財務狀況、經營成果和財務變動狀況的需要，必須按照財政部規定的報表種類、格式和內容編制，以保證財務會計報表的完整性。對不同的會計期間（月、季、年）應當編報的各種財務會計報表，必須編報齊全；應當填列的報表指標，無論是表內項目，還是補充資料，必須全部填列；應當匯總編制的所屬各單位的財務會計報表，必須全部匯總，不得漏編、漏報。

(三) 清晰明了

財務會計報表應當清晰明了，便於理解和利用。在內容完整的基礎上，財務會計報表還應該做到重點突出。對於重要的經濟業務，應單獨反應，不重要的業務，可簡化、合併反應，提高報表的效用。對於需要加以說明的問題，應附有簡要的文字說明。對財務會計報表中主要指標的構成和計算方法，本報表期間發生的特殊情況，如經營範圍的變化、經營結構變更以及對本報表期經濟效益影響較大的各種因素，都必須加以說明。

(四) 報送及時

財務會計報表必須遵照國家或上級機關規定的期限和程序，及時編制和報送，以保證報表的及時性。要保證財務會計報表編報及時，必須加強日常的核算工作，認真做好記帳、算帳、對帳、財產清查、調整帳面的工作；加強會計人員的配合協作，使財務會計報表編報及時。按照規定，月度中期財務會計報表應於月份終了後 6 天內（節假日順延，下同）對外提供；季度中期財務會計報表應於季度終了後 15 天內對外提供；半年度中期財務會計報表應於年度中期結束後 60 天內（相當於兩個連續月份）對外提供；年度財務會計報表應於年度終了後 4 個月內對外提供。

五、財務會計報告編制前的準備工作

(一) 全面財產清查

企業在編制年度財務會計報告前，應當按照下列規定，全面清查財產、核實債務：

(1) 結算款項，包括應收款項、應付款項、應交稅金等是否存在，與債務、債權單位的相應債務、債權金額是否一致。

(2) 原材料、在產品、自製半成品、庫存商品等各項存貨的實存數量與帳面數量是否一致，是否有報廢損失和積壓物資等。

(3) 各項投資是否存在，投資收益是否按照國家統一會計製度規定進行確認和計量。

(4) 房屋建築物、機器設備、運輸工具等各項固定資產的實存數量與帳面數量是否一致。

（5）在建工程的實際發生額與帳面記錄是否一致。
（6）需要清查、核實的其他內容。

（二）檢查會計事項的處理結果

企業在編制財務會計報告前，除應當全面清查資產、核實債務外，還應當完成下列工作：

（1）核對各會計帳簿記錄與會計憑證的內容、金額等是否一致，記帳方向是否相符。

（2）依照規定的結帳日進行結帳，結出有關會計帳簿的餘額和發生額，並核對各會計帳簿之間的餘額。

（3）檢查相關的會計核算是否按照國家統一會計製度的規定進行。

（4）對於國家統一會計製度中沒有規定統一核算方法的交易、事項，檢查其是否按照會計核算的一般原則進行確認和計量以及相關帳務處理是否合理。

（5）檢查是否存在因會計差錯、會計政策變更等原因需要調整前期或者本期相關項目的情況。

企業編制年度和半年度財務會計報告時，對經查實後的資產、負債有變動的，應當按照資產、負債的確認和計量標準進行確認和計量，並按照國家統一會計製度的規定進行相應的會計處理。

第二節　資產負債表

一、資產負債表的概念和作用

資產負債表是反應企業在某一特定日期財務狀況的報表。「某一特定日期」是指月末、季末、半年末、年末，因此說資產負債表是靜態報表。「財務狀況」是指全部資產、負債和所有者權益總額、構成等情況。資產負債表反應的是企業在某一特定日期的資產、負債及所有者權益的基本財務狀況，是企業會計三大基本要素的綜合體現。因此，資產負債表設計的基本理論依據應當是「資產＝負債+所有者權益」這一會計等式。

資產負債表的作用：（1）可以提供某一日期企業所擁有的各項經濟資源（資產）及其分布的情況，據此分析企業資產結構的合理性。（2）可以提供某一日期企業所負擔的債務（流動和非流動負債）及其構成，表明企業未來需要用多少資產或勞務清償債務及清償的時間。（3）可以反應企業所有者在企業擁有的權益，並結合負債分析企業資本結構的合理性和面臨的財務風險。（4）可以通過對資產結構與負債、所有者權益構成進行對比分析，瞭解企業的償債能力。償債能力是指以資產償付債務的能力，一般分為短期償債能力和長期償債能力。短期償債能力取決於企業可以及時變現的流動資產的多少，而長期償債能力則取決於企業的資本結構和盈利能力。通過資產負債表可以計算流動比率、速動比率，以瞭解企業的短期償債能力；通過資產負債表可以

計算資產負債率，以瞭解企業償付到期長期債務的能力。

二、資產負債表的結構

資產負債表由表頭、表體、表尾等部分組成。表頭部分應列明報表名稱、編表單位名稱、編制日期和金額計量單位；表體部分反應資產、負債和所有者權益的內容；表尾部分為補充說明。其中，表身部分是資產負債表的主體和核心。

資產負債表的格式主要有帳戶式和報告式兩種。根據中國《企業會計製度》的規定，中國企業的資產負債表採用帳戶式結構。帳戶式資產負債表分左右兩方，將資產列示在報表的左方，負債和所有者權益列示在報表的右方。帳戶式資產負債表如表9-1所示。

1. 資產項目的列示

企業的資產根據流動性的大小分為流動資產和非流動資產兩類，第一類又按流動性大小自上而下分項列示。企業在正常經營中，根據需要，一旦非流動資產形成以後，其效益的好壞很大程度上取決於流動資產週轉的快慢，因此，無論是企業的經營者，還是外部的利害關係者，首先關心的都是流動資產，所以根據這一基本原理，在資產排列上，應是先排列流動資產，後排列非流動資產。其中流動資產的排列按其變現能力的強弱來排序。例如「貨幣資金」的流動性最強，所以排在資產類的最前面，而流動性稍差的「交易性金融資產」「存貨」等便排在後面了。資產類的各項目排列如表9-1所示。

2. 負債項目的列示

企業的負債根據償還期限的長短，有流動負債和非流動負債之分，在還款順序上也是先償還流動負債，後償還非流動負債。因此，負債項目的排列也應是流動負債在前，非流動負債在後，並且每部分也應該按償還的先後順序具體排列各項目。負債項目的排列具體如表9-1所示。

3. 所有者權益項目的排列

所有者權益項目按來源分為實收資本、資本公積金、盈餘公積金以及未分配利潤，這些權益中起根本性作用的是實收資本，因此，所有者權益的各項目應按其作用大小來排序。所有者權益項目的排列如表9-1所示。

表9-1　　　　　　　　　　　　　　資產負債表

會企01表

編制單位：　　　　　　　　　　　年　月　日　　　　　　　　　單位：

資產	行次	年初數	期末數	負債和所有者權益（或股東權益）	行次	年初數	期末數
流動資產：				流動負債：			
貨幣資金				短期借款			
以公允價值計量且其變動計入當期損益的金融資產				以公允價值計量且其變動計入當期損益的金融負債			

表9-1(續)

資產	行次	年初數	期末數	負債和所有者權益 （或股東權益）	行次	年初數	期末數
應收票據				應付票據			
應收帳款				應付帳款			
預付款項				預收款項			
應收利息				應付職工薪酬			
應收股利				應交稅費			
其他應收款				應付利息			
存貨				應付股利			
一年內到期的非流動資產				其他應付款			
其他流動資產				一年內到期的非流動負債			
流動資產合計				其他流動負債			
非流動資產：				流動負債合計			
可供出售金融資產				非流動負債：			
持有至到期投資				長期借款			
長期應收款				應付債券			
長期股權投資				長期應付款			
投資性房地產				專項應付款			
固定資產				預計負債			
在建工程				遞延收益			
工程物資				遞延所得稅負債			
固定資產清理				其他非流動負債			
生產性生物資產				非流動負債合計			
油氣資產				負債合計			
無形資產				所有者權益 （或股東權益）：			
開發支出				實收資本（或股本）			
商譽				資本公積			
長期待攤費用				減：庫存股			
遞延所得稅資產				其它綜合收益			
其他非流動資產				盈餘公積			
非流動資產合計				未分配利潤			
				所有者權益 （或股東權益）合計			
資產總計				負債和所有者權益 （或股東權益）總計			

三、資產負債表的編制

(一) 年初數

資產負債表「年初數」欄內各項數字，應根據上年末資產負債表「期末數」欄內所列數字填列。如果上年度資產負債表規定的各個項目的名稱和內容同本年度不一致，應對上年年末資產負債表各項目的名稱和數字按照本年度的規定進行調整，填入本表「年初數」欄內。

(二) 年末數

資產負債表「期末數」欄內各項數字，主要根據資產、負債和所有者權益全部總分類帳戶和有關明細分類帳戶的期末餘額填列，其填列方法可歸納為六種。

1. 直接根據總分類帳戶期末餘額填列

大多數報表項目都可以根據總帳餘額直接填列，如「應收票據」「應收股利」「累計折舊」「短期借款」「實收資本」「資本公積」等項目。

2. 根據幾個總分類帳戶期末餘額分析計算填列

有些報表項目需要根據若干分類帳戶餘額計算填列。如「貨幣資金」項目根據現金、銀行存款和其他貨幣資金帳戶餘額之和填列。1~11月份的「未分配利潤」項目應根據「本年利潤」帳戶期末貸方（或借方）餘額加（或減）「利潤分配」帳戶期末貸方（或借方）餘額合計填列。如為虧損，以負號列示。

3. 根據幾個明細分類帳戶期末餘額分析計算填列

資產負債表中的有些項目，不能根據某個總帳科目的期末餘額，或幾個總帳科目的期末餘額計算填列，而是需要根據若干明細分類帳戶餘額計算填列。如「應付帳款」項目，需要根據「應付帳款」和「預付帳款」兩個科目分別所屬的相關明細科目的期末貸方餘額計算填列；「應收帳款」項目，需要根據「應收帳款」和「預收帳款」兩個科目分別所屬的相關明細科目的期末借方餘額計算填列。

4. 根據總分類帳戶期末餘額與明細帳分類帳戶期末餘額分析計算填列

資產負債表的許多項目，不能根據有關總帳科目的期末餘額直接或計算填列，也不能根據有關科目所屬相關明細科目的期末餘額計算填列，需要依據總帳科目和明細科目兩者的餘額分析計算填列。如「長期借款」項目，需要根據「長期借款」總帳科目餘額扣除「長期借款」科目所屬的明細科目中將在一年內到期的長期借款部分分析計算填列。

5. 根據資產帳戶期末餘額與備抵帳戶期末餘額抵消後的淨額填寫

為了貫徹謹慎性原則，反應企業期末持有的相應資產的實際價值，各項資產應當以扣減提取的相應資產減值準備後的淨額填列。如資產負債表中的「應收帳款」，應根據「應收帳款」科目餘額減去「壞帳準備」科目餘額後的淨額填列；「長期股權投資」項目，應根據「長期股權投資」科目餘額減去「長期股權投資減值準備」科目餘額後的淨額填列；「固定資產」項目，應根據「固定資產」科目期末餘額減去「累計折舊」「固定資產減值準備」科目餘額後的淨額填列；「無形資產」項目，應根據「無形資產」科目期末餘額減去「累計攤銷」「無形資產減值準備」科目餘額後的淨額填列。

6. 綜合運用上述填列方法分析填列

資產負債表的有些項目，需要綜合運用上述填列方法分析填列，如資產負債表中的「存貨」項目，需根據「原材料」「庫存商品」「委託加工物資」「週轉材料」「材料採購」「在途物資」「發出商品」「材料成本差異」等總帳科目期末餘額的分析匯總數，再減去「存貨跌價準備」備抵科目餘額後的金額填列。

(三) 資產負債表各項目的具體填列方法

根據《企業會計製度》的規定，資產負債表中主要項目的填列方法如下：

(1)「貨幣資金」項目。該項目反應企業庫存現金、銀行基本存款戶存款、銀行一般存款戶存款、外埠存款、銀行匯票存款等的合計數，應根據「現金」「銀行存款」「其他貨幣資金」帳戶的期末餘額合計數填列。

(2)「以公允價值計量且其變動計入當期損益的金融資產」項目。該項目反應企業持有的以公公允價值計量且其變動計入當期損益的為交易目的所持有的債券投資、股票投資、基金投資、權證投資等金融資產，應根據「交易性金融資產」科目和在初始確認時指定為以公允價值計量且其變動計入當期損益的金融資產科目的期末餘額填列。

(3)「應收票據」項目。該項目反應企業收到的未到期收款也未向銀行貼現的商業承兌匯票和銀行承兌匯票等應收票據餘額，減去已計提的壞帳準備後的淨額，應根據「應收票據」帳戶的期末餘額減去「壞帳準備」帳戶中有關應收票據計提的壞帳準備餘額後的金額填列。

(4)「應收帳款」項目。該項目反應企業因銷售商品、提供勞務等而應向購買單位收取的各種款項，減去已計提的壞帳準備後的淨額，應根據「應收帳款」和「預收帳款」帳戶所屬各明細帳戶的期末借方餘額合計，減去「壞帳準備」帳戶中有關應收帳款計提的壞帳準備期末餘額後的金額填列。

(5)「預付帳款」項目。該項目反應企業預收的款項，減去已計提的壞帳準備後的淨額，應根據「預付帳款」和「應付帳款」帳戶所屬各明細帳戶的期末借方餘額合計，減去「壞帳準備」帳戶中有關預付帳款計提的壞帳準備期末餘額後的金額填列。

(6)「應收利息」項目。該項目反應企業因持有交易性金融資產、持有至到期投資和可供出售金融資產等而應收取的利息，應根據「應收利息」帳戶的期末餘額填列。

(7)「應收股利」項目。該項目反應企業應收取的現金股利和應收取其他單位分配的利潤，應根據「應收股利」帳戶期末餘額填列。

(8)「其他應收款」項目。該項目反應企業對其他單位和個人的應收和暫付的款項，減去已計提的壞帳準備後的淨額，應根據「其他應收款」帳戶的期末餘額，減去「壞帳準備」帳戶中有關其他應收款計提的壞帳準備期末餘額後的金額填列。

(9)「存貨」項目。該項目反應企業期末在庫、在途和在加工中的各項存貨的可變現淨值，包括各種原材料、商品、在產品、半成品、發出商品、包裝物、低值易耗品和委託代銷商品等。本項目應根據「在途物資（材料採購）」「原材料」「庫存商品」「週轉材料」「委託加工物資」「生產成本」和「勞務成本」等帳戶的期末餘額合計，減去「存貨跌價準備」帳戶期末餘額後的金額填列。材料採用計劃成本核算、庫存商

品採用計劃成本或售價核算的小企業，應按加或減材料成本差異、減商品進銷差價後的金額填列。

（10）「一年內到期的非流動資產」項目。該項目反應企業非流動資產項目在一年內到期的金額，包括一年內到期的持有至到期投資、長期待攤費用和一年內可收回的長期應收款。本項目應根據上述帳戶分析計算後填列。

（11）「其他流動資產」項目。該項目反應企業除以上流動資產項目外的其他流動資產，應根據有關帳戶的期末餘額填列。

（12）「可供出售金融資產」項目。該項目反應企業持有的可供出售金融資產的公允價值，應根據「可供出售金融資產」帳戶期末餘額填列。

（13）「持有至到期投資」項目。該項目反應企業持有至到期投資的攤餘價值，應根據「持有至到期投資」帳戶期末餘額減去一年內到期的投資部分和「持有至到期投資減值準備」帳戶期末餘額後填列。

（14）「長期股權投資」項目。該項目反應企業不準備在1年內（含1年）變現的各種股權性質投資的帳面餘額，減去減值準備後的淨額，應根據「長期股權投資」帳戶的期末餘額減去「長期股權投資減值準備」帳戶期末餘額後填列。

（15）「固定資產」項目。該項目反應企業固定資產的淨值，應根據「固定資產」帳戶期末餘額，減去「累計折舊」和「固定資產減值準備」帳戶期末餘額後填列。

（16）「工程物資」項目。該項目反應企業為在建工程準備的各種物資的價值，應根據「工程物資」帳戶期末餘額，減去「工程物資減值準備」帳戶期末餘額後填列。

（17）「在建工程」項目。該項目反應企業尚未達到預定可使用狀態的在建工程價值，應根據「在建工程」帳戶期末餘額，減去「在建工程減值準備」帳戶期末餘額後填列。

（18）「固定資產清理」項目。該項目反應企業因出售、毀損、報廢等原因轉入清理但尚未清理完畢的固定資產的帳面價值，以及固定資產清理過程中所發生的清理費用和變價收入等各項金額的差額。本項目應根據「固定資產清理」帳戶的期末借方餘額填列，如「固定資產清理」帳戶期末為貸方餘額，以「-」號填列。

（19）「無形資產」項目。該項目反應企業持有的各項無形資產的淨值，應根據「無形資產」帳戶期末餘額，減去「累計攤銷」和「無形資產減值準備」帳戶的期末餘額後填列。

（20）「研發支出」項目。該項目反應企業開發無形資產過程中發生的、尚未形成無形資產成本的支出，應根據「開發支出」帳戶的期末餘額填列。

（21）「遞延所得稅資產」項目。該項目反應企業因可抵扣暫時性差異形成的遞延所得稅資產，應根據「遞延所得稅資產」帳戶期末餘額填列。

（22）「其他非流動資產」項目。該項目反應企業除以上資產以外的其他長期資產，應根據有關帳戶的期末餘額填列。

（23）「短期借款」項目。該項目反應企業借入尚未歸還的1年期以下（含1年）的借款，應根據「短期借款」帳戶的期末餘額填列。

（24）以「公允價值計量且其變動計入當期損益的金融負債」項目。該項目反應企

業承擔的以公允價值計量且其變動計入當期損益的為交易目的所持有的金融負債，應根據「交易性金融負債」科目的期末餘額填列。

（25）「應付票據」項目。該項目反應企業為了抵付貨款等而開出並承兌的、尚未到期付款的應付票據，包括銀行承兌匯票和商業承兌匯票。本項目應根據「應付票據」帳戶的期末餘額填列。

（26）「應付帳款」項目。該項目反應企業購買原材料、商品和接受勞務供應等而應付給供應單位的款項，應根據「應付帳款」和「預付帳款」帳戶所屬各明細帳戶的期末貸方餘額合計填列。

（27）「預收帳款」項目。該項目反應企業按合同規定預收的款項，應根據「預收帳款」和「應收帳款」帳戶所屬各明細帳戶的期末貸方餘額合計填列。

（28）「應付職工薪酬」項目。該項目反應企業應付未付的工資以及社會保險費等職工薪酬，應根據「應付職工薪酬」帳戶的期末貸方餘額填列，如「應付職工薪酬」帳戶期末為借方餘額，以「－」號填列。

（29）「應交稅費」項目。該項目反應企業期末未交、多交或未抵扣的各種稅金，應根據「應交稅費」帳戶的期末貸方餘額填列，如「應交稅費」帳戶期末為借方餘額，以「－」號填列。

（30）「應付利息」項目。該項目反應企業應付未付的各種利息，應根據「應付利息」帳戶期末餘額填列。

（31）「應付股利」項目。該項目反應企業尚未支付的現金股利或利潤，應根據「應付股利」帳戶的期末餘額填列。

（32）「其他應付款」項目。該項目反應企業所有應付和暫收其他單位和個人的款項，應根據「其他應付款」帳戶的期末餘額填列。

（33）「一年內到期的非流動負債」項目。該項目反應企業各種非流動負債在一年之內到期的金額，包括一年內到期的長期借款、長期應付款和應付債券。本項目應根據上述帳戶分析計算後填列。

（34）「其他流動負債」項目。該項目反應企業除以上流動負債以外的其他流動負債，應根據有關帳戶的期末餘額填列。

（35）「長期借款」項目。該項目反應企業借入尚未歸還的1年期以上（不含1年）的各期借款，應根據「長期借款」帳戶的期末餘額減去一年內到期部分的金額填列。

（36）「應付債券」項目。該項目反應企業尚未償還的長期債券攤餘價值，應根據「應付債券」帳戶期末餘額減去一年內到期部分的金額填列。

（37）「長期應付款」項目。該項目反應企業除長期借款、應付債券以外的各種長期應付款，應根據「長期應付款」帳戶的期末餘額，減去「未確認融資費用」帳戶期末餘額和一年內到期部分的長期應付款後填列。

（38）「遞延所得稅負債」項目。該項目反應企業根據應納稅暫時性差異確認的遞延所得稅負債，應根據「遞延所得稅負債」帳戶期末餘額填列。

（39）「其他非流動負債」項目。該項目反應企業除以上長期負債項目以外的其他長期負債，應根據有關帳戶的期末餘額填列。

(40)「實收資本」項目。該項目反應企業各投資者實際投入的資本總額，應根據「實收資本（股本）」帳戶的期末餘額填列。

(41)「資本公積」項目。該項目反應企業資本公積的期末餘額，應根據「資本公積」帳戶的期末餘額填列，其中「庫存股」按「庫存股」帳戶餘額填列。

(42) 其它綜合收益項目。該項目反應企業其他綜合收益的期末餘額，應根據「其它綜合收益」科目的期末餘額填列。

(43)「盈餘公積」項目。該項目反應企業盈餘公積的期末餘額，應根據「盈餘公積」帳戶的期末餘額填列。

(44)「未分配利潤」項目。該項目反應企業尚未分配的利潤，應根據「本年利潤」帳戶和「利潤分配」帳戶的期末餘額計算填列，如未彌補的虧損，在本項目內以「-」號填列。

(四) 資產負債表編製方法舉例

【例9.1】思創公司2015年年末有關帳戶資料如表9-2所示。

表9-2　　　　　　思創公司2015年12月31日有關帳戶餘額表

單位：元

帳戶名稱	借方餘額	貸方餘額	帳戶名稱	借方餘額	貸方餘額
庫存現金	30,000		短期借款		220,000
銀行存款	260,000		應付票據		200,000
其他貨幣資金	215,000		應付帳款		500,000
交易性金融資產	35,000		預收帳款		20,000
應收票據	45,000		應付職工薪酬		125,000
應收股利	25,000		應付股利		90,000
應收利息	20,000		應交稅費		40,000
應收帳款	266,000		其他應付款		30,000
壞帳準備		5,000	長期借款		500,000
預付帳款	70,000		實收資本		1,500,000
其他應收款	9,000		資本公積		79,000
原材料	360,000		盈餘公積		156,000
庫存商品	220,000		利潤分配		262,500
生產成本	215,000				
存貨跌價準備		30,000			
可供出售金融資產	387,500				
長期股權投資	160,000				
長期股權投資減值準備		20,000			
固定資產	1,800,000				
累計折舊		550,000			
在建工程	130,000				
無形資產	80,000				
合計	4,327,500	605,000	合計		3,722,500

說明：有關債權債務明細帳戶餘額情況如下：

應收帳款——甲　276,000 元（借）　　應付帳款——A　520,000 元（貸）
應收帳款——乙　 10,000 元（貸）　　應付帳款——B　 20,000 元（借）
預收帳款——丙　 25,000 元（貸）　　預付帳款——C　100,000 元（借）
預收帳款——丁　 5,000 元（借）　　預付帳款——D　 30,000 元（貸）

將上列資料經歸納分析後填入資產負債表有關項目如下：

（1）貨幣資金項目餘額，應將「庫存現金」「銀行存款」「其他貨幣資金」科目餘額合併列入，共計 505,000 元（30,000 元+260,000 元+215,000 元＝505,000 元）；

（2）應收帳款項目的餘額，應為應收帳款明細帳的借方餘額加上預收帳款明細帳的借方餘額減去壞帳準備貸方餘額，共計 276,000 元（276,000 元+5,000 元-5,000 元＝276,000 元）；

（3）預付款項項目的餘額，應為預付帳款明細帳的借方餘額加上應付帳款明細帳的借方餘額，共計 120,000 元（100,000 元+20,000 元＝120,000 元）；

（4）預收款項項目的餘額，應為預收帳款明細帳的貸方餘額加上應收帳款明細帳的貸方餘額，共計 35,000 元（25,000 元+10,000 元＝35,000 元）；

（5）應付帳款項目的餘額，應為應付帳款明細帳的貸方餘額加上預付帳款明細帳的貸方餘額，共計 550,000 元（520,000 元+30,000 元＝550,000 元）；

（6）存貨項目餘額，應為「原材料」「庫存商品」「生產成本」存貨帳戶餘額合計減去計提的存貨跌價準備，共計 765,000 元（360,000 元+220,000 元+215,000 元-30,000 元＝765,000 元）；

（7）長期股權投資項目的餘額，應為「長期股權投資」帳戶餘額減去「長期股權投資減值準備」帳戶餘額，共計 140,000 元（160,000 元-20,000 元＝140,000 元）；

（8）固定資產帳戶的餘額，應為「固定資產」帳戶餘額減去計提的「累計折舊」，共計 1,250,000元（1,800,000 元-550,000 元＝1,250,000 元）；

（9）其餘各項目按帳戶餘額表數字直接填入報表。

編制思創公司 2015 年資產負債表，如表 9-3 所示。

表 9-3　　　　　　　　　　　　　　**資產負債表**

編制單位：思創公司　　　　　　2015 年 12 月 31 日　　　　　　　　　　單位：元

資產	期末餘額	年初餘額	負債和所有者權益（或股東權益）	期末餘額	年初餘額
流動資產：			流動負債：		
貨幣資金	505,000		短期借款	220,000	
以公允價值計量且其變動計入當期損益的金融資產	35,000		以公允價值計量且其變動計入當期損益的金融負債		
應收票據	45,000		應付票據	200,000	
應收帳款	276,000		應付帳款	550,000	
預付款項	120,000		預收款項	35,000	
應收利息	25,000		應付職工薪酬	125,000	
應收股利	20,000		應交稅費	40,000	
其他應收款	9,000		應付利息		
存貨	765,000		應付股利	90,000	
一年內到期的非流動資產			其他應付款	30,000	
其他流動資產			一年內到期的非流動負債		
流動資產合計	1,800,000		其他流動負債		
非流動資產：		(略)	流動負債合計	1,290,000	(略)
可供出售金融資產	387,500		非流動負債：		
持有至到期投資			長期借款	500,000	
長期應收款			應付債券		
長期股權投資	140,000		長期應付款		
投資性房地產			專項應付款		
固定資產	1,250,000		預計負債		
在建工程	130,000		遞延收益		
工程物資			遞延所得稅負債		
固定資產清理			其他非流動負債		
生產性生物資產			非流動負債合計	500,000	
油氣資產			負債合計	1,790,000	
無形資產	80,000		所有者權益（或股東權益）：		
開發支出			實收資本（或股本）	1,500,000	
商譽			資本公積	79,000	
長期待攤費用			減：庫存股		
遞延所得稅資產			其它綜合收益		
其他非流動資產			盈餘公積	156,000	
非流動資產合計	1,987,500		未分配利潤	262,000	
			所有者權益（或股東權益）合計	1,997,500	
資產總計	3,787,500		負債和所有者權益（或股東權益）總計	3,787,500	

第三節　利潤表

一、利潤表的概念和作用

利潤表是反應企業在一定期間的經營成果及其分配情況的報表。一定會計期間可以是一個月、一個季度、一個半年，也可以是一年，因此我們也稱利潤表為動態報表。利潤表反應企業在一定時期內淨利潤的形成或虧損的發生。

利潤表的作用有：（1）可以瞭解企業在一定期間內獲取經營成果的大小，借以考察企業的經營業績和獲利能力；（2）通過利潤表中損益計算的過程及利潤總額同目標利潤的對比，借以評價企業目標利潤規劃的實現情況；（3）可使投資者及時瞭解投資該企業的前景和應得的投資報酬率的大小，為投資者的進一步決策提供所需的信息；（4）利用利潤表的縱向和橫向的對比分析，可以瞭解利潤升降的水平和原因，為未來經營期的目標利潤規劃提供信息。

二、利潤表的結構

利潤表由表頭、表體和表尾等部分組成。表頭部分應列明報表名稱、編表單位名稱、編制期間和金額計量單位；表體部分反應報表的構成內容；表尾部分為補充說明。其中，表體部分為利潤表的主體和核心。

利潤表是根據「收入－費用＝利潤」這一平衡公式、反應企業在一定時期內淨利潤的形成或虧損的發生的報表。利潤表應當按照一定的標準和次序，將各項收入、費用以及構成利潤的各個項目分類、分項列示。

利潤表的格式有單步式和多步式兩種，中國會計準則規定利潤表採用多步式結構。多步式利潤表的理論依據是：企業在一定時期的利潤是該期不同性質的收入同其成本和費用經多次配比後形成的，利潤的計算要反應不同性質的收入與其成本和費用的配比情況，因而企業利潤要經過多個步驟才能計算出來。多步式利潤表的主要編制步驟和內容包括營業利潤、利潤總額及淨利潤。

（一）營業利潤

以營業收入為起點，減去營業成本、稅金及附加、銷售費用、管理費用、財務費用、資產減值損失，加上公允價值變動淨收益、投資淨收益，即求得營業利潤。

營業利潤＝營業收入－營業成本－稅金及附加－銷售費用－管理費用－財務費用－資產減值損失＋公允價值變動收益（－公允價值變動損失）＋投資收益（－投資損失）

（二）利潤總額

在營業利潤的基礎上，加上營業外收入，再減去營業外支出，即得出利潤總額。

利潤總額＝營業利潤＋營業外收入－營業外支出

(三) 淨利潤

在利潤總額的基礎上，減去所得稅費用，即求得淨利潤。

淨利潤＝利潤總額－所得稅費用

採用多步式利潤表，可以將損益的構成分項列示，並對收入、費用進行適當歸類，充分反應營業利潤、利潤總額、淨利潤等指標，可以較為準確地評價企業管理部門的管理效能，便於對企業經營情況進行分析，有利於不同企業之間進行比較，有利於預測企業今後的盈利能力。

三、利潤表的編制方法

(一) 利潤表各主要欄目的數據來源

利潤表按照編制時期的不同，分為月度利潤表、中期利潤表和年度利潤表。月度利潤表分為「本月數」和「本年累計數」兩欄，「本月數」欄反應各項目的本月實際發生數，「本年累計數」欄反應各項目自年初起至本月末止的累計實際發生數。中期利潤表和年度利潤表分為「上年數」和「本年累計數」兩欄，「上年數」填列上年同期累計實際發生數（中期利潤表）或上年全年累計實際發生數（年度利潤表）。如果上年度利潤表的項目名稱和內容與本年利潤表不一致，應對上年度報表項目的名稱和數字按本年度的規定進行調整，填入報表的「上年數」欄。

(二) 利潤表各主要項目的填制方法

利潤表各主要項目應根據各有關損益類帳戶發生額分析填列。

(1)「營業收入」項目，反應企業經營主要業務和其他業務所確認的收入總額。

(2)「營業成本」項目，反應企業經營主要業務和其他業務發生的實際成本總額。

(3)「稅金及附加」項目，反應企業經營業務應負擔的消費稅、城市維護建設稅、資源稅、土地增值稅和教育費附加等。

(4)「銷售費用」項目，反應企業在銷售商品過程中發生的包裝費、廣告費等費用和為銷售本企業商品而專設的銷售機構的職工薪酬、業務費等經營費用。

(5)「管理費用」項目，反應企業為組織和管理生產經營發生的管理費用。

(6)「財務費用」項目，反應企業為籌集生產經營所需資金等而發生的籌資費用。

(7)「資產減值損失」項目，反應企業各項資產發生的減值損失。

(8)「公允價值變動淨收益」項目，反應企業按照相關準則規定應當計入當期損益的資產或負債公允價值變動淨收益，如交易性金融資產當期公允價值的變動額。該項目如為淨損失，以「－」號填列。

(9)「投資淨收益」項目，反應企業以各種方式對外投資所取得的收益。該項目如為淨損失，以「－」號填列。企業處置持有的交易性金融資產時，處置收益部分應當自「公允價值變動損益」項目轉出，列入本項目。

(10)「營業外收入」「營業外支出」項目，反應企業發生的與其經營活動無直接關係的各項收入和支出，其中，非流動資產處置利得和損失應當單獨列示。

(11)「利潤總額」項目,反應企業實現的利潤總額。如為虧損總額,以「-」號填列。

(12)「所得稅費用」項目,反應企業根據所得稅準則確認的應從當期利潤總額中扣除的所得稅費用。

(13)「淨利潤」項目,反應企業實現的淨利潤。如為虧損總額,以「-」號填列。

(三)利潤表編制方法舉例

【例9.2】思創公司2015年1月至12月各損益類帳戶累計發生額如表9-4所示。

表9-4　　　　　　　　　利潤表有關帳戶累計發生額

單位:元

科目名稱	借方發生額	貸方發生額
主營業務收入		3,500,000
其他業務收入		250,000
投資收益		780,000
營業外收入		160,000
主營業務成本	2,100,000	
稅金及附加	180,000	
其他業務成本	160,000	
銷售費用	300,000	
管理費用	500,000	
財務費用	60,000	
資產減值損失	130,000	
營業外支出	130,000	
所得稅費用	87,500	

根據以上帳戶記錄,編制思創公司2015年年度利潤表,如表9-5所示。

表9-5　　　　　　　　　　　利潤表

會企02表

編制單位:思創公司　　　　　2015年度　　　　　　　單位:元

項目	本期金額	上期金額(略)
一、營業收入	3,750,000	
減:營業成本	2,260,000	
稅金及附加	180,000	
銷售費用	300,000	
管理費用	500,000	
財務費用	60,000	
資產減值損失	130,000	
加:公允價值變動淨收益		

表9-5(續)

項目	本期金額	上期金額（略）
投資淨收益		
二、營業利潤（虧損以「-」號填列）	320,000	
加：營業外收入	160,000	
其中：非流動資產處置利得		
減：營業外支出	130,000	
其中：非流動資產處置損失		
三、利潤總額（虧損總額以「-」號填列）	350,000	
減：所得稅費用	87,500	
四、淨利潤（淨虧損以「-」號填列）	262,500	
五、其他綜合收益的稅後淨額		
六、綜合收益總額		
七、每股收益		
（一）基本每股收益		
（二）稀釋每股收益		

第四節　現金流量表

一、現金流量表的定義及相關概念

現金流量表是反應企業一定會計期間經營活動、投資活動和籌資活動對現金及現金等價物產生影響的會計報表。編制現金流量表的主要目的是為報表使用者提供企業一定會計期間內現金流入和流出的有關信息，揭示企業的償債能力和變現能力。為更好地理解和運用現金流量表，我們必須正確界定現金、現金等價物、現金流量等的概念。

（一）現金

現金指企業庫存現金及可隨時用於支付的存款。應該注意的是，銀行存款和其他貨幣資金中有些不能隨時用於支付的存款，如不能隨時支取的定期存款等，不屬於現金。

（二）現金等價物

現金等價物指企業持有的期限短、流動性強、易於轉化為已知金額現金、價值變動風險很小的投資，即一項投資被確認為現金等價物必須同時具備四個條件：期限短、流動性強、易於轉化為已知金額現金、價值變動風險很小。其中，期限較短一般是指

從購買日起三個月內到期，例如可在證券市場上流通的三個月到期的短期債券投資等。

（三）現金流量

現金流量指企業現金和現金等價物的流入和流出。應該注意的是，企業現金形式的轉換不會產生現金的流入和流出，如企業從銀行提取現金，是企業現金存放形式的轉換，並非現金流出企業，不構成現金流量。同樣，現金和現金等價物之間的轉換也不屬於現金流量，比如企業用現金購買將於三個月內到期的國庫券。

二、現金流量表的內容與結構

（一）現金流量表的內容

現金流量表包括正表和補充資料兩個部分的內容。

正表主要包括六項內容：經營活動產生的現金流量，投資活動產生的現金流量，籌資活動產生的現金流量，匯率變動對現金及現金等價物的影響，現金及現金等價物淨增加額，期末現金及現金等價物的餘額。現金流量表的現金流量包括三類，主要是根據企業業務活動的性質和現金流量的來源來進行劃分的。

1. 經營活動產生的現金流量

經營活動是指企業投資活動和籌資活動以外的所有交易和事項。由經營活動而取得的現金收入和發生的現金支出構成經營活動產生的現金流量。

（1）經營活動所產生的現金收入包括出售產品、商品、提供勞務等取得的現金收入。

（2）經營活動所產生的現金支出包括購買材料、商品及支付職工勞動報酬發生的現金支出、各項製造費用、期間費用支出、稅款等支出。

2. 投資活動的現金流量

投資活動是指企業長期資產的購建和不包括在現金等價物範圍內的投資及其處置活動，由投資活動而取得的現金收入或發生的現金支出構成投資活動產生的現金流量。

（1）投資活動所產生的現金收入包括收回投資、出售固定資產淨收入等。

（2）投資活動所產生的現金支出包括對外投資、購買固定資產等。

3. 籌資活動的現金流量

籌資活動是指導致企業資本及債務規模和構成發生變化的活動，由籌資活動而取得的現金收入和發生的現金支出構成籌資活動產生的現金流量。

（1）籌資活動所產生的現金收入包括發行債券、取得借款、增加股本（增發股票）等。

（2）籌資活動中所產生的現金支出包括償還借款、清償債務、支付現金股利等。

補充資料包括三部分：一是將淨利潤調節為經營活動的現金流量，正表中「經營活動產生的現金流量淨值」與附註中的「經營活動產生的現金流量淨值」應該相等；二是不涉及現金收支的重大投資和籌資活動；三是現金及現金等價物的淨變動情況。

（二）現金流量表的具體結構

現金流量表的具體結構如表9-6所示。

表 9-6   現金流量表

會企 03 表

編製單位：　　　　　　　　　　××年度　　　　　　　　　　單位：元

項目	本期金額	上期金額
一、經營活動產生的現金流量：		
銷售商品、提供勞務收到的現金		
收到的稅費返還		
收到其他與經營活動有關的現金		
經營活動現金流入小計		
購買商品、接受勞務支付的現金		
支付給職工以及為職工支付的現金		
支付的各項稅費		
支付其他與經營活動有關的現金		
經營活動現金流出小計		
經營活動產生的現金流量淨額		
二、投資活動產生的現金流量：		
收回投資所收到的現金		
取得投資收益所收到的現金		
處置固定資產、無形資產和其他長期資產所收回的現金淨額		
處置子公司及其他營業單位收到的現金淨額		
收到的其他與投資活動有關的現金		
投資活動現金流入小計		
購建固定資產、無形資產和其他長期資產所支付的現金		
投資所支付的現金		
取得子公司及其他營業單位支付的現金淨額		
支付其他與投資活動有關的現金		
投資活動現金流出小計		
投資活動產生的現金流量淨額		
三、籌資活動產生的現金流量：		
吸收投資所收到的現金		
取得借款所收到的現金		

表9-6(續)

項目	本期金額	上期金額
收到其他與籌資活動有關的現金		
籌資活動現金流入小計		
償還債務所支付的現金		
分配股利、利潤或償付利息所支付的現金		
支付其他與籌資活動有關的現金		
籌資活動現金流出小計		
籌資活動產生的現金流量淨額		
四、匯率變動對現金及現金等價物的影響		
五、現金及現金等價物淨增加額		
加：期初現金及現金等價物餘額		
六、期末現金及現金等價物餘額		
補充資料		
1. 將淨利潤調整為經營活動現金流量		
淨利潤		
加：計提的資產減值準備		
固定資產折舊、油氣資產折耗、生產性生物資產折舊		
無形資產攤銷		
長期待攤費用攤銷		
處置固定資產、無形資產和其他長期資產的損失（收益以「-」號填列）		
固定資產報廢損失（收益以「-」號填列）		
公允價值變動損失（收益以「-」號填列）		
財務費用（收益以「-」號填列）		
投資損失（收益以「-」號填列）		
遞延所得稅資產減少（增加以「-」號填列）		
遞延所得稅負債增加（減少以「-」號填列）		
存貨的減少（增加以「-」號填列）		
經營性應收項目的減少（增加以「-」號填列）		
經營性應付項目的增加（減少以「-」號填列）		

表9-6(續)

項目	本期金額	上期金額
其他		
經營活動產生的現金流量淨額		
2. 不涉及現金收支的重大投資和籌資活動		
債務轉為資本		
一年內到期的可轉換公司債券		
融資租入固定資產		
3. 現金及現金等價物淨變動情況		
現金的期末餘額		
減：現金的期初餘額		
加：現金等價物的期末餘額		
減：現金等價物的期初餘額		
現金及現金等價物淨增加額		

三、現金流量表的編制

編制現金流量表的時候，經營活動現金流量有兩種列示方法：一為直接法，二為間接法。這兩種方法通常也稱為現金流量表的編制方法。直接法是通過現金收入和支出的主要類別反應來自企業經營活動的現金流量，其一般以利潤表中的營業收入為起點，調整與經營活動有關項目的增減活動，然後計算出經營活動的現金流量；間接法是以本期淨利潤為起點，調整不涉及現金的收入、費用、營業外收支以及有關項目的增減變動，據此計算出經營活動的現金流量。

《企業會計準則——現金流量表》要求企業採用直接法報告經營活動的現金流量，同時要求在補充資料中用間接法來計算現金流量。有關經營活動現金流量的信息，可通過以下途徑之一取得：

（1）直接根據企業有關帳戶的會計記錄分析填列。

（2）對當期業務進行分析並對有關項目進行調整：①將權責發生制下的收入、成本和費用轉換為現金基礎。②將資產負債表和現金流量表中的投資、籌資項目，轉換為投資和籌資活動的現金流量。③將利潤中有關投資和籌資方面的收入和費用列入現金流量表的投資、籌資的現金流量中去。

下面介紹現金流量表主要項目的填表方法。

（一）經營活動產生的現金流量

（1）「銷售商品、提供勞務收到的現金」。該項一般包括當期銷售商品或提供勞務所收到的現金收入（包括增值稅銷項稅額）；當期收到前期銷售商品、提供勞務的應收帳款或應收票據；當期的預收帳款；當期因銷貨退回而支付的現金或收回前期核銷的

壞帳損失；當前收到的貨款和應收、應付帳款（原規定不包括應收增值稅銷項稅款，現為簡化手續，將收到的增值稅銷項稅款並入「銷售商品、提供勞務收到的現金」及「應收」「應付」項目中，並對報表有關項目作相應修改）。

(2)「收到的稅費返回」。該項包括收到的增值稅、消費稅、所得稅、關稅和教育費附加的返還等。

(3)「收到的其他與經營活動有關的現金」。該項反應企業除了上述各項以外的其他與經營活動有關的現金流入。

(4)「購買商品、接受勞務支付的現金」。該項一般包括當期購買商品、接受勞務支付的現金；當期支付前期的購貨應付帳款或應付票據（均包括增值稅進項稅額）；當期預付的帳款，以及購貨退回所收到的現金。

(5)「支付給職工以及為職工支付的現金」。該項包括本期實際支付給職工的工資、獎金、各種津貼和補貼等，以及經營人員的養老金、保險金和其他各項支出。

(6)「支付的各種稅費」。該項反應企業按規定支付的各項稅費，包括本期發生並支付的稅費，以及本期支付以前各期發生的稅費和預交的稅金。

(7)「支付的其他與經營活動有關的現金」。該項反應企業除了上述各項以外的其他與經營活動有關的現金流出。

(二) 投資活動產生的現金流量

(1)「收回投資所收到的現金」。該項反應企業出售轉讓或到期收回除現金等價物以外的短期投資、長期股權投資而收到的現金，以及收回長期債權投資本金而收到的現金，以上各項均按實際收回的投資額填列。

(2)「取得投資收益所收到的現金」。該項反應企業因股權性投資和債權性投資而取得的現金股利、利息，以及從子公司、聯營企業或合營企業分取利潤而收到的現金。到期收回的本金應在「收回投資所收到的現金」項目中反應。

(3)「處置固定資產、無形資產和其他長期資產而收到的現金淨額」。該項反應企業處置這些資產所得的現金扣除為處置這些資產而支付的有關費用後的淨額。

(4)「處置子公司及其他營業單位收到的現金淨額」。該項反應企業處置子公司及其他營業單位所得的現金扣除為處置子公司及其他營業單位而支付的有關費用後的淨額。

(5)「收到的其他與投資活動有關的現金」。該項反應企業除了上述各項以外的其他與投資活動有關的現金流入。

(6)「購建固定資產、無形資產和其他長期資產所支付的現金」。該項包括企業購買、建造固定資產，取得無形資產和其他長期資產所支付的現金，不包括為購建固定資產而發生借款的資本化的部分以及融資租賃租入固定資產所支付的租金和利息。

(7)「投資所支付的現金」。該項反應企業進行權益性投資和債權性投資支付的現金，包括短期股票、短期債券投資、長期股權投資、長期債權投資所支付的現金及佣金、手續費等附加費用。

(8)「取得子公司及其他營業單位支付的現金淨額」。該項反應企業為取得子公司

及其他營業單位而支付的現金淨額。

（9）「支付的其他與投資活動有關的現金」。該項反應企業除上述各項以外的其他與投資活動有關的現金流出。

（三）籌資活動產生的現金流量

（1）「吸收投資所收到的現金」。該項反應企業收到的投資者投入的資金，包括發行股票、債券所實際收到的款項淨額（發行收入減去支付的佣金等發行費用後的淨額）。

（2）「借款收到的現金」。該項反應企業舉借各種短期、長期借款所收到的現金，根據收入時的實際借款金額計算。企業因借款而發生的利息列入「分配股利、利潤或償付利息所支付的現金」。

（3）「收到的其他與籌資活動有關的現金」。該項反應企業除上述各項目以外的其他與籌資活動有關的現金流入，如接受現金捐贈。

（4）「償還債務所支付的現金」。該項包括歸還企業借款金額、償付企業到期的債券等，其按當期實際支付的償債金額填列。

（5）「分配股利、利潤或償付利息所支付的現金」。該項反應企業實際支付的現金股利和付給其他投資單位的利潤以及支付的債券利息、借款利息等。

（6）「支付其他與籌資活動有關的現金」。該項反應企業除上述各項外的其他與籌資活動有關的現金流出。

（四）匯率變動對現金的影響

該項目反應企業的外幣現金流量以及境外子公司的現金流量折算為人民幣時，所採用的現金流量發生日的匯率或平均匯率折算成人民幣的金額與「現金及現金等價物淨增加額」中外幣現金淨增加額按期末匯率折算成人民幣的金額之間的差額。

（五）現金及現金等價物淨增加額

該項目反應經營活動產生的現金流量淨額、投資活動產生的現金流量淨額、籌資活動產生的現金流量淨額三項之和。

（六）現金流量表補充資料

除現金流量表反應的信息外，企業還應在附註中披露將淨利潤調節為經營活動現金流量、不涉及現金收支的重大投資和籌資活動、現金及現金等價物淨變動情況等信息。

1. 將淨利潤調節為經營活動現金流量

採用間接法列報經營活動產生的現金流量時，需要對四大類項目進行調整，即實際沒有支付現金的費用、實際沒有收到現金的收益、不屬於經營活動的損益、經營性應收應付項目的增減變動。這四大類項目的具體內容如下：

（1）資產減值準備。該項目反應企業本期實際計提的各項資產減值準備，包括壞帳準備、存貨跌價準備、長期股權投資減值準備、持有至到期投資減值準備、投資性房地產減值準備、固定資產減值準備、在建工程減值準備、無形資產減值準備、商譽

減值準備、生產性生物資產減值準備、油氣資產減值準備等。本項目可以根據「資產減值準備」科目的記錄分析填列。

　　(2) 固定資產折舊、油氣資產折耗、生產性生物資產折舊。該項目反應企業本期累計計提的固定資產折舊、油氣資產折耗、生產性生物資產折舊。本項目可根據「累計折舊」「累計折耗」等科目的貸方發生額分析填列。

　　(3) 無形資產攤銷。該項目反應企業本期累計攤入成本費用的無形資產價值。本項目可以根據「累計攤銷」科目的貸方發生額分析填列。

　　(4) 長期待攤費用攤銷。該項目反應企業本期累計攤入成本費用的長期待攤費用。本項目可以根據「長期待攤費用」科目的貸方發生額分析填列。

　　(5) 處置固定資產、無形資產和其他長期資產的損失（減：收益）。該項目反應企業本期處置固定資產、無形資產和其他長期資產的淨損失（或淨收益），如為淨收益以「-」號填列。本項目可以根據「營業外支出」「營業外收入」等科目所屬有關明細科目的記錄分析填列。

　　(6) 固定資產報廢損失。該項目反應企業本期發生的固定資產盤虧淨損失。本項目可以根據「營業外支出」「營業外收入」等科目所屬有關明細科目的記錄分析填列。

　　(7) 公允價值變動損失。該項目反應本企業持有的交易性金融資產、交易性金融負債、採用公允價值模式計量的投資性房地產等公允價值變動形成的淨損失，如為淨收益以「-」號填列。本項目可以根據「公允價值變動損益」等科目所屬有關明細科目的記錄分析填列。

　　(8) 財務費用。該項目反應企業本期實際發生的屬於投資活動或籌資活動的財務費用。這部分發生的現金流出不屬於經營活動現金流量的範疇，所以，在將淨利潤調節為經營活動現金流量時，需要予以加回。本項目可以根據「財務費用」科目借方發生額分析填列，如為收益，以「-」號填列。

　　(9) 投資損失（減：收益）。該項目反應企業對外投資實際發生的投資淨損失。本項目可以根據利潤表「投資收益」項目的數字填列，如為投資收益，以「-」號填列。

　　(10) 遞延所得稅資產減少（減：增加）。該項目反應企業資產負債表「遞延所得稅資產」項目的期初餘額與期末餘額的差額。本項目可以根據「遞延所得稅資產」科目發生額分析填列。

　　(11) 遞延所得稅負債增加（減：減少）。該項目反應企業資產負債表「遞延所得稅負債」項目的期初餘額與期末餘額的差額。本項目可以根據「遞延所得稅負債」科目發生額分析填列。

　　(12) 存貨的減少（減：增加）。該項目反應企業資產負債表「存貨」項目的期初與期末餘額的差額。期末數大於期初數的差額，以「-」號填列。

　　(13) 經營性應收項目的減少（減：增加）。該項目反應企業本期經營性應收項目（包括應收票據、應收帳款、預付帳款、長期應收款和其他應收款等經營性應收項目中與經營性活動有關的部分及應收的增值稅銷項稅額等）的期初餘額與期末餘額的差額。期末數大於期初數的差額，以「-」號填列。

　　(14) 經營性應付項目的增加（減：減少）。該項目反應企業本期經營性應付項目

（包括應付票據、應付帳款、預收帳款、應付職工薪酬、應交稅費和其他應付款等經營性應付項目中與經營性活動有關的部分及應付的增值稅進項稅額等）的期初餘額與期末餘額的差額。期末數小於期初數的差額，以「-」號填列。

2. 不涉及現金收支的重大投資和籌資活動

該項目反應企業一定會計期間內影響資產和負債但不形成該期現金收支的所有重大投資和籌資活動的信息。這些投資和籌資活動是企業的重大理財活動，對以後各期的現金流量會產生重大影響，因此，應單列項目在補充資料中反應。目前，中國企業現金流量表補充資料中列示的不涉及現金收支的重大投資和籌資活動項目主要有以下幾項：

（1）「債務轉為資本」項目，反應企業本期轉為資本的債務金額。

（2）「一年內到期的可轉換公司債券」項目，反應企業一年內到期的可轉換債券的本息。

（3）「融資租入固定資產」項目，反應企業本期融資租入固定資產計入「長期應付款」科目金額減去「未確認融資費用」科目餘額後的金額。

3. 現金及現金等價物淨變動情況

該項目反應企業一定會計期間現金及現金等價物的期末餘額減去期初餘額後的淨增加額（或淨減少額），是對現金流量表中「現金及現金等價物淨增加額」項目的補充說明。該項目的金額應與現金流量表「現金及現金等價物淨增加額」項目的金額核對相符。

第五節　所有者權益變動表

一、所有者權益變動表的概念

所有者權益變動表又稱股東權益變動表，是反應企業所有者權益（股東權益）各組成部分當期增減變動情況的報表。

所有者權益（股東權益）變動表全面反應了企業的所有者權益在年度內的變化情況，便於會計信息使用者深入分析企業所有者權益的增減變化情況，並進而對企業資本的保值、增值情況做出正確判斷，從而為決策提供有用的信息。

二、所有者權益（股東權益）變動表的編制

（一）「上年年末餘額」項目

該項目反應企業上年資產負債表中實收資本（股本）、資本公積、庫存股、盈餘公積、未分配利潤的年末餘額。

（二）「會計政策變更」「前期差錯更正」項目

這兩個項目分別反應企業採用追溯調整法處理的會計政策變更的累積影響金額和

採用追溯重述法處理的會計差錯更正的累積影響數額。

(三)「本年增減變動額」項目

(1)「淨利潤」項目，反應企業當年實現的淨利潤（或淨虧損）金額。

(2)「直接計入所有者權益的利得和損失」項目，反應企業當年直接計入所有者權益的利得和損失金額。

(3)「所有者投入和減少資本」項目，反應企業當年所有者投入的資本和減少的資本。

(4)「利潤分配」項目，反應企業當年的利潤分配金額。

(5)「所有者權益內部結轉」項目，反應企業構成所有者權益的組成部分之間的增減變動情況。

關於所有者權益（股東權益）變動表的具體編制方法，我們將在《財務會計學》中詳細說明，在此不予多述。所有者權益（股東權益）變動表的具體結構如表 9-7 所示。

表 9-7　　　　　　　　　　所有者權益變動表

編制單位：　　　　　　　　　××年××月　　　　　　　　　　單位：

項目	本年金額						上年金額					
	實收資本（或股本）	資本公積	減：庫存股	盈餘公積	未分配利潤	所有者權益合計	實收資本（或股本）	資本公積	減：庫存股	盈餘公積	未分配利潤	所有者權益合計
一、上年年末餘額												
加：會計政策變更												
前期差錯更正												
二、本年年初餘額												
三、本年增減變動金額（減少以「-」號填列）												
（一）淨利潤												
（二）直接計入所有者權益的利得和損失												
1. 可供出售金融資產公允價值變動淨額												
2. 權益法下的被投資單位其他所有者權益變動的影響												
3. 與計入所有者權益項目相關的所得稅影響												
4. 其他												
上述（一）和（二）小計												
（三）所有者投入和減少資本												
1. 所有者投入資本												

表9-7(續)

項目	本年金額							上年金額						
	實收資本（或股本）	資本公積	減：庫存股	盈餘公積	未分配利潤	所有者權益合計		實收資本（或股本）	資本公積	減：庫存股	盈餘公積	未分配利潤	所有者權益合計
2. 股份支付計入所有者權益的金額													
3. 其他													
(四) 利潤分配													
1. 提取盈餘公積													
2. 對所有者（或股東）的分配													
3. 其他													
(五) 所有者權益內部結轉													
1. 資本公積轉增資本（或股本）													
2. 盈餘公積轉增資本（或股本）													
3. 盈餘公積彌補虧損													
4. 其他													
四、本年年末餘額													

第六節　財務報表附註

一、財務報表附註的概念

財務報表附註是對在資產負債表、利潤表、現金流量表和所有者權益變動表等報表中所列示項目的文字描述或明細資料，以及對未能在這些報表中列示的項目的說明。財務報表附註的目的是為財務會計報表的使用者提供與其決策有關的更充分的信息。

二、財務報表附註的披露內容

《企業會計準則第 30 號——財務報表列報》規定：企業一般應當按照下列順序披露附註信息：

（1）財務報表的編製基礎。

（2）遵循企業會計準則的聲明。企業應聲明編制的財務報表符合企業會計準則的要求，真實、完整地反應了企業的財務狀況、經營成果和現金流量等有關信息。

（3）重要會計政策的說明，包括財務報表項目的計量基礎和會計政策的確定依據等。

（4）重要會計估計的說明，包括下一會計期間內很可能導致資產、負債帳面價值

重大調整的會計估計的確定依據等。

（5）對已在資產負債表、利潤表、現金流量表和所有者權益變動表中列示的重要項目的進一步說明，包括終止經營稅後利潤的金額及其構成情況等。

（6）或有和承諾事項、資產負債表日後非調整事項、關聯方關係及其交易等需要說明的事項。

《企業會計準則第30號——財務報表列報》還規定：下列各項未在與財務報表一起公布的其他信息中披露的，企業應當在附註中披露：

（1）企業註冊地、組織形式和總部地址。

（2）企業的業務性質和主要經營活動。

（3）母公司以及集團最終母公司的名稱。

此外，《企業會計準則第31號——現金流量表》規定：企業應當在附註中披露將淨利潤調節為經營活動現金流量的信息等。

本章小結

財務會計報告是財務會計工作的定期總結，是企業對外提供的反應企業某一特定日期的財務狀況和某一會計期間的經營成果和現金流量等的文件。編制財務會計報告是財務會計工作的一項重要內容。財務會計報告通常包括會計報表、會計報表附註和財務情況說明書。本章主要介紹會計報表的種類、作用和編制要求等，要求學生掌握資產負債表、利潤表、現金流量表等會計報表的設計、編制原理和方法。

思考題

1. 什麼是財務會計報表？其組成內容有哪些？
2. 編制財務會計報表的作用是什麼？
3. 資產負債表的作用是什麼？其編制原理的內容是什麼？
4. 資產負債表項目是如何排列的？試舉例說明。
5. 利潤表的作用是什麼？如何編制？
6. 現金流量表的作用是什麼？
7. 會計報表附註的作用是什麼？

練習題

一、單項選擇題

1. 資產負債表中資產的排列順序是依據項目的（   ）。

　　A．流動性　　　　　　　　　　　　B．變動性

C. 重要性　　　　　　　　　　D. 盈利性
2. 如果想知道某公司2015年年末的財務狀況，應該閱讀該公司（　　）。
   A. 2015年的資產負債表　　　B. 2015年的現金流量表
   C. 2015年的利潤表　　　　　D. 2015年的利潤分配表
3. 下列會計報表中屬於靜態報表的是（　　）。
   A. 資產負債表　　　　　　　B. 現金流量表
   C. 利潤表　　　　　　　　　D. 利潤分配表
4. 利潤表中的項目應根據總分類帳戶的（　　）分析填列。
   A. 期末餘額　　　　　　　　B. 發生額
   C. 期初餘額　　　　　　　　D. 期初餘額＋發生額
5. 會計報表編制的依據是（　　）。
   A. 原始憑證　　　　　　　　B. 記帳憑證
   C. 匯總記帳憑證　　　　　　D. 帳簿
6. 中國企業利潤表採用（　　）。
   A. 帳戶式　　　　　　　　　B. 報告式
   C. 單步式　　　　　　　　　D. 多步式
7. 會計報表是根據（　　）定期編制的。
   A. 會計憑證　　　　　　　　B. 會計帳簿記錄
   C. 原始憑證　　　　　　　　D. 記帳憑證
8. 「應收帳款」總帳所屬的明細科目如果有貸方餘額，應將其計入資產負債表的（　　）項目中。
   A. 應收帳款　　　　　　　　B. 預收帳款
   C. 應付帳款　　　　　　　　D. 預付帳款
9. 即將在一年內到期的非流動負債，應（　　）。
   A. 在流動負債中作為一項單獨列示
   B. 在流動負債和非流動負債之間單列一項反應
   C. 在非流動負債中單列一項反應
   D. 仍在非流動負債中反應
10. 關於利潤表中的營業利潤的計算，下列說法正確的是（　　）。
    A. 營業利潤＝營業收入－營業成本－期間費用
    B. 營業利潤＝營業收入－營業成本－期間費用－資產減值損失＋公允價值變動損益
    C. 營業利潤＝營業收入－營業成本－期間費用－資產減值損失＋公允價值變動損益＋投資收益
    D. 營業利潤＝營業收入－營業成本－期間費用－資產減值損失＋公允價值變動損益＋投資收益＋營業外收入－營業外支出

二、多項選擇題

1. 財務會計報告的內容包括（　　）。
   A. 會計報表　　　　　　　　B. 會計報表附註
   C. 會計報表說明書　　　　　D. 財務情況說明書
2. 「資產負債表」中的「存貨」項目反應的內容包括（　　）。
   A. 材料採購　　　　　　　　B. 生產成本
   C. 庫存商品　　　　　　　　D. 週轉材料
3. 資產負債表中的「貨幣資金」項目，應根據（　　）帳戶期末餘額的合計數填列。
   A. 委託貸款　　　　　　　　B. 庫存現金
   C. 銀行存款　　　　　　　　D. 其他貨幣資金
4. 現金流量表中的「現金」是指（　　）。
   A. 銀行存款　　　　　　　　B. 庫存現金
   C. 現金等價物　　　　　　　D. 以上都是
5. 下列項目中影響營業利潤的有（　　）。
   A. 投資收益　　　　　　　　B. 管理費用
   C. 營業成本　　　　　　　　D. 營業外收入
6. 資產負債表「期末數」一欄的項目數據可根據（　　）填列。
   A. 總帳帳戶的期末餘額直接
   B. 總帳帳戶期末餘額計算
   C. 若干明細帳餘額計算
   D. 資本帳戶餘額減去其備抵項目後的淨額
7. 下列屬於對財務會計報告編制的要求的有（　　）。
   A. 真實可靠　　　　　　　　B. 相關可比
   C. 全面完整　　　　　　　　D. 便於理解
8. 下列各項中屬於利潤表包括的項目的有（　　）。
   A. 淨利潤　　　　　　　　　B. 利潤總額
   C. 每股收益　　　　　　　　D. 本年利潤
9. 下列各項中，屬於財務報表種類的有（　　）。
   A. 年度財務報表　　　　　　B. 中期財務報表
   C. 個別財務報表　　　　　　D. 合併財務報表
10. 下列各項中，屬於財務報表的有（　　）。
    A. 利潤表　　　　　　　　　B. 資產負債表
    C. 現金流量表　　　　　　　D. 所有者權益變動表

三、判斷題（表述正確的在括號內打「√」，不正確的打「×」）

1. 中國企業應採用多步式利潤表。　　　　　　　　　　　　　　　　　　（　　）

2. 中期財務報表必須包括資產負債表、利潤表、現金流量表、所有者權益變動表和附註。   (   )

3. 資產負債表是一種靜態報表，應根據有關帳戶的期末餘額直接填列。   (   )

4. 利潤表能夠反應出企業的償債能力和支付能力。   (   )

5. 某企業期初資產總額100萬元，本期取得借款6萬元，收回應收帳款7萬元，用銀行存款8萬元償還應付款，該企業期末資產總額為105萬元。 (   )

6. 資產負債表是反應企業某一特定時期財務狀況的會計報表。   (   )

7. 利潤表結構的理論基礎是「利潤＝收入－費用」會計等式。   (   )

8. 由於財務會計報告是對外報告，所以其提供的信息對企業的管理者和職工沒用。
                                                                     (   )

9. 資產負債表結構的理論依據是「資產＝負債＋所有者權益」會計等式。 (   )

10. 資產負債表中的「應付帳款」項目，應根據「應付帳款」和「預付帳款」兩個科目所屬的明細帳戶的期末借方餘額合計填列。   (   )

四、業務練習題

練習一

(一) 目的：練習資產負債表的編制。

(二) 資料：某企業20××年12月31日各帳戶餘額如下：

單位：元

帳戶	借方金額	帳戶	貸方金額
庫存現金	3,000	壞帳準備	250
銀行存款	70,000	累計折舊	255,000
應收帳款	5,000	短期借款	8,000
預付帳款	2,000	應付帳款	20,000
應收利息	2,500	預收帳款	25,200
原材料	10,500	應交稅費	5,550
生產成本	10,000	長期借款	50,000
庫存商品	20,000	實收資本	100,000
長期股權投資	3,000	資本公積	40,000
固定資產	450,000	盈餘公積	50,000
無形資產	8,000	利潤分配	30,000

（三）要求：根據上述資料編制20××年12月31日的資產負債表。

練習二

（一）目的：練習利潤表的編制。

（二）資料：某企業20××年3月31日結帳前各損益帳戶金額如下：

單位：元

帳戶	借方金額	帳戶	貸方金額
主營業務成本	277,000	主營業務收入	427,500
其他業務支出	875	其他業務收入	600
銷售費用	59,230	投資收益	10,000
管理費用	21,480	營業外收入	1,200
財務費用	1,000		
營業外支出	1,400		
所得稅費用	25,844		

（三）要求：根據上述資料編制企業3月份的利潤表。

第十章　會計核算形式

【學習目標】通過本章的學習，學生應瞭解會計核算形式的基本概念、種類和設計要求；熟練掌握記帳憑證核算形式，科目匯總表核算形式的特點、基本步驟和適用範圍；掌握匯總記帳憑證核算形式的特點、基本步驟和適用範圍；瞭解日記總帳、多欄式日記帳和通用日記帳核算形式的特點、基本步驟和適用範圍。

【引導案例】毋庸置疑，現代信息技術已經滲透到我們生活的各個領域，也給會計工作帶來了深刻的變化。手工帳發展到會計電算化，不僅提高了會計工作的效率和正確性，還使會計手段、會計方法、會計理論等方面都發生了很大變化。在傳統的會計手工帳下，如果單位業務多、憑證數量多，採用逐筆登記帳簿的方法，登帳的工作量就會很大，還容易產生差錯，這便有了匯總登帳的方法——這種方法雖減少了登帳的次數，但卻需要編制各種匯總表。無論哪種方法，都需要進行平行登記，這無疑給會計人員增加了工作量。而在會計電算化方式下，會計數據的處理借助會計軟件自動完成，運算速度快，而且準確可靠，只要填制了正確的會計憑證，執行「記帳」後，便能按事先的設置自動將各經濟業務登記到相應的各種帳簿中，整修過程只需幾分鐘甚至幾秒鐘。因此，會計電算化下，主要採用「記帳憑證核算形式」。各種帳簿產生後，用戶就可以查帳並進行財務分析了。當然，本章內容是對帳務處理程序的完整介紹，也是大家將來學習會計電算化的基礎。

第一節　會計核算形式概述

填制和審核憑證、登記帳簿和編制財務會計報告是會計確認、計量和報告的三個基本和主要的環節。它們相互聯繫、密切配合，並以一定的會計核算形式結合起來，構成了企業完整的會計核算體系。

一、會計核算形式的概念

所謂會計核算形式，也稱會計核算組織程序或者帳務處理程序。它是以帳簿組織為核心，通過一定的核算程序，把會計憑證和帳簿組織、財務報表與記帳程序和方法有機地結合起來的技術組織方式。不同的憑證、帳簿組織和記帳程序組合在一起，便構成了不同的會計核算形式。

會計核算形式是正確組織會計核算的重要基礎。科學、合理的會計核算形式，能夠保證會計核算工作有條不紊地進行，減少不必要的工作環節，提高會計工作效率和

會計信息質量，充分發揮會計工作在企業管理中的基礎作用。

二、設計會計核算形式的要求

會計核算形式是企業會計製度設計的一項重要內容。在會計實務中，由於每個企業的性質和規模不同，交易或者事項也有繁有簡，需要設置的憑證、帳簿和財務報表的種類、格式和數量不可能完全一致。各種會計核算方式優劣並存，而且其優劣是相對的。因此，各企業單位應當根據自身的具體情況和交易或者事項的特點，揚長避短，設計出適合自身特點、科學而合理的會計核算形式。科學而合理的會計核算形式一般應符合三個方面的要求。

（一）適應企業的具體情況

企業在選擇會計核算形式時，一定要充分考慮本單位的經濟性質、經營規模、生產特點、業務繁簡和管理要求等因素，從而有利於會計機構內部的組織分工協作和建立崗位責任制。

（二）滿足會計信息使用者的需要

科學的會計核算形式必須能夠正確、完整和及時地反應企業經濟活動情況，充分提供高質量的會計信息，使會計信息使用者全面瞭解企業的財務狀況和經營成果等，從而做出正確的決策。

（三）在保證會計信息質量的前提下，力求簡化

會計核算形式的選用必須首先保證會計信息質量，在此前提下，應盡量簡化核算手續，力求避免不必要的計算和記錄程序，節約人力、物力和財力消耗，提高會計核算工作效率，降低會計核算成本。

三、會計核算形式的種類

根據上述會計核算形式的設計要求，結合中國會計信息處理技術的實際情況和長期的會計核算實踐經驗的檢驗，目前常用的會計核算形式有記帳憑證核算形式、匯總記帳憑證核算形式、科目匯總表核算形式、多欄式日記帳核算形式、日記總帳核算形式及通用日記帳核算形式六種。這六種會計核算形式大同小異，差別主要表現在登記總分類帳的依據方面。各種會計核算形式均著眼於既能夠保持會計信息原貌以提高會計信息質量，又要求能夠降低登記總帳的工作量以提高會計核算工作效率。現先對各種會計核算形式作一概括介紹，具體內容留待本章以後各節再進行詳細闡述。

（一）記帳憑證核算形式

這種核算形式以記帳憑證作為登記總分類帳的依據，登記總帳的工作量較大，工作效率不高，著重於提高總分類帳簿信息質量。

（二）匯總記帳憑證核算形式

這種核算形式是根據記帳憑證編制匯總記帳憑證，然後根據匯總記帳憑證登記總

分類帳。其與記帳憑證核算形式相比，既能夠保持會計要素之間的內在聯繫，又能夠提高會計核算工作的效率，但總分類帳簿信息功能相對較弱。

(三) 科目匯總表核算形式

這種核算形式是根據記帳憑證編制科目匯總表，然後根據科目匯總表登記總分類帳。其與記帳憑證核算形式相比，會計核算工作效率較高，但會計要素之間的內在聯繫弱化，總分類帳簿信息功能相對較差。

(四) 日記總帳核算形式

與記帳憑證核算形式一樣，日記總帳核算形式也是以記帳憑證作為登記總分類帳的依據的。但是與記帳憑證核算形式不同，日記總帳核算形式下的總分類帳是以日記帳的形式出現的，更有利於保持會計信息的原貌和提高總分類帳簿信息的功能。但是由於日記總帳的登記工作量比較大，所以其會計核算效率不及記帳憑證核算形式。

(五) 多欄式日記帳核算形式

這種核算形式是根據收款憑證和付款憑證登記多欄式日記帳，同時根據轉帳憑證編制轉帳憑證匯總表，然後根據多欄式日記帳和轉帳憑證匯總表登記總分類帳。由於多欄式日記帳具有匯總收款憑證和匯總付款憑證的功能，而轉帳憑證匯總表又具有匯總轉帳憑證的功能，所以，與匯總記帳憑證核算形式一樣，多欄式日記帳核算形式能夠提高登記總分類帳的工作效率。但是，由於多欄式日記帳全部集中在一張帳頁上，限制了分工合作，所以，其會計核算工作效率又不及匯總轉帳憑證核算形式。

(六) 通用日記帳核算形式

以通用日記帳代替記帳憑證作為登記總分類帳的依據，可以最大限度地降低編制記帳憑證的工作量。由於不便於對通用日記帳的登記工作進行分工，所以，這種核算形式又限制了整體工作效率的提高。

第二節　記帳憑證核算形式

一、記帳憑證核算形式的特點

記帳憑證核算形式的特點是直接根據各種記帳憑證逐筆登記總分類帳。記帳憑證核算形式是最基本的一種會計核算形式，體現了會計數據處理的一般原理，其他各種核算形式都是在其基礎上演變而來的。

二、記帳憑證核算形式設置的憑證和帳簿

(一) 憑證設置

在記帳憑證核算形式下，應分別設置收款憑證 (可以進一步分為現金收款憑證和銀行存款收款憑證)、付款憑證 (可以進一步分為現金付款憑證和銀行存款付款憑證)

和轉帳憑證三種類型的專用記帳憑證，以分別反應日常發生的收款業務、付款業務和轉帳業務等類型的交易或者事項。交易或者事項不多的企業，也可以不再區分收款業務、付款業務和轉帳業務，只設置一種通用的記帳憑證。

(二) 帳簿設置

(1) 日記帳的設置。在記帳憑證核算形式下，為了加強貨幣資金管理，一般應當分別設置三欄式的現金日記帳和銀行存款日記帳，以序時地反應庫存現金和銀行存款收付業務。

(2) 總分類帳的設置。為了概括地反應各種類型的交易或者事項，還應當按照每一總分類帳戶設置三欄式的總分類帳，以總括地反應各種類型的交易或者事項。

(3) 明細分類帳的設置。為了詳細地反應各種類型的交易或者事項，還應當在總分類帳戶之下，設置一定數量的明細分類帳戶，進行必要的明細分類核算。明細分類帳可以依據所記錄的交易或者事項的不同，分別採用三欄式、數量金額式或者多欄式的帳頁格式。

三、記帳憑證核算形式的帳務處理程序

交易或者事項要經過確認、計量和報告等數據處理程序，目的是將分散的會計數據轉化為有用的會計信息。這一過程只有通過連續地填制和審核原始憑證、編制記帳憑證、複式記帳、登記帳簿和編制財務報表等程序才能完成。填制和審核原始憑證是對原始會計數據的去偽存真、去粗存精；編制記帳憑證是將原始會計數據轉化為有內在聯繫的會計要素；根據記帳憑證登記總分類帳是將會計數據和會計要素系統化為有用的帳簿信息；根據帳簿資料編制財務報表是將帳簿信息系統化為綜合會計信息。記帳憑證核算形式嚴格遵循了上述會計核算的一般程序，正如上文所指出的，它體現了會計核算的一般原理。在該種核算形式下，記帳憑證是整個會計數據處理程序的中心，是登記總分類帳的直接依據。記帳憑證核算形式的帳務處理程序可以概括如下：

(1) 根據原始憑證編制匯總原始憑證。

(2) 根據原始憑證或匯總原始憑證編制記帳憑證。

(3) 根據收款憑證、付款憑證逐日逐筆登記庫存現金和銀行存款日記帳。

(4) 根據原始憑證、匯總原始憑證或記帳憑證登記有關明細分類帳。

(5) 根據記帳憑證逐筆登記總分類帳。

(6) 月末，將各總分類帳戶餘額與各總分類帳戶所屬的現金日記帳、銀行存款日記帳的餘額以及各明細分類帳戶的餘額合計數核對相符。

(7) 根據總分類帳戶和各種明細分類帳戶的有關資料編制財務報表。

記帳憑證核算形式的帳務處理程序如圖 10-1 所示。

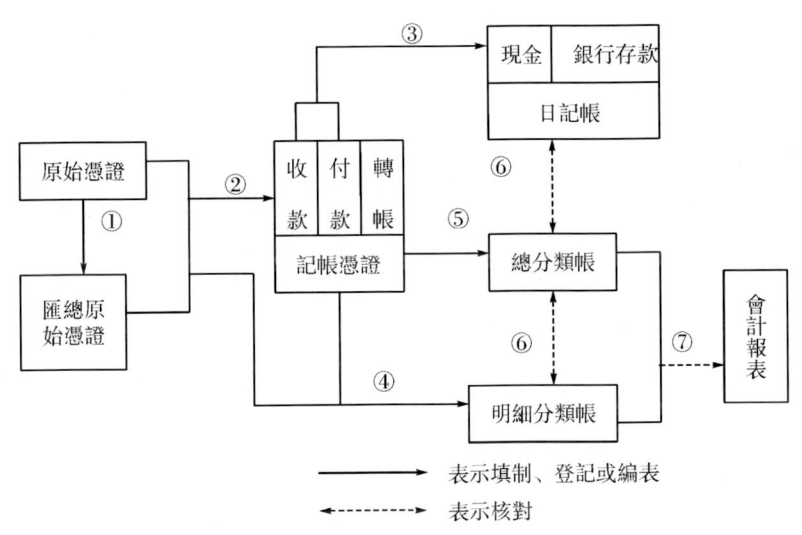

```
                                    ③    ┌──────┬────────┐
                                    ┌───→│ 現金 │銀行存款 │
                                    │    ├──────┴────────┤
                                    │    │    日記帳      │
                                    │    └───────────────┘
                                    │            ↕
  ┌──────┐        ┌──┬──┬──┐        │            ⑥
  │原始憑證│  ②   │收│付│轉│        │            ↕
  │      │─────→ │款│款│帳│  ⑤     │    ┌───────────────┐     ┌──┐
  └──────┘       ├──┴──┴──┤───────→│   │    總分類帳    │     │會│
      │①         │記帳憑證 │         │    └───────────────┘  ⑦ │計│
      ↓          └────────┘                     ↕           ───→│報│
  ┌──────┐            │              ④          ⑥              │表│
  │匯總原 │            └──────────→┌───────────────┐            └──┘
  │始憑證 │                         │    明細分類帳  │
  └──────┘                         └───────────────┘

              ─────→ 表示填制、登記或編表
              - - -→ 表示核對
```

圖 10-1　記帳憑證核算形式帳務處理程序示意圖

四、記帳憑證核算形式的優缺點及適用範圍

(一) 記帳憑證核算形式的優點

（1）記帳手續簡便。由於直接根據記帳憑證登記總分類帳，會計處理十分簡便，業務記錄環節少，便於操作。

（2）記帳程序簡明易懂，使用方便。對於一些不常用的會計科目，可以不設置明細帳，只需要在總分類帳的會計科目摘要欄中，對交易或者事項加以說明即可，這樣可使總分類帳內一些會計科目的摘要記錄起到明細帳的作用，簡化了記帳程序和記帳工作。

（3）層次清楚，便於查帳。由於總分類帳直接根據記帳憑證逐筆、序時記錄，因此，能夠比較詳細地反應交易或者事項的內容，使帳戶對應關係清晰，便於查帳。

(二) 記帳憑證核算形式的缺點

在業務量較大、憑證數量較多時，直接根據記帳憑證逐筆登記總分類帳，工作量較大，會計核算效率較低，工作質量難以保證。

(三) 記帳憑證核算形式的適用範圍

綜合上述各項優缺點，記帳憑證核算形式一般只適用於經營規模不大、業務簡單、記帳憑證數量較少的小型企業單位。

【例 10.1】資料 1：興宛公司 2015 年 9 月初有關科目的餘額如表 10-1 和表 10-2 所示。

表 10-1　　　　　　　　　興宛公司 2015 年 9 月初科目餘額表

單位：元

會計科目	借方餘額	貸方餘額
庫存現金	1,200	
銀行存款	530,000	
應收帳款	52,000	
其中：L 公司	20,000	
M 公司	32,000	
其他應收款	1,500	
其中：張陽	1,500	
原材料	128,000	
其中：A 材料 4,000 千克	80,000	
B 材料 3,000 千克	48,000	
庫存商品	430,000	
其中：甲產品 4,000 件	300,000	
乙產品 2,000 件	130,000	
固定資產	800,000	
累計折舊		143,628
短期借款		500,000
應付帳款		80,000
其中：明遠工廠		80,000
應付職工薪酬		86,000
應交稅費		73,000
應付利息		6,700
實收資本		852,000
盈餘公積		102,000
本年利潤		233,000
生產成本	133,628	
其中：甲產品	71,628	
乙產品	62,000	
合計	2,076,328	2,076,328

表 10-2　　　　　　　　「生產成本」明細帳的期初餘額

單位：元

品名	直接材料	直接人工	製造費用	合計
甲產品	34,000	23,000	14,628	71,628
乙產品	27,000	22,000	13,000	62,000

資料 2：興宛公司 2015 年 9 月份發生以下經濟業務：

（1）1 日，取得短期借款 200,000 元，存入銀行；

（2）2 日，購進 A 材料 2,500 千克，單價為 20 元/千克，計 50,000 元，增值稅率 17％，全部款項以銀行存款支付；

（3）3 日，銷售甲產品 1,500 件，單價為 130 元/件，計 195,000 元，增值稅率 17％，全部款項已收回入帳；

（4）4 日，通過銀行發放職工工資 86,000 元；

（5）5 日，收回 M 公司的貨款 32,000 元，存入銀行；

（6）6日，向L公司銷售乙產品500件，單價為120元/件，計60,000元，增值稅率17%，款項尚未收回；

（7）7日，從立華工廠購進B材料2,000千克，單價為16元/千克，計32,000元，增值稅率17%，款項尚未支付；

（8）8日，以銀行存款支付修理費3,000元，其中生產車間2,000元，行政管理部門1,000元；

（9）9日，以銀行存款5,000元支付廣告費用；

（10）10日，結轉上述A、B材料的採購成本；

（11）12日，張陽出差歸來報銷差旅費1,200元，退回剩餘現金300元；

（12）13日，以銀行存款支付前欠明遠工廠的款項80,000元；

（13）15日，以銀行存款支付電費3,600元，其中生產車間2,600元，行政管理部門1,000元；

（14）19日，從銀行提取現金8,000元備用；

（15）20日，以銀行存款支付業務招待費7,000元；

（16）22日，以現金購買辦公用品520元，其中生產車間320元，行政管理部門200元；

（17）25日，以銀行存款6,000元對外捐贈；

（18）30日，接到銀行付息通知，第三季度應付短期借款利息10,200元，企業在7、8月份已預提利息共6,700元；

（19）30日，本月領用材料匯總如表10-3所示：

表10-3

領用部門及用途	A材料 數量（千克）	A材料 金額（元）	B材料 數量（千克）	B材料 金額（元）	合計 金額（元）
生產甲產品	2,800	56,000	2,200	35,200	91,200
生產乙產品	2,000	40,000	1,500	24,000	64,000
生產車間一般耗用	900	18,000	800	12,800	30,800
行政管理部門領用	200	4,000			4,000
合計	5,900	118,000	4,500	72,000	190,000

（20）30日，計提本月固定資產折舊7,200元，其中生產車間5,200元，行政管理部門2,000元；

（21）30日，分配本月職工工資：生產甲產品工人工資30,000元、生產乙產品工人工資20,000元、車間管理人員工資5,000元、行政管理人員工資5,000元；

（22）30日，按工資總額的14%計提職工福利費；

（23）30日，按甲、乙產品的生產工時比例分配結轉本月的製造費用，其中甲產品的生產工時為600小時，乙產品的生產工時為400小時；

（24）30日，結轉本月完工產品成本，其中甲產品全部完工，產量3,000件，總成

本 225,000 元，乙產品尚未完工；

（25）30 日，結轉本月銷售產品的成本，其中甲產品的單位生產成本 75 元，乙產品的單位生產成本 65 元；

（26）30 日，計提本月稅金及附加 2,380 元；

（27）30 日，結轉本期損益；

（28）30 日，按本月利潤總額的 25% 計算所得稅費用，並結轉。

1. 根據經濟業務，編制如下會計分錄（如表 10-4 所示）

表 10-4

2015 年		憑證		摘要	會計科目	借方金額	貸方金額
月	日	字	號				
9	01	銀收	01	借入短期借款	銀行存款 短期借款	200,000	200,000
9	02	銀付	01	購入 A 材料	在途物資——A 材料 應交稅費——應交增值稅 （進項稅額） 銀行存款	50,000 8,500	58,500
9	03	銀收	02	銷售產品，款已收	銀行存款 主營業務收入 應交稅費——應交增值稅 （銷項稅額）	228,150	195,000 33,150
9	04	銀付	02	發放職工工資	應付職工薪酬——工資 銀行存款	86,000	86,000
9	05	銀收	03	收回 M 公司所欠貨款	銀行存款 應收帳款——M 公司	32,000	32,000
9	06	轉	01	向 L 公司銷售產品，款未收	應收帳款——L 公司 主營業務收入 應交稅費——應交增值稅 （銷項稅額）	70,200	60,000 10,200
9	07	轉	02	從立華工廠採購 B 材料，款未付	在途物資——B 材料 應交稅費——應交增值稅 （進項稅額） 應付帳款——立華工廠	32,000 5,440	37,440
9	08	銀付	03	支付修理費	製造費用 管理費用 銀行存款	2,000 1,000	3,000
9	09	銀付	04	支付廣告費	銷售費用 銀行存款	5,000	5,000
9	10	轉	03	A、B 材料驗收入庫	原材料——A 材料 　　　　——B 材料 在途物資——A 材料 　　　　——B 材料	50,000 32,000	50,000 32,000
9	12	轉	04	張陽報銷差旅費	管理費用 其他應收款——張陽	1,200	1,200

表10-4(續)

2015年		憑證		摘要	會計科目	借方金額	貸方金額
月	日	字	號				
9	12	現收	01	張陽交回多餘借款	庫存現金 其他應收款——張陽	300	300
9	13	銀付	05	支付前欠明遠工廠貨款	應付帳款——明遠工廠 銀行存款	80,000	80,000
9	15	銀付	06	支付電費	製造費用 管理費用 銀行存款	2,600 1,000	3,600
9	19	銀付	07	提取現金	庫存現金 銀行存款	8,000	8,000
9	20	銀付	08	支付業務招待費	管理費用 銀行存款	7,000	7,000
9	22	現付	01	購入辦公用品	製造費用 管理費用 庫存現金	320 200	520
9	25	銀付	09	對外捐贈	營業外支出 銀行存款	6,000	6,000
9	30	銀付	10	支付第三季度短期借款利息	應付利息 財務費用 銀行存款	6,700 3,500	10,200
9	30	轉	05	分配本月材料費用	生產成本——甲產品 　　　　——乙產品 製造費用 管理費用 原材料——A材料 　　　——B材料	91,200 64,000 30,800 4,000	118,000 72,000
9	30	轉	06	計提本月固定資產折舊	製造費用 管理費用 累計折舊	5,200 2,000	7,200
9	30	轉	07	分配本月職工工資	生產成本——甲產品 　　　　——乙產品 製造費用 管理費用 應付職工薪酬——工資	30,000 20,000 5,000 5,000	60,000
9	30	轉	08	計提職工福利費	生產成本——甲產品 　　　　——乙產品 製造費用 管理費用 應付職工薪酬——福利費	4,200 2,800 700 700	8,400
9	30	轉	09	分配結轉本月製造費用	生產成本——甲產品 　　　　——乙產品 製造費用	27,972 18,648	46,620
9	30	轉	10	結轉本月完工產品成本	庫存商品——甲產品 生產成本——甲產品	225,000	225,000

表10-4(續)

2015年		憑證		摘要	會計科目	借方金額	貸方金額
月	日	字	號				
9	30	轉	11	結轉本月銷售產品的成本	主營業務成本 庫存商品——甲產品 ——乙產品	145,000	112,500 32,500
9	30	轉	12	計繳本月銷售稅金	稅金及附加 應交稅費	2,380	2,380
9	30	轉	13	結轉本期收入	主營業務收入 本年利潤	255,000	255,000
9	30	轉	14	結轉本期成本、費用	本年利潤 主營業務成本 銷售費用 稅金及附加 管理費用 財務費用 營業外支出	183,980	145,000 5,000 2,380 22,100 3,500 6,000
9	30	轉	15	計提所得稅費用	所得稅費用 應交稅費——應交所得稅	17,755	17,755
9	30	轉	16	結轉所得稅費用	本年利潤 所得稅費用	17,755	17,755

2. 根據以上經濟業務和會計處理編制記帳憑證（如表10-5至表10-45所示）

表10-5　　　　　　　　　　　　　收款憑證

銀收字第01號

借方科目：銀行存款　　　　2015年9月1日　　　　　　　　　附件　張

摘要	貸方科目		金額	記帳
	總帳科目	明細科目		
借入短期借款	短期借款		200,000	√
合計			20,000	

會計主管：　　　　記帳：　　　　出納：　　　　審核：　　　　製單：

表10-6　　　　　　　　　　　　　付款憑證

銀付字第01號

貸方科目：銀行存款　　　　2015年9月2日　　　　　　　　　附件　張

摘要	借方科目		金額	記帳
	總帳科目	明細科目		
購入A材料	在途物資	A材料	50,000	√

表10-6(續)

摘要	借方科目		金額	記帳
	總帳科目	明細科目		
	應交稅費	應交增值稅（進項稅額）	8,500	√
	合計		58,500	

會計主管：　　　記帳：　　　出納：　　　審核：　　　製單：

表10-7　　　　　　　　　　**收款憑證**

銀收字第02號

借方科目：銀行存款　　　　2015年9月3日　　　　附件　張

摘要	貸方科目		金額	記帳
	總帳科目	明細科目		
銷售產品，收到款項	主營業務收入		195,000	√
	應交稅費	應交增值稅（銷項稅額）	33,150	√
	合計		228,150	

會計主管：　　　記帳：　　　出納：　　　審核：　　　製單：

表10-8　　　　　　　　　　**付款憑證**

銀付字第02號

貸方科目：銀行存款　　　　2015年9月4日　　　　附件　張

摘要	借方科目		金額	記帳
	總帳科目	明細科目		
發放職工工資	應付職工薪酬	工資	86,000	√
	合計		86,000	

會計主管：　　　記帳：　　　出納：　　　審核：　　　製單：

表10-9　　　　　　　　　　**收款憑證**

銀收字第03號

借方科目：銀行存款　　　　2015年9月5日　　　　附件　張

摘要	貸方科目		金額	記帳
	總帳科目	明細科目		
收回M公司所欠貨款	應收帳款	M公司	32,000	√

摘要	貸方科目		金額	記帳
	總帳科目	明細科目		
合計			32,000	

會計主管：　　　記帳：　　　出納：　　　審核：　　　製單：

表 10-10　　　　　　　　　　　**轉帳憑證**

　　　　　　　　　　　　　　　　　　　　　　　　　　轉字第 01 號
　　　　　　　　　　　2015 年 9 月 6 日　　　　　　　附件　張

摘要	總帳科目	明細科目	借方金額	貸方金額	記帳
向 L 公司銷售甲產品	應收帳款	L 公司	70,200		√
	主營業務收入			60,000	√
	應交稅費	應交增值稅（銷項稅額）		10,200	√
	合計		70,200	70,200	

會計主管：　　　記帳：　　　審核：　　　製單：

表 10-11　　　　　　　　　　　**轉帳憑證**

　　　　　　　　　　　　　　　　　　　　　　　　　　轉字第 02 號
　　　　　　　　　　　2015 年 9 月 7 日　　　　　　　附件　張

摘要	總帳科目	明細科目	借方金額	貸方金額	記帳
購入 B 材料	在途物資	B 材料	32,000		√
	應交稅費	應交增值稅（進項稅額）	5,440		√
	應付帳款	立華工廠		37,440	√
	合計		37,440	37,440	

會計主管：　　　記帳：　　　審核：　　　製單：

表 10-12　　　　　　　　　　　**付款憑證**

　　　　　　　　　　　　　　　　　　　　　　　　　　銀付字第 03 號
貸方科目：銀行存款　　　2015 年 9 月 8 日　　　　　　附件　張

摘要	借方科目		金額	記帳
	總帳科目	明細科目		
支付修理費	製造費用		2,000	√
	管理費用		1,000	√
合計			3,000	

會計主管：　　　記帳：　　　出納：　　　審核：　　　製單：

表 10-13　　　　　　　　　　　付款憑證

貸方科目：銀行存款　　　　　2015 年 9 月 9 日

銀付字第 04 號
附件　張

摘要	借方科目		金額	記帳
	總帳科目	明細科目		
支付廣告費	銷售費用		5,000	√
合計			5,000	

會計主管：　　　　記帳：　　　　出納：　　　　審核：　　　　製單：

表 10-14　　　　　　　　　　　轉帳憑證

　　　　　　　　　　　　　2015 年 9 月 10 日

轉字第 03 號
附件　張

摘要	總帳科目	明細科目	借方金額	貸方金額	記帳
材料驗收入庫	原材料	A 材料	50,000		√
		B 材料	32,000		√
	在途物資	A 材料		50,000	√
		B 材料		32,000	√
合計			82,000	82,000	

會計主管：　　　　記帳：　　　　審核：　　　　製單：

表 10-15　　　　　　　　　　　轉帳憑證

　　　　　　　　　　　　　2015 年 9 月 12 日

轉字第 04 號
附件　張

摘要	總帳科目	明細科目	借方金額	貸方金額	記帳
張陽報銷差旅費	管理費用		1,200		√
	其他應收款	張陽		1,200	√
合計			1,200	1,200	

會計主管：　　　　記帳：　　　　審核：　　　　製單：

表 10-16 　　　　　　　　　　　**收款憑證**

　　　　　　　　　　　　　　　　　　　　　　　　　　現收字第 01 號
借方科目：庫存現金　　　2015 年 9 月 12 日　　　　　　附件　張

摘要	貸方科目		金額	記帳
	總帳科目	明細科目		
張陽交回多餘借款	其他應收款	張陽	300	√
合計			300	

會計主管：　　　記帳：　　　出納：　　　審核：　　　製單：

表 10-17 　　　　　　　　　　　**付款憑證**

　　　　　　　　　　　　　　　　　　　　　　　　　　銀付字第 05 號
貸方科目：銀行存款　　　2015 年 9 月 13 日　　　　　　附件　張

摘要	借方科目		金額	記帳
	總帳科目	明細科目		
支付前欠貨款	應付帳款	明遠工廠	80,000	√
合計			80,000	

會計主管：　　　記帳：　　　出納：　　　審核：　　　製單：

表 10-18 　　　　　　　　　　　**付款憑證**

　　　　　　　　　　　　　　　　　　　　　　　　　　銀付字第 06 號
貸方科目：銀行存款　　　2015 年 9 月 15 日　　　　　　附件　張

摘要	借方科目		金額	記帳
	總帳科目	明細科目		
支付電費	製造費用		2,600	√
	管理費用		1,000	√
合計			3,600	

會計主管：　　　記帳：　　　出納：　　　審核：　　　製單：

表 10-19　　　　　　　　　　　付款憑證

銀付字第 07 號

貸方科目：銀行存款　　　　2015 年 9 月 19 日　　　　　　附件　張

摘要	借方科目		金額	記帳
	總帳科目	明細科目		
提取現金	庫存現金		8,000	√
合計			8,000	

會計主管：　　　記帳：　　　出納：　　　審核：　　　製單：

表 10-20　　　　　　　　　　　付款憑證

銀付字第 08 號

貸方科目：銀行存款　　　　2015 年 9 月 20 日　　　　　　附件　張

摘要	借方科目		金額	記帳
	總帳科目	明細科目		
支付業務招待費	管理費用		7,000	√
合計			7,000	

會計主管：　　　記帳：　　　出納：　　　審核：　　　製單：

表 10-21　　　　　　　　　　　付款憑證

現付字第 01 號

貸方科目：庫存現金　　　　2015 年 9 月 22 日　　　　　　附件　張

摘要	借方科目		金額	記帳
	總帳科目	明細科目		
購入辦公用品	製造費用		320	√
	管理費用		200	√
合計			520	

會計主管：　　　記帳：　　　出納：　　　審核：　　　製單：

表 10-22　　　　　　　　　　　付款憑證

銀付字第 09 號

貸方科目：銀行存款　　　　2015 年 9 月 25 日　　　　　　附件　張

摘要	借方科目		金額	記帳
	總帳科目	明細科目		
對外捐贈	營業外支出		6,000	√
合計			6,000	

會計主管：　　　　記帳：　　　　出納：　　　　審核：　　　　製單：

表 10-23　　　　　　　　　　　付款憑證

銀付字第 10 號

貸方科目：銀行存款　　　　2015 年 9 月 30 日　　　　　　附件　張

摘要	借方科目		金額	記帳
	總帳科目	明細科目		
支付第三季度短期借款利息	應付利息		6,700	√
	財務費用		3,500	√
合計			10,200	

會計主管：　　　　記帳：　　　　出納：　　　　審核：　　　　製單：

表 10-24　　　　　　　　　　　轉帳憑證

轉字第 05 號

2015 年 9 月 30 日　　　　　　附件　張

摘要	總帳科目	明細科目	借方金額	貸方金額	記帳
分配本月材料費用	生產成本	甲產品	91,200		√
		乙產品	64,000		√
	製造費用		30,800		√
	管理費用		4,000		√
	原材料	A 材料		118,000	√
		B 材料		72,000	√
合計			190,000	190,000	

會計主管：　　　　記帳：　　　　　　　　審核：　　　　　　　製單：

表 10-25　　　　　　　　　　　　　　　轉帳憑證

轉字第 06 號

2015 年 9 月 30 日　　　　　　　　附件　張

摘要	總帳科目	明細科目	借方金額	貸方金額	記帳
計提本月固定資產折舊	製造費用		5,200		√
	管理費用		2,000		√
	累計折舊			7,200	√
	合計		7,200	7,200	

會計主管：　　　　　記帳：　　　　　審核：　　　　　製單：

表 10-26　　　　　　　　　　　　　　　轉帳憑證

轉字第 07 號

2015 年 9 月 30 日　　　　　　　　附件　張

摘要	總帳科目	明細科目	借方金額	貸方金額	記帳
分配本月職工工資	生產成本	甲產品	30,000		√
		乙產品	20,000		√
	製造費用		5,000		√
	管理費用		5,000		√
	應付職工薪酬	工資		60,000	√
	合計		60,000	60,000	

會計主管：　　　　　記帳：　　　　　審核：　　　　　製單：

表 10-27　　　　　　　　　　　　　　　轉帳憑證

轉字第 08 號

2015 年 9 月 30 日　　　　　　　　附件　張

摘要	總帳科目	明細科目	借方金額	貸方金額	記帳
計提職工福利費	生產成本	甲產品	4,200		√
		乙產品	2,800		√
	製造費用		700		√
	管理費用		700		√
	應付職工薪酬	福利費		8,400	√
	合計		8,400	8,400	

會計主管：　　　　　記帳：　　　　　審核：　　　　　製單：

表 10-28

轉帳憑證

2015 年 9 月 30 日

轉字第 09 號
附件　張

摘要	總帳科目	明細科目	借方金額	貸方金額	記帳
分配結轉本月製造費用	生產成本	甲產品	27,972		√
		乙產品	18,648		√
	製造費用			46,620	√
	合計		46,620	46,620	

會計主管：　　　　　記帳：　　　　　審核：　　　　　製單：

表 10-29

轉帳憑證

2015 年 9 月 30 日

轉字第 10 號
附件　張

摘要	總帳科目	明細科目	借方金額	貸方金額	記帳
結轉本月完工產品成本	庫存商品	甲產品	225,000		√
	生產成本	甲產品		225,000	√
	合計		225,000	225,000	

會計主管：　　　　　記帳：　　　　　審核：　　　　　製單：

表 10-30

轉帳憑證

2015 年 9 月 30 日

轉字第 11 號
附件　張

摘要	總帳科目	明細科目	借方金額	貸方金額	記帳
結轉本月銷售產品的成本	主營業務成本		145,000		√
	庫存商品	甲產品		112,500	√
		乙產品		32,500	√
	合計		145,000	145,000	

會計主管：　　　　　記帳：　　　　　審核：　　　　　製單：

表 10-31　　　　　　　　　　　　　轉帳憑證

轉字第 12 號

2015 年 9 月 30 日　　　　　　　　　附件　張

摘要	總帳科目	明細科目	借方金額	貸方金額	記帳
計繳本月銷售稅金	稅金及附加		2,380		√
	應交稅費			2,380	√
					√
	合計		2,380	2,380	

會計主管：　　　　　記帳：　　　　　審核：　　　　　製單：

表 10-32　　　　　　　　　　　　　轉帳憑證

轉字第 13 號

2015 年 9 月 30 日　　　　　　　　　附件　張

摘要	總帳科目	明細科目	借方金額	貸方金額	記帳
結轉本期收入	主營業務收入		255,000		√
	營業利潤			255,000	√
	合計		255,000	255,000	

會計主管：　　　　　記帳：　　　　　審核：　　　　　製單：

表 10-33　　　　　　　　　　　　　轉帳憑證

轉字第 14 號

2015 年 9 月 30 日　　　　　　　　　附件　張

摘要	總帳科目	明細科目	借方金額	貸方金額	記帳
結轉本期成本、費用	本年利潤		183,980		√
	主營業務成本			145,000	√
	銷售費用			5,000	√
	稅金及附加			2,380	√
	管理費用			22,100	√
	財務費用			3,500	√
	營業外支出			6,000	√
	合計		183,980	183,980	

會計主管：　　　　　記帳：　　　　　審核：　　　　　製單：

表 10-34　　　　　　　　　　轉帳憑證

　　　　　　　　　　　　　　　　　　　　　　　　　　　轉字第 15 號
　　　　　　　　　　　　2015 年 9 月 30 日　　　　　　　附件　　張

摘要	總帳科目	明細科目	借方金額	貸方金額	記帳
計提所得稅費用	所得稅費用		17,755		√
	應交稅費	應交所得稅		17,755	√
	合計		17,755	17,755	

會計主管：　　　　　記帳：　　　　　審核：　　　　　製單：

表 10-35　　　　　　　　　　轉帳憑證

　　　　　　　　　　　　　　　　　　　　　　　　　　　轉字第 16 號
　　　　　　　　　　　　2015 年 9 月 30 日　　　　　　　附件　　張

摘要	總帳科目	明細科目	借方金額	貸方金額	記帳
結轉所得稅費用	本年利潤		17,755		√
	所得稅費用			17,755	√
	合計		17,755	17,755	

會計主管：　　　　　記帳：　　　　　審核：　　　　　製單：

3. 根據記帳憑證，登記日記帳（如表 10-36、表 10-37 所示）

表 10-36　　　　　　　　　　現金日記帳

2015 年 月	日	憑證號數	摘要	對方科目	借方金額	貸方金額	借或貸	餘額
9	01		期初餘額				借	1,200
9	12	現收 01	張陽報銷差旅費	其他應收款	300		借	1,500
9	19	銀付 07	提取現金	銀行存款	8,000		借	9,500
9	22	現付 01	購入辦公用品	管理費用等		520	借	8,980
9	30		本月合計		8,300	520	借	8,980

表 10-37　　　　　　　　　　銀行存款日記帳

2015 年 月	日	憑證號數	摘要	結算方式	結算號	對方科目	借方金額	貸方金額	借或貸	餘額
9	01		期初餘額	略	略				借	530,000
9	01	銀收 01	借入短期借款			短期借款	200,000			730,000

表10-37(續)

2015年		憑證號數	摘要	結算方式	結算號	對方科目	借方金額	貸方金額	借或貸	餘額
月	日									
9	02	銀付01	購入A材料			在途物資等		58,500	借	671,500
9	03	銀收02	銷售收款			主營業務收入等	228,150		借	899,650
9	04	銀付02	發放職工工資			應付職工薪酬		86,000	借	813,650
9	05	銀收03	收回貨款			應收帳款	32,000		借	845,650
9	08	銀付03	支付修理費			製造費用等		3,000	借	842,650
9	09	銀付04	支付廣告費			銷售費用		5,000	借	837,650
9	13	銀付05	支付前欠貨款			應付帳款		80,000	借	757,650
9	15	銀付06	支付電費			製造費用等		3,600	借	754,050
9	19	銀付07	提取現金			庫存現金		8,000	借	746,050
9	20	銀付08	支付業務招待費			管理費用		7,000	借	739,050
9	25	銀付09	對外捐贈			營業外支出		6,000	借	733,050
9	30	銀付10	支付利息			應付利息等		10,200	借	722,850
9	30		本月合計				460,150	267,300	借	722,850

4. 根據記帳憑證，登記有關明細帳（如表10-38至表10-50所示）

表10-38　　　　　　　應收帳款——M公司

2015年		憑證號數	摘要	借方金額	貸方金額	借或貸	餘額
月	日						
9	01		期初餘額			借	32,000
9	05	銀收03	收回貨款		32,000	平	0
9	30		本月合計		32,000	平	0

表10-39　　　　　　　應收帳款——L公司

2015年		憑證號數	摘要	借方金額	貸方金額	借或貸	餘額
月	日						
9	01		期初餘額			借	20,000
9	06	轉01	銷售產品	70,200		借	90,200
9	30		本月合計	70,200		借	90,200

表 10-40　　　　　　　　　　　其他應收款——張陽

2015 年		憑證號數	摘要	借方金額	貸方金額	借或貸	餘額
月	日						
9	01		期初餘額			借	1,500
9	12	轉 04	報銷差旅費		1,200	借	300
9	12	現收 01	報銷差旅費		300	平	0
9	30		本月合計		1,500	平	0

表 10-41　　　　　　　　　　　在途物資——A 材料

2015 年		憑證號數	摘要	借方金額	貸方金額	借或貸	餘額
月	日						
9	02	銀付 01	採購 A 材料	50,000		借	50,000
9	10	轉 03	入庫		50,000	平	0
9	30		本月合計	50,000	50,000	平	0

表 10-42　　　　　　　　　　　在途物資——B 材料

2015 年		憑證號數	摘要	借方金額	貸方金額	借或貸	餘額
月	日						
9	07	轉 02	採購	32,000		借	32,000
9	10	轉 03	入庫		32,000	平	0
9	30		本月合計	32,000	32,000	平	0

表 10-43　　　　　　　　　　　原材料——A 材料

2015 年		憑證字號	摘要	收入			發出			結存		
月	日			數量	單價	金額	數量	單價	金額	數量	單價	金額
9	01		期初餘額							4,000	20	80,000
9	10	轉 03	入庫	2,500	20	50,000				6,500	20	130,000
9	30	轉 05	領用				5,900	20	118,000	600	20	12,000
9	30		本月合計	2,500		50,000	5,900		118,000	600	20	12,000

表 10-44　　　　　　　　　　　原材料——B 材料

2015 年		憑證字號	摘要	收入			發出			結存		
月	日			數量	單價	金額	數量	單價	金額	數量	單價	金額
9	01		期初餘額							3,000	16	48,000

表10-44(續)

2015年		憑證字號	摘要	收入			發出			結存		
月	日			數量	單價	金額	數量	單價	金額	數量	單價	金額
9	10	轉03	入庫	2,000	16	32,000				5,000	16	80,000
9	30	轉05	領用				4,500	16	72,000	500	16	8,000
9	30		本月合計	2,000		32,000	4,500		72,000	500	16	8,000

表10-45　　　　　　　　　庫存商品——甲產品

2015年		憑證字號	摘要	收入			發出			結存		
月	日			數量	單價	金額	數量	單價	金額	數量	單價	金額
9	01		期初餘額							4,000	75	300,000
9	30	轉10	完工入庫	3,000	75	225,000				7,000	75	525,000
9	30	轉11	銷售				1,500	75	112,500	5,500	75	412,500
9	30		本月合計	3,000		225,000	1,500		112,500	5,500	75	412,500

表10-46　　　　　　　　　庫存商品——乙產品

2015年		憑證字號	摘要	收入			發出			結存		
月	日			數量	單價	金額	數量	單價	金額	數量	單價	金額
9	01		期初餘額							2,000	65	130,000
9	30	轉11	銷售				500	65	32,500	1,500	65	97,500
9	30		本月合計				500	65	32,500	1,500	65	97,500

表10-47　　　　　　　　　應付帳款——明遠工廠

2015年		憑證號數	摘要	借方金額	貸方金額	借或貸	餘額
月	日						
9	01		期初餘額			貸	80,000
9	13	銀付05	償付欠款	80,000		平	0
9	30		本月合計	80,000		平	0

表10-48　　　　　　　　　應付帳款——立華工廠

2015年		憑證號數	摘要	借方金額	貸方金額	借或貸	餘額
月	日						
9	07	轉02	採購材料，款未付		37,440	貸	37,440
9	30		本月合計		374,400	貸	37,440

表 10-49　　　　　　　　　　　生產成本——甲產品

2015年 月	日	憑證號數	摘要	借方 直接材料	借方 直接人工	借方 製造費用	借方 合計	貸方	餘額
9	01		期初餘額	34,000	23,000	14,628	71,628		71,628
9	30	轉05號	材料費用	91,200			91,200		162,828
9	30	轉07號	工資費用		30,000		30,000		192,828
9	30	轉08號	福利費		4,200		4,200		197,028
9	30	轉09號	製造費用			27,972	27,972		225,000
9	30	轉10號	完工入庫					225,000	0
9	30		本月合計	125,200	57,200	42,600	225,000	225,000	0

表 10-50　　　　　　　　　　　生產成本——乙產品

2015年 月	日	憑證號數	摘要	借方 直接材料	借方 直接人工	借方 製造費用	借方 合計	貸方	餘額
9	01		期初餘額	27,000	22,000	13,000	62,000		62,000
9	30	轉05號	材料費用	64,000			64,000		126,000
9	30	轉07號	工資費用		20,000		20,000		146,000
9	30	轉08號	福利費		2,800		2,800		148,800
9	30	轉09號	製造費用			18,648	18,648		167,448
9	30		本月合計	91,000	44,800	31,648	167,448		167,448

5. 根據記帳憑證，登記總分類帳（如表 10-51 至表 10-77 所示）

表 10-51　　　　　　　　　　　　庫存現金

2015年 月	日	憑證號數	摘要	對方科目	借方金額	貸方金額	借或貸	餘額
9	01		期初餘額				借	1,200
9	12	現收01	張陽報銷差旅費	其他應收款	300		借	1,500
9	19	銀付07	提取現金	銀行存款	8,000		借	9,500
9	22	現付01	購買辦公用品	管理費用等		520	借	8,980
9	30		本月合計		8,300	520	借	8,980

252

表 10-52　　　　　　　　　　　　　　銀行存款

2015年 月	日	憑證號數	摘要	結算方式	結算號	對方科目	借方金額	貸方金額	借或貸	餘額
9	01		期初餘額	略	略				借	530,000
9	01	銀收01	借入短期借款			短期借款	200,000		借	730,000
9	02	銀付01	採購A材料			在途物資等		58,500	借	671,500
9	03	銀收02	銷售收款			主營業務收入等	228,150		借	899,650
9	04	銀付02	發放職工工資			應付職工薪酬		86,000	借	813,650
9	05	銀收03	收回貨款			應收帳款	32,000		借	845,650
9	08	銀付03	支付修理費			製造費用等		3,000	借	842,650
9	09	銀付04	支付廣告費			銷售費用		5,000	借	837,650
9	13	銀付05	支付前欠貨款			應付帳款		80,000	借	757,650
9	15	銀付06	支付電費			製造費用等		3,600	借	754,050
9	19	銀付07	提取現金			庫存現金		8,000	借	746,050
9	20	銀付08	支付業務招待費			管理費用		7,000	借	739,050
9	25	銀付09	對外捐贈			營業外支出		6,000	借	733,050
9	30	銀付10	支付利息			應付利息等		10,200	借	722,850
9	30		本月合計				460,150	267,300	借	722,850

表 10-53　　　　　　　　　　　　　　應收帳款

2015年 月	日	憑證號數	摘要	借方金額	貸方金額	借或貸	餘額
9	01		期初餘額			借	52,000
9	05	銀收03	收回貨款		32,000	借	20,000
9	06	轉01	銷售產品	70,200		借	90,200
9	30		本月合計	70,200	32,000	借	90,200

表 10-54　　　　　　　　　　　　　　其他應收款

2015年 月	日	憑證號數	摘要	借方金額	貸方金額	借或貸	餘額
9	01		期初餘額			借	1,500
9	12	轉04	報銷差旅費		1,200	借	300
9	12	現收01	報銷差旅費		300	借	0
9	30		本月合計		1,500	平	0

表 10-55　　　　　　　　　　　在途物資

2015 年		憑證號數	摘要	借方金額	貸方金額	借或貸	餘額
月	日						
9	02	銀付 01	採購	50,000		借	50,000
9	07	轉 02	採購	32,000		借	82,000
9	10	轉 03	材料入庫		82,000	平	0
9	30		本月合計	82,000	82,000	平	0

表 10-56　　　　　　　　　　　原材料

2015 年		憑證號數	摘要	借方金額	貸方金額	借或貸	餘額
月	日						
9	01		期初餘額			借	128,000
9	10	轉 03	材料驗收入庫	82,000		借	210,000
9	30	轉 05	領用材料		190,000	借	20,000
9	30		本月合計	82,000	190,000	借	20,000

表 10-57　　　　　　　　　　　庫存商品

2015 年		憑證號數	摘要	借方金額	貸方金額	借或貸	餘額
月	日						
9	01		期初餘額			借	430,000
9	30	轉 10	產品完工入庫	225,000		借	655,000
9	30	轉 11	銷售		145,000	借	510,000
9	30		本月合計	225,000	145,000	借	510,000

表 10-58　　　　　　　　　　　固定資產

2015 年		憑證號數	摘要	借方金額	貸方金額	借或貸	餘額
月	日						
9	01		期初餘額			借	800,000
9	30		本月合計			借	800,000

表 10-59　　　　　　　　　　　累計折舊

2015 年		憑證號數	摘要	借方金額	貸方金額	借或貸	餘額
月	日						
9	01		期初餘額			貸	143,628

表10-59(續)

2015年		憑證號數	摘要	借方金額	貸方金額	借或貸	餘額
月	日						
9	30	轉06	計提折舊		7,200	貸	150,828
9	30		本月合計		7,200	貸	150,828

表 10-60　　　　　　　　　　短期借款

2015年		憑證號數	摘要	借方金額	貸方金額	借或貸	餘額
月	日						
9	01		期初餘額			貸	500,000
9	01	銀收01	借入短期借款		200,000	貸	700,000
9	30		本月合計		200,000	貸	700,000

表 10-61　　　　　　　　　　應付帳款

2015年		憑證號數	摘要	借方金額	貸方金額	借或貸	餘額
月	日						
9	01		期初餘額			貸	80,000
9	07	轉02	購料，款未付		37,440	貸	117,440
9	13	銀付05	償付前欠款	80,000		貸	37,440
9	30		本月合計	80,000	37,440	貸	37,440

表 10-62　　　　　　　　　　應付職工薪酬

2015年		憑證號數	摘要	借方金額	貸方金額	借或貸	餘額
月	日						
9	01		期初餘額			貸	86,000
9	04	銀付02	發放工資	86,000		平	0
9	30	轉07	分配工資費用		60,000	貸	60,000
9	30	轉08	提取職工福利費		8,400	貸	68,400
9	30		本月合計	86,000	68,400	貸	68,400

表 10-63　　　　　　　　　　應交稅費

2015年		憑證號數	摘要	借方金額	貸方金額	借或貸	餘額
月	日						
9	01		期初餘額			貸	73,000

表10-63(續)

2015年 月	日	憑證號數	摘要	借方金額	貸方金額	借或貸	餘額
9	02	銀付01	採購材料	8,500		貸	64,500
9	03	銀收02	銷售產品		33,150	貸	97,650
9	06	轉01	銷售產品		10,200	貸	107,850
9	07	轉02	採購材料	5,440		貸	102,410
9	30	轉12	計繳銷售稅金		2,380	貸	104,790
9	30	轉15	計算所得稅費用		17,755	貸	122,545
9	30		本月合計	13,940	63,485	貸	122,545

表10-64　　　　　　　　　　　　應付利息

2015年 月	日	憑證號數	摘要	借方金額	貸方金額	借或貸	餘額
9	01		期初餘額			貸	6,700
9	30	銀付10	支付利息	6,700		平	0
9	30		本月合計	6,700		平	0

表10-65　　　　　　　　　　　　實收資本

2015年 月	日	憑證號數	摘要	借方金額	貸方金額	借或貸	餘額
9	01		期初餘額			貸	852,000
9	30		本月合計			貸	852,000

表10-66　　　　　　　　　　　　盈餘公積

2015年 月	日	憑證號數	摘要	借方金額	貸方金額	借或貸	餘額
9	01		期初餘額			貸	102,000
9	30		本月合計			貸	102,000

表10-67　　　　　　　　　　　　本年利潤

2015年 月	日	憑證號數	摘要	借方金額	貸方金額	借或貸	餘額
9	01		期初餘額			貸	233,000

表10-67(續)

2015年		憑證號數	摘要	借方金額	貸方金額	借或貸	餘額
月	日						
9	30	轉13	結轉本期收入		255,000	貸	488,000
9	30	轉14	結轉本期成本費用	183,980		貸	304,020
9	30	轉16	結轉所得稅費用	17,755		貸	286,265
9	30		本月合計	201,735	255,000	貸	286,265

表10-68　　　　　　　　　　　　生產成本

2015年		憑證號數	摘要	借方金額	貸方金額	借或貸	餘額
月	日						
9	01		期初餘額			借	133,628
9	30	轉05	分配材料費用	155,200		借	288,828
9	30	轉07	分配工資	50,000		借	338,828
9	30	轉08	提取職工福利費	7,000		借	345,828
9	30	轉09	結轉製造費用	46,620		借	392,448
9	30	轉10	甲產品完工		225,000	借	167,448
9	30		本月合計	258,820	225,000	借	167,448

表10-69　　　　　　　　　　　　製造費用

2015年		憑證號數	摘要	借方金額	貸方金額	借或貸	餘額
月	日						
9	08	銀付03	支付修理費	2,000		借	2,000
9	15	銀付06	支付電費	2,600		借	4,600
9	22	現付01	購入辦公用品	320		借	4,920
9	30	轉05	分配材料費用	30,800		借	35,720
9	30	轉06	計提折舊	5,200		借	40,920
9	30	轉07	分配工資	5,000		借	45,920
9	30	轉08	提取職工福利費	700		借	46,620
9	30	轉09	結轉製造費用		46,620	平	0
9	30		本月合計	46,620	46,620	平	0

表 10-70　　　　　　　　　　　　　主營業務收入

2015年		憑證號數	摘要	借方金額	貸方金額	借或貸	餘額
月	日						
9	03	銀收02	銷售產品		195,000	貸	195,000
9	06	轉01	銷售產品		60,000	貸	255,000
9	30	轉13	結轉本期收入	255,000		平	0
9	30		本月合計	255,000	255,000	平	0

表 10-71　　　　　　　　　　　　　主營業務成本

2015年		憑證號數	摘要	借方金額	貸方金額	借或貸	餘額
月	日						
9	30	轉11	結轉銷售產品成本	145,000		借	145,000
9	30	轉14	結轉成本費用		145,000	平	0
9	30		本月合計	145,000	145,000	平	0

表 10-72　　　　　　　　　　　　　銷售費用

2015年		憑證號數	摘要	借方金額	貸方金額	借或貸	餘額
月	日						
9	09	銀付04	支付廣告費	5,000		借	5,000
9	30	轉14	結轉成本費用		5,000	平	0
5	30		本月合計	5,000	5,000	平	0

表 10-73　　　　　　　　　　　　　稅金及附加

2015年		憑證號數	摘要	借方金額	貸方金額	借或貸	餘額
月	日						
9	30	轉12	計繳銷售稅金	2,380		借	2,380
9	30	轉14	結轉成本費用		2,380	平	0
9	30		本月合計	2,380	2,380	平	0

表 10-74　　　　　　　　　　　　　管理費用

2015年		憑證號數	摘要	借方金額	貸方金額	借或貸	餘額
月	日						
9	08	銀付03	支付修理費	1,000		借	1,000
9	12	轉04	報銷差旅費	1,200		借	2,200

表10-74(續)

2015年		憑證號數	摘要	借方金額	貸方金額	借或貸	餘額
月	日						
9	15	銀付06	支付電費	1,000		借	3,200
9	20	銀付08	支付業務招待費	7,000		借	10,200
9	22	現付01	購入辦公用品	200		借	10,400
9	30	轉05	分配材料費用	4,000		借	14,400
9	30	轉06	計提折舊	2,000		借	16,400
9	30	轉07	分配工資	5,000		借	21,400
9	30	轉08	提取職工福利費	700		借	22,100
9	30	轉14	結轉成本費用		22,100	平	0
9	30		本月合計	22,100	22,100	平	0

表10-75　　　　　　　　　　財務費用

2015年		憑證號數	摘要	借方金額	貸方金額	借或貸	餘額
月	日						
9	30	銀付10	支付利息	3,500		借	3,500
9	30	轉14	結轉成本費用		3,500	平	0
9	30		本月合計	3,500	3,500	平	0

表10-76　　　　　　　　　　所得稅費用

2015年		憑證號數	摘要	借方金額	貸方金額	借或貸	餘額
月	日						
9	30	轉15	計提所得稅費用	17,755		借	17,755
9	30	轉16	結轉所得稅費用		17,755	平	0
9	30		本月合計	17,755	17,755	平	0

表10-77　　　　　　　　　　營業外支出

2015年		憑證號數	摘要	借方金額	貸方金額	借或貸	餘額
月	日						
9	25	銀付09	對外捐贈	6,000		借	6,000
9	30	轉14	結轉成本費用		6,000	平	0
9	30		本月合計	6,000	6,000	平	0

6. 根據帳簿記錄，編制資產負債表和利潤表（如表10-78、表10-79所示）。

表 10-78   資產負債表

編制單位：興宛公司   2015 年 9 月 30 日   會企 01 表
                                                                    單位：元

資產	期末餘額	年初餘額	負債和所有者權益（或股東權益）	期末餘額	年初餘額
流動資產：			流動負債：		
貨幣資金	731,830		短期借款	700,000	
以公允價值計量且其變動計入當期損益的金融資產			以公允價值計量且其變動計入當期損益的金融負債		
應收票據			應付票據		
應收帳款	90,200		應付帳款	37,440	
預付款項			預收款項		
應收利息			應付職工薪酬	68,400	
應收股利			應交稅費	122,545	
其他應收款			應付利息		
存貨	697,448		應付股利		
一年內到期的非流動資產			其他應付款		
其他流動資產			一年內到期的非流動負債		
流動資產合計	1,519,478		其他流動負債		
非流動資產：			流動負債合計	928,385	
可供出售金融資產			非流動負債：		
持有至到期投資			長期借款		
長期應收款			應付債券		
長期股權投資			長期應付款		
投資性房地產			專項應付款		
固定資產	649,172		預計負債		
在建工程			遞延收益		
程物資			遞延所得稅負債		
固定資產清理			其他非流動負債		
生產性生物資產			非流動負債合計		
油氣資產			負債合計	928,385	
無形資產			所有者權益（或股東權益）		
開發支出			實收資本（或股本）	852,000	
商譽			資本公積		
長期待攤費用			減：庫存股		

表10-78(續)

資產	期末餘額	年初餘額	負債和所有者權益（或股東權益）	期末餘額	年初餘額
遞延所得稅資產			其它綜合收益		
其他非流動資產			盈餘公積	102,000	
非流動資產合計	649,172		未分配利潤	286,265	
			所有者權益（或股東權益）合計	1,240,265	
資產總計	2,168,650		負債和所有者權益（或股東權益）總計	2,168,650	

表 10-79　　　　　　　　　　　利潤表

會企02表
編制單位：興宛公司　　　2015 年 9 月　　　　　　單位：元

項目	本期金額	上期金額（略）
一、營業收入	255,000	
減：營業成本	145,000	
稅金及附加	2,380	
銷售費用	5,000	
管理費用	22,100	
財務費用	3,500	
資產減值損失		
加：公允價值變動收益（損失以「-」號填列）		
投資收益（損失以「-」號填列）		
其中：對聯營企業和合營企業的投資收益		
二、營業利潤（虧損以「-」號填列）	77,020	
加：營業外收入		
其中：非流動資產處置利得		
減：營業外支出	6,000	
其中：非流動資產處置損失		
三、利潤總額（虧損總額以「-」號填列）	71,020	
減：所得稅費用	17,755	
四、淨利潤（淨虧損以「-」號填列）	53,265	
五、其他綜合收益的稅後淨額		
六、綜合收益總額		
七、每股收益		
（一）基本每股收益		
（二）稀釋每股收益		

第三節　科目匯總表核算形式

一、科目匯總表核算形式的特點

科目匯總表核算形式的特點是根據記帳憑證定期編制科目匯總表，然後根據科目匯總表登記總分類帳。由於總分類帳是根據科目匯總表登記的，所以這種核算形式又被稱為科目匯總表核算形式。

二、科目匯總表核算形式設置的憑證和帳簿

（一）憑證設置

（1）記帳憑證的設置。與記帳憑證核算形式一樣，在科目匯總表核算形式下，企業一般也需要設置收款憑證、付款憑證和轉帳憑證三種專用記帳憑證或者一種通用記帳憑證。為了便於按科目匯總編制科目匯總表，避免漏匯和重匯，記帳憑證以單式憑證的格式為宜。

（2）科目匯總表設置。與其他會計核算形式不同，科目匯總表核算形式除了要求設置收款憑證、付款憑證和轉帳憑證外，還必須設置科目匯總表，以代替記帳憑證作為登記總分類帳的依據。

（二）帳簿的設置

科目匯總表核算形式下的日記帳、總分類帳和明細分類帳的設置均與記帳憑證核算形式相同。

三、科目匯總表的編制方法

首先，將匯總期內各項交易或事項所涉及的總帳科目填列在科目匯總表的「會計科目」欄內。然後，根據匯總期內所有記帳憑證，按會計科目分別加計其借方發生額和貸方發生額，並將其匯總金額填在各相應會計科目的「借方」和「貸方」欄內。對於科目匯總表中「庫存現金」「銀行存款」科目的借方本期發生額和貸方本期發生額，也可以直接根據庫存現金日記帳和銀行存款日記帳的收入合計和支出合計填列，而不再根據收款憑證和付款憑證歸類、匯總填列。最後，還應分別加總全部會計科目「借方」和「貸方」發生額，進行發生額的試算平衡。具體匯總方式可分為以下兩種：

（1）全部匯總。全部匯總就是將一定時期（十天、半個月、一個月）的全部記帳憑證匯總到一張科目匯總表內的匯總方式。

（2）分類匯總。分類匯總就是將一定時期（十天、半個月、一個月）的全部記帳憑證分別按庫存現金、銀行存款收/付款的記帳憑證和轉帳記帳憑證進行匯總。科目匯總表的格式如表 10-80 和表 10-81 所示。

表 10-80　　　　　　　　　　科目匯總表格式 1

會計科目	帳頁	本期發生額		記帳憑證起訖號數
		借方	貸方	

表 10-81　　　　　　　　　　科目匯總表格式 2

會計科目	帳頁	1-15 日		16-31 日		本月合計	
		借方	貸方	借方	貸方	借方	貸方

四、科目匯總表核算形式的帳務處理程序

（1）根據原始憑證編制匯總原始憑證。
（2）根據原始憑證或者匯總原始憑證編制收款憑證、付款憑證和轉帳憑證。
（3）根據收款憑證、付款憑證逐日逐筆登記現金日記帳和銀行存款日記帳。
（4）根據原始憑證、匯總原始憑證或者記帳憑證登記各明細分類帳。
（5）根據一定時期內的所有記帳憑證，匯總編制科目匯總表。
（6）根據科目匯總表登記總分類帳。
（7）月末，將各總分類帳戶餘額與各總分類帳戶所屬的現金日記帳、銀行存款日記帳的餘額以及各明細分類帳戶的餘額核對相符。
（8）根據總分類帳和各明細分類帳的記錄編制財務報表。

科目匯總表核算形式的帳務處理程序如圖 10-2 所示。

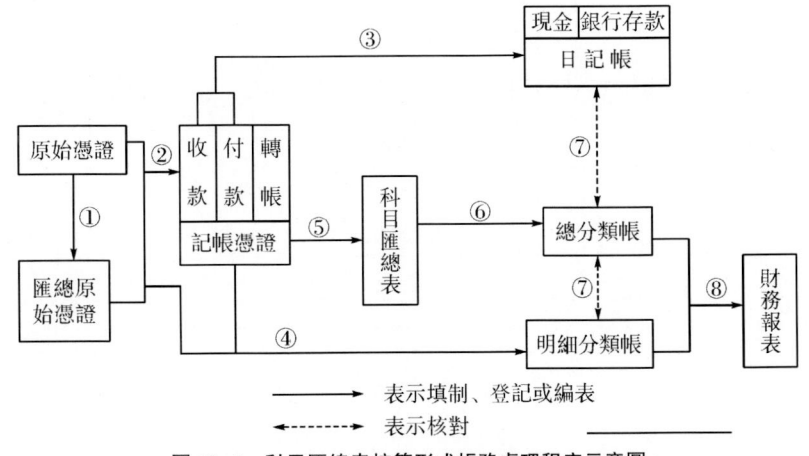

圖 10-2　科目匯總表核算形式帳務處理程序示意圖

五、科目匯總表核算形式的優缺點及適用範圍

（1）科目匯總表核算形式的優點。科目匯總表核算形式的優點有：①根據科目匯總表登記總分類帳，減少了過帳的工作量。②匯總方法簡單，明白易懂。③匯總工作可以分散在平時進行，減輕了月末的工作壓力。④科目匯總表本身兼有試算平衡的作用，因而根據科目匯總表記帳，可以降低過帳錯誤，保證會計工作質量。

（2）科目匯總表核算形式的缺點。科目匯總表核算形式的缺點是科目匯總表不能反應會計科目之間的對應關係，不便於根據帳簿記錄瞭解交易或者事項的來龍去脈，不便於核對帳目和進行會計分析。

（3）科目匯總表核算形式的適用範圍。綜合上述各項優缺點，科目匯總表核算形式一般適用於業務量較多的大中型企業單位。

下面舉例說明科目匯總表會計核算形式的具體運用。

【例10.2】根據例10.1的資料，運用科目匯總表核算形式進行帳務處理。
（1）根據經濟業務，編制記帳憑證。（同例10.1）
（2）根據記帳憑證，登記日記帳。（同例10.1）
（3）根據記帳憑證，登記有關明細帳。（同例10.1）
（4）根據記帳憑證，按旬編制科目匯總表。（如表10-82至表10-84所示）

表10-82

科目匯總表

2015年9月01日—9月10日　　　　　　　　　　匯字第01號

會計科目	記帳	本期發生額 借方	本期發生額 貸方	記帳憑證 起訖號數
銀行存款		460,150	152,500	銀收01—03
應收帳款		70,200	32,000	銀付01—04
在途物資		82,000	82,000	轉01—03
原材料		82,000		
短期借款			200,000	
應付帳款			37,440	
應付職工薪酬		86,000		
應交稅費		13,940	43,350	
製造費用		2,000		
管理費用		1,000		
銷售費用		5,000		
主營業務收入			255,000	
合計		802,290	802,290	

表 10-83

科目匯總表

2015 年 9 月 11 日—9 月 20 日　　　　匯字第 02 號

會計科目	記帳	本期發生額 借方	本期發生額 貸方	記帳憑證起訖號數
庫存現金		8,300		現收 01 銀付 05—08 轉 04
銀行存款			98,600	
其他應收款			1,500	
應付帳款		80,000		
製造費用		2,600		
管理費用		9,200		
合計		100,100	100,100	

表 10-84

科目匯總表

2015 年 9 月 21 日—9 月 30 日　　　　匯字第 03 號

會計科目	記帳	本期發生額 借方	本期發生額 貸方	記帳憑證起訖號數
庫存現金			520	現付 01 銀付 09—10 轉 05—16
銀行存款			16,200	
原材料			190,000	
庫存商品		225,000	145,000	
累計折舊			7,200	
應付職工薪酬			68,400	
應交稅費			20,135	
應付利息		6,700		
本年利潤		201,735	255,000	
生產成本		258,820	225,000	
製造費用		42,020	46,620	
主營業務收入		255,000		
主營業務成本		145,000	145,000	
稅金及附加		2,380	2,380	
管理費用		11,900	22,100	
銷售費用			5,000	
財務費用		3,500	3,500	
營業外支出		6,000	6,000	
所得稅費用		17,755	17,755	
合計		1,175,810	1,175,810	

(5)根據科目匯總表登記總分類帳。(如表 10-85 至表 10-110 所示)

表 10-85　　　　　　　　　　　庫存現金

2015 年		憑證號數	摘要	借方金額	貸方金額	借或貸	餘額
月	日						
9	01		期初餘額			借	1,200
9	20	科匯 2	11~20 日匯總	8,300		借	9,500
9	30	科匯 3	21~30 日匯總		520	借	8,980
9	30		本月合計	8,300	520	借	8,980

表 10-86　　　　　　　　　　　銀行存款

2015 年		憑證號數	摘要	借方金額	貸方金額	借或貸	餘額
月	日						
9	01		期初餘額			借	530,000
9	10	科匯 1	1~10 日匯總	460,150	152,500	借	837,650
9	20	科匯 2	11~20 日匯總		98,600	借	739,050
9	30	科匯 3	21~30 日匯總		16,200	借	722,850
9	30		本月合計	460,150	267,300	借	722,850

表 10-87　　　　　　　　　　　應收帳款

2015 年		憑證號數	摘要	借方金額	貸方金額	借或貸	餘額
月	日						
9	01		期初餘額			借	52,000
9	10	科匯 1	1~10 日匯總	70,200	32,000	借	90,200
9	30		本月合計	70,200	32,000	借	90,200

表 10-88　　　　　　　　　　　其他應收款

2015 年		憑證號數	摘要	借方金額	貸方金額	借或貸	餘額
月	日						
9	01		期初餘額			借	1,500
9	20	科匯 2	11~20 日匯總		1,500	平	0
9	30		本月合計		1,500	平	0

表 10-89　　　　　　　　　　　　　　在途物資

2015 年		憑證號數	摘要	借方金額	貸方金額	借或貸	餘額
月	日						
9	10	科匯 1	1～10 日匯總	82,000	82,000	平	0
9	30		本月合計	82,000	82,000	平	0

表 10-90　　　　　　　　　　　　　　原材料

2015 年		憑證號數	摘要	借方金額	貸方金額	借或貸	餘額
月	日						
9	01		期初餘額			借	128,000
9	10	科匯 1	1～10 日匯總	82,000		借	210,000
9	30	科匯 3	21～30 日匯總		190,000	借	20,000
9	30		本月合計	82,000	190,000	借	20,000

表 10-91　　　　　　　　　　　　　　庫存商品

2015 年		憑證號數	摘要	借方金額	貸方金額	借或貸	餘額
月	日						
9	01		期初餘額			借	430,000
9	30	科匯 3	21～30 日匯總	225,000	145,000	借	510,000
9	30		本月合計	225,000	145,000	借	510,000

表 10-92　　　　　　　　　　　　　　固定資產

2015 年		憑證號數	摘要	借方金額	貸方金額	借或貸	餘額
月	日						
9	01		期初餘額			借	800,000
9	30		本月合計			借	800,000

表 10-93　　　　　　　　　　　　　　累計折舊

2015 年		憑證號數	摘要	借方金額	貸方金額	借或貸	餘額
月	日						
9	01		期初餘額			貸	143,628
9	30	科匯 3	21～30 日匯總		7,200	貸	150,828
9	30		本月合計		7,200	貸	150,828

表 10-94　　　　　　　　　　　　　短期借款

2015 年		憑證號數	摘要	借方金額	貸方金額	借或貸	餘額
月	日						
9	01		期初餘額			貸	500,000
9	10	科匯 1	1~10 日匯總		200,000	貸	700,000
9	30		本月合計		200,000	貸	700,000

表 10-95　　　　　　　　　　　　　應付帳款

2015 年		憑證號數	摘要	借方金額	貸方金額	借或貸	餘額
月	日						
9	01		期初餘額			貸	80,000
9	10	科匯 1	1~10 日匯總		37,440	貸	117,440
9	20	科匯 2	11~20 日匯總	80,000		貸	37,440
9	30		本月合計	80,000	37,440	貸	37,440

表 10-96　　　　　　　　　　　　　應付職工薪酬

2015 年		憑證號數	摘要	借方金額	貸方金額	借或貸	餘額
月	日						
9	01		期初餘額			貸	86,000
9	10	科匯 1	1~10 日匯總	86,000		平	0
9	30	科匯 3	21~30 日匯總		68,400	貸	68,400
9	30		本月合計	86,000	68,400	貸	68,400

表 10-97　　　　　　　　　　　　　應交稅費

2015 年		憑證號數	摘要	借方金額	貸方金額	借或貸	餘額
月	日						
9	01		期初餘額			貸	73,000
9	10	科匯 1	1~10 日匯總	13,940	43,350	貸	102,410
9	30	科匯 3	21~30 日匯總		20,135	貸	122,545
9	30		本月合計	13,940	63,485	貸	122,545

表 10-98　　　　　　　　　　　應付利息

2015 年		憑證號數	摘要	借方金額	貸方金額	借或貸	餘額
月	日						
9	01		期初餘額			貸	6,700
9	30	科匯 3	21~30 日匯總	6,700		平	0
9	30		本月合計	6,700		平	0

表 10-99　　　　　　　　　　　實收資本

2015 年		憑證號數	摘要	借方金額	貸方金額	借或貸	餘額
月	日						
9	01		期初餘額			貸	852,000
9	30		本月合計			貸	852,000

表 10-100　　　　　　　　　　　盈餘公積

2015 年		憑證號數	摘要	借方金額	貸方金額	借或貸	餘額
月	日						
9	01		期初餘額			貸	102,000
9	30		本月合計			貸	102,000

表 10-101　　　　　　　　　　　本年利潤

2015 年		憑證號數	摘要	借方金額	貸方金額	借或貸	餘額
月	日						
9	01		期初餘額			貸	233,000
9	30	科匯 3	21~30 日匯總	201,735	255,000	貸	286,265
9	30		本月合計	201,735	255,000	貸	286,265

表 10-102　　　　　　　　　　　生產成本

2015 年		憑證號數	摘要	借方金額	貸方金額	借或貸	餘額
月	日						
9	01		期初餘額			借	133,628
9	30	科匯 3	21~30 日匯總	258,820	225,000	借	167,448

表 10-103　製造費用

2015年 月	日	憑證號數	摘要	借方金額	貸方金額	借或貸	餘額
9	10	科匯 1	1～10 日匯總	2,000		借	2,000
9	20	科匯 2	11～20 日匯總	2,600		借	4,600
9	30	科匯 3	21～30 日匯總	42,020	46,620	平	0
9	30		本月合計	46,620	46,620	平	0

表 10-104　主營業務收入

2015年 月	日	憑證號數	摘要	借方金額	貸方金額	借或貸	餘額
9	10	科匯 1	1～10 日匯總		255,000	貸	255,000
9	30	科匯 3	21～30 日匯總	255,000		平	0
9	30		本月合計	255,000	255,000	平	0

表 10-105　主營業務成本

2015年 月	日	憑證號數	摘要	借方金額	貸方金額	借或貸	餘額
9	30	科匯 3	21～30 日匯總	145,000	145,000	平	0
9	30		本月合計	145,000	145,000	平	0

表 10-106　銷售費用

2015年 月	日	憑證號數	摘要	借方金額	貸方金額	借或貸	餘額
9	10	科匯 1	1～10 日匯總	5,000		借	5,000
9	30	科匯 3	21～30 日匯總		5,000	平	0
9	30		本月合計	5,000	5,000	平	0

表 10-107　稅金及附加

2015年 月	日	憑證號數	摘要	借方金額	貸方金額	借或貸	餘額
9	30	科匯 3	21～30 日匯總	2,380	2,380	平	0
9	30		本月合計	2,380	2,380	平	0

表 10-108　　　　　　　　　　　管理費用

2015 年		憑證號數	摘要	借方金額	貸方金額	借或貸	餘額
月	日						
9	10	科匯 1	1～10 日匯總	1,000		借	1,000
9	20	科匯 2	11～20 日匯總	9,200		借	10,200
9	30	科匯 3	21～30 日匯總	11,900	22,100	平	0
9	30		本月合計	22,100	22,100	平	0

表 10-109　　　　　　　　　　　財務費用

2015 年		憑證號數	摘要	借方金額	貸方金額	借或貸	餘額
月	日						
9	30	科匯 3	21～30 日匯總	3,500	3,500	平	0
9	30		本月合計	3,500	3,500	平	0

表 10-110　　　　　　　　　　　營業外支出

2015 年		憑證號數	摘要	借方金額	貸方金額	借或貸	餘額
月	日						
9	30	科匯 3	21～30 日匯總	6,000	6,000	平	0
9	30		本月合計	6,000	6,000	平	0

表 10-111　　　　　　　　　　　所得稅費用

2015 年		憑證號數	摘要	借方金額	貸方金額	借或貸	餘額
月	日						
9	30	科匯 3	21～30 日匯總	17,755	17,755	平	0
9	30		本月合計	17,755	17,755	平	0

（6）根據帳簿記錄，編制資產負債表和利潤表。（如表 10-78、表 10-79 所示）

第四節　匯總記帳憑證核算形式

一、匯總記帳憑證核算形式的特點

匯總記帳憑證核算形式的特點是先定期將全部記帳憑證，按照收、付款憑證和轉帳憑證分別歸類編制匯總記帳憑證，然後根據匯總記帳憑證登記總分類帳。由於總分類帳是根據匯總記帳憑證登記的，所以這種核算形式又被稱為匯總記帳憑證核算形式。

二、匯總記帳憑證核算形式設置的憑證和帳簿

(一) 憑證設置

(1) 記帳憑證的設置。在匯總記帳憑證核算形式下，為了便於編制匯總記帳憑證，記帳憑證設置為收款憑證、付款憑證和轉帳憑證等專用記帳憑證為宜，一般不設置為通用記帳憑證的形式。

(2) 匯總記帳憑證的設置。為了對記帳憑證進行匯總，並以此作為登記總分類帳的依據，還應設置匯總收款憑證、匯總付款憑證和匯總轉帳憑證。

(二) 帳簿設置

與記帳憑證核算形式相同，匯總記帳憑證核算形式也應當設置三欄式現金日記帳、銀行存款日記帳和總分類帳（發生額欄目中最好增設對方科目，以反應帳戶的對應關係）。各總分類帳所屬的明細分類帳的設置也與記帳憑證核算形式相同。

三、匯總記帳憑證的編制

(一) 匯總收款憑證的編制

匯總收款憑證是根據收款憑證匯總編制的，按照庫存現金和銀行存款科目的借方分別設置的，用來匯總一定時期內收款業務的一種匯總記帳憑證。

為了便於對一定時期的收款憑證進行匯總，所有匯總收款憑證都應當與收款憑證的借方科目相對應，即將收款憑證的庫存現金借方科目或者銀行存款借方科目分別設置成匯總收款憑證的借方科目。匯總收款憑證的借方科目設置之後，要定期將該時期所有的收款憑證，按照與庫存現金借方和銀行存款借方對應的貸方科目進行歸類和匯總，計算出每一個貸方科目發生額合計數，填入匯總收款憑證中。匯總收款憑證一般應當 5 天或 10 天匯總一次，每月編制一張。月末，結計出匯總收款憑證每個貸方科目發生額合計數，據以登記總分類帳。匯總收款憑證的格式如表 10-112 所示。

表 10-112　　　　　　　　匯總收款憑證

借方科目：　　　　　　　　年　月　　　　　　　　匯收　號

貸方科目	金額				總帳帳頁	
	1~10 日	11~20 日	21~31 日	合計	借方	貸方
合計						

(二) 匯總付款憑證的編制

匯總付款憑證是根據付款憑證匯總編制的，按照庫存現金和銀行存款科目的貸方

分別設置的，用來匯總一定時期內付款業務的一種匯總記帳憑證。

　　為了便於對一定時期的付款憑證進行匯總，所有匯總付款憑證都應當與付款憑證的貸方科目相對應，即將付款憑證的庫存現金貸方科目或者銀行存款貸方科目分別設置成匯總付款憑證的貸方科目。匯總付款憑證的貸方科目設置之後，再定期地將需要匯總的所有付款憑證，按照與庫存現金科目貸方和銀行存款科目貸方對應的借方科目進行歸類和匯總，計算出每一個借方科目發生額合計數，填入匯總付款憑證中。匯總付款憑證一般應當5天或10天匯總一次，每月編制一張。月末時，結計出匯總付款憑證每個借方科目發生額合計數，據以登記總分類帳。匯總付款憑證的格式如表10-113所示。

表10-113　　　　　　　　　　匯總付款憑證

貸方科目：　　　　　　　　　　年　月　　　　　　　　　　匯付　號

借方科目	金額				總帳帳頁	
	1~10日	11~20日	21~31日	合計	借方	貸方
合計						

(三) 匯總轉帳憑證的編制

　　匯總轉帳憑證是根據轉帳憑證匯總編制的，按照轉帳憑證中每一個貸方科目分別設置的，用來匯總一定時期內轉帳業務的一種匯總記帳憑證。

　　為了便於對一定時期的轉帳憑證進行匯總，所有匯總轉帳憑證都應當與轉帳憑證的貸方科目相對應，即將轉帳憑證的各貸方科目分別設置成匯總轉帳憑證的貸方科目。匯總轉帳憑證的貸方科目設置之後，再將需要匯總的所有轉帳憑證，按照與其貸方科目對應的借方科目進行歸類和匯總，計算出每一個借方科目發生額合計數，填入匯總轉帳憑證中。匯總轉帳憑證一般應當5天或10天匯總一次，每月編制一張。月末時，結計出匯總轉帳憑證每個借方科目發生額合計數，據以登記總分類帳。匯總轉帳憑證的格式如表10-114所示。

　　必須指出的是，由於匯總轉帳憑證是一個貸方科目與一個或者幾個借方科目相對應的，所以，在匯總轉帳憑證核算形式下，為了便於編制匯總轉帳憑證，避免對科目的漏匯和重匯，所有轉帳憑證的填制應該是一個貸方科目同一個或多個借方科目相對應，不能以一個借方科目同幾個貸方科目相對應。也就是說，可以填制一借一貸和一貸多借的轉帳憑證，而不能填制一借多貸和多借多貸的轉帳憑證。

表 10-114　　　　　　　　匯總轉帳憑證
貸方科目：　　　　　　　　　年　月　　　　　　　　　　匯轉　號

借方科目	金額				總帳帳頁	
	1～10日	11～20日	21～31日	合計	借方	貸方
合計						

四、總分類帳戶的登記方法

（一）貨幣資金帳戶登記

　　月末，根據匯總收款憑證的合計數，記入總分類帳「庫存現金」或「銀行存款」帳戶的借方，根據各貸方科目合計數記入有關帳戶的貸方；根據匯總付款憑證的合計數，記入「庫存現金」或「銀行存款」總分類帳戶的貸方，根據各借方科目的合計數記入有關帳戶的借方。

（二）其他總分類帳戶的登記

　　月末，將匯總轉帳憑證的合計數記入貸方科目總分類帳戶的貸方，將各借方科目合計數記入各借方科目總分類帳戶的借方。

五、匯總記帳憑證核算形式的帳務處理程序

　　（1）根據原始憑證編制匯總原始憑證。
　　（2）根據匯總原始憑證編制收款憑證、付款憑證和轉帳憑證。
　　（3）根據收款憑證、付款憑證逐日逐筆登記現金日記帳和銀行存款日記帳。
　　（4）根據原始憑證、匯總原始憑證或者記帳憑證登記各明細分類帳。
　　（5）根據收款憑證、付款憑證和轉帳憑證，定期編制匯總收款憑證、匯總付款憑證和匯總轉帳憑證。
　　（6）根據匯總收款憑證、匯總付款憑證和匯總轉帳憑證登記總分類帳。
　　（7）月末，將各總分類帳戶餘額與各總分類帳戶所屬的現金日記帳、銀行存款日記帳的餘額以及各明細分類帳戶的餘額合計數核對相符。
　　（8）根據總分類帳和各明細分類帳的記錄編制財務報表。
　　匯總記帳憑證核算形式的帳務處理程序如圖 10-3 所示。

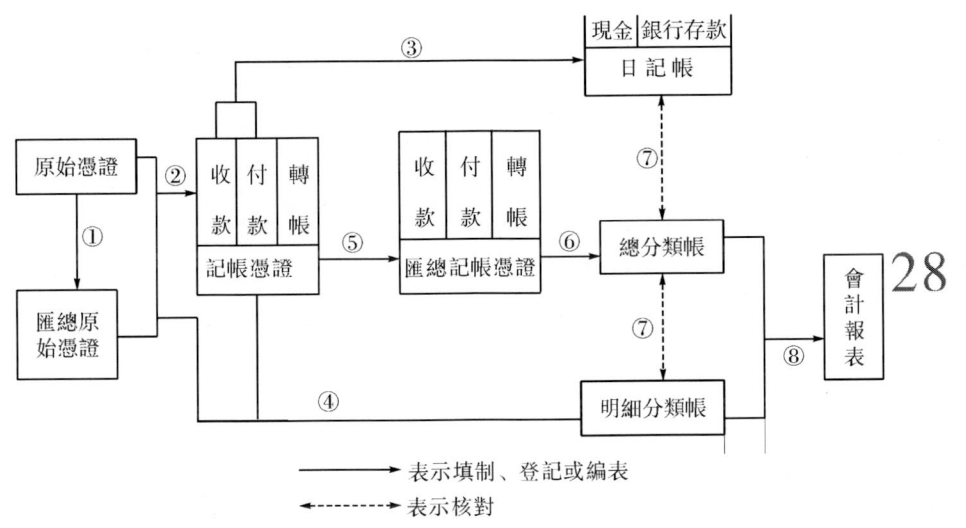

圖 10-3　匯總記帳憑證核算形式帳務處理程序示意圖

六、匯總記帳憑證核算形式的優缺點及適用範圍

(一) 匯總記帳憑證核算形式的優點

　　根據匯總記帳憑證登記總分類帳，可以減輕總分類帳的登記工作，簡化會計核算手續。由於匯總記帳憑證嚴格遵從了帳戶之間的對應關係，故能夠在匯總記帳憑證和帳簿中繼續反應帳戶之間的對應關係，便於核對帳目。

(二) 匯總記帳憑證核算形式的缺點

　　匯總記帳憑證核算形式下，匯總手續複雜，匯總記帳憑證編制的工作量大。對於經營規模較小，交易或者事項不多的小型企業單位而言，採用該種核算形式不僅不能簡化總分類帳的登記工作，反而增加了憑證的匯總手續。另外，該核算形式下的總分類帳中的記錄比較簡略，難以具體反應企業的經濟活動。

(三) 匯總記帳憑證核算形式的適用範圍

　　綜合上述各項優缺點，匯總記帳憑證核算形式比較適用於業務量較大、憑證數量較多的大中型企業單位。

第五節　日記總帳核算形式

一、日記總帳核算形式的特點

　　日記總帳核算形式的特點是設置日記總帳，再根據記帳憑證逐筆登記日記總帳。日

記總帳是將所有總分類帳戶全部集中設置在一張帳頁上，以記帳憑證為根據，對所發生的全部交易或者事項進行序時登記的帳簿形式，是日記帳和分類帳相結合的聯合帳簿。

二、日記總帳核算形式設置的憑證和帳簿

（一）憑證設置

在日記總帳核算形式下，記帳憑證的設置方法與記帳憑證核算形式相同。

（二）帳簿設置

除總分類帳改設為日記總帳以外，日記帳和明細分類帳等其他帳簿的設置及其格式均與前述的其他幾種核算形式相同。

三、日記總帳的登記方法

對於所有的收款業務、付款業務和轉帳業務，都要分別根據收款憑證、付款憑證和轉帳憑證逐日逐筆地進行序時登記，對於每一交易或者事項所涉及的各個帳戶的借方發生額和貸方發生額，都應分別登記在同一行次的不同帳戶的借方和貸方欄目內，並將借方或者貸方發生額合計數登記在「發生額」欄目內。月末，分別結計出各欄次的合計數，計算各帳戶的借方或者貸方餘額，並進行對帳。日記總帳的格式如表10-115所示。

表 10-115　　　　　　　　　　　日記總帳

日期	憑證		摘要	發生額	庫存現金		銀行存款		應收帳款		原材料		管理費用	
	字	號			借方	貸方	借方	貸方	借方	貸方	借方	貸方	借方	貸方

四、日記總帳核算形式的帳務處理程序

（1）根據原始憑證編制匯總原始憑證。

（2）根據原始憑證或者匯總原始憑證編制收款憑證、付款憑證和轉帳憑證。

（3）根據收款憑證、付款憑證逐日逐筆登記現金日記帳和銀行存款日記帳。

（4）根據原始憑證、匯總原始憑證或者記帳憑證登記各明細分類帳。

（5）根據收款憑證、付款憑證和轉帳憑證逐日逐筆登記日記總帳。

（6）月末，將日記總帳中各總分類帳戶的餘額與日記總帳中各總分類帳戶所屬的現金日記帳、銀行存款日記帳的餘額以及各明細分類帳戶的餘額核對相符。

（7）根據日記總帳各帳戶的餘額和各明細分類帳的記錄編制財務報表。

日記總帳核算形式的帳務處理程序如圖10-4所示。

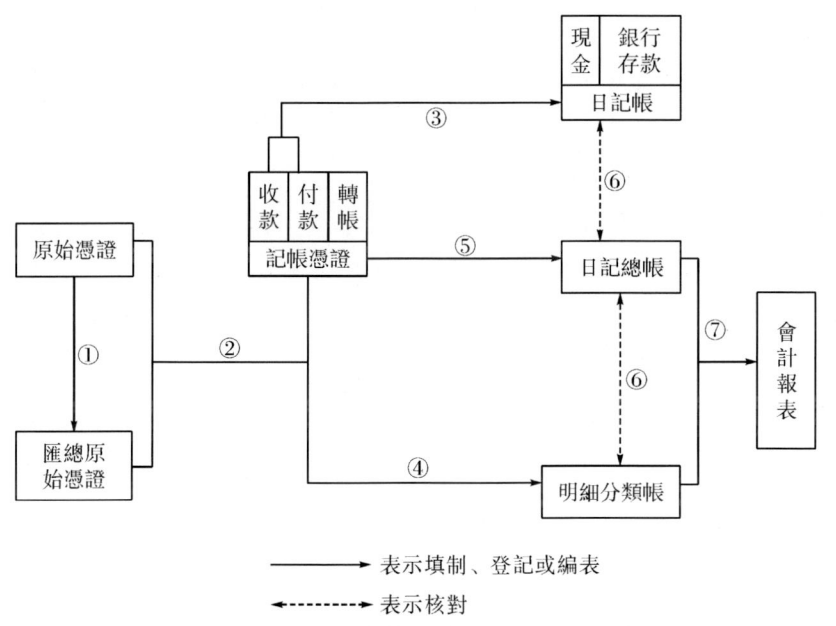

```
                          ┌──┬──┐
                          │現│銀│
                          │金│行│
                          │  │存│
                          │  │款│
                          ├──┴──┤
                 ③        │日記帳│
          ┌──────────────→└──────┘
          │               ↕ ⑥
       ┌──┬──┬──┐         
       │收│付│轉│         
       │款│款│帳│         
       ├──┴──┴──┤  ⑤   ┌──────┐
       │記帳憑證├──────→│日記總帳│
       └────────┘       └──────┘           ┌────┐
┌──────┐  ②    ↑                  ⑦       │會  │
│原始憑證├──────┘                 ────────→│計  │
└──────┘                          ↕ ⑥      │報  │
   │ ①                                     │表  │
   ↓                      ④     ┌────────┐ └────┘
┌──────┐                        │        │
│匯總原│─────────────────────→ │明細分類帳│
│始憑證│                        └────────┘
└──────┘
```

────→ 表示填制、登記或編表
┄┄┄→ 表示核對

圖 10-4　日記總帳核算形式帳務處理程序示意圖

五、日記總帳核算形式的優缺點及適用範圍

（一）日記總帳核算形式的優點

由於日記總帳是按所有總分類帳科目設置的，並且是根據記帳憑證逐日逐筆登記的，因此可以全面地反應交易或者事項的來龍去脈，有利於會計核算資料的分析和利用。由於所有的總分類帳戶均採用了日記帳的記帳原理，因而有利於加強企業財產物資和債權債務的內部控製。

（二）日記總帳核算形式的缺點

與多欄式日記帳核算形式類似，由於所有的總分類帳戶設置在一張帳頁中，如果運用的會計科目數量較多，總分類帳的帳頁勢必會過大、過雜，記帳容易出錯，而且也不便於會計工作分工和查閱帳目。

（三）日記總帳核算形式的適用範圍

綜合上述各項優缺點，日記總帳核算形式只適用於規模小、交易或者事項比較簡單、使用會計科目較少的企業單位。

第六節　多欄式日記帳核算形式

一、多欄式日記帳核算形式的特點

多欄式日記帳核算形式的特點是現金日記帳和銀行存款日記帳均採用多欄式，並根據多欄式現金日記帳和銀行存款日記帳的記錄登記總分類帳。對於轉帳業務，可以根據轉帳憑證逐筆登記總分類帳，也可以根據轉帳憑證定期編制轉帳憑證匯總表登記總分類帳。

二、多欄式日記帳核算形式設置的憑證和帳簿

（一）憑證設置

（1）記帳憑證的設置。多欄式日記帳核算形式下，記帳憑證的設置與前述記帳憑證核算形式相同，也需要根據記帳憑證記載的交易或者事項的內容的不同，分為收款憑證、付款憑證和轉帳憑證三種專用的記帳憑證，或者一種通用的記帳憑證。

（2）匯總轉帳憑證的設置。多欄式日記帳核算形式下，為了減少登記總帳的工作量，可以在轉帳憑證的基礎上，增設轉帳憑證匯總表，以取代轉帳憑證作為登記總帳的依據。轉帳業務不多的企業，也可以不設轉帳憑證匯總表，而直接以轉帳憑證作為登記總帳的依據。

（二）帳簿設置

在多欄式日記帳核算形式下，除庫存現金日記帳和銀行存款日記帳改設為多欄式日記帳之外，總分類帳和明細分類帳等其他帳簿的設置方法及其格式均與前述的其他幾種核算形式相同。

三、多欄式日記帳的登記方法

對於收款業務，要根據收款憑證逐日逐筆登記多欄式日記帳收入欄目下的對應帳戶的貸方，然後將收入欄目下同一欄次各貸方帳戶的合計數記入收入欄下的借方合計，作為庫存現金或者銀行存款帳戶當日借方發生額；對於付款業務，要根據付款憑證逐日登記多欄式日記帳支出欄目下的對應帳戶的借方，然後將收入欄目下同一欄次各借方帳戶的合計數記入支出欄目下的貸方合計，作為庫存現金或者銀行存款帳戶當日貸方發生額；同一欄次的收入欄目下的借方合計與支出欄目下的貸方合計之差，再加上月初餘額，即為庫存現金或者銀行存款帳戶的當日餘額。月末，分別結計出收入欄次的借方合計數和支出欄次的貸方合計數，作為登記庫存現金或者銀行存款總分類帳戶的依據，同時分別結計出收入和支出欄目下各對應帳戶的貸方和借方發生額合計數，作為登記其他總分類帳戶的依據。多欄式日記帳的格式如表10-116所示。

表 10-116　　　　　多欄式庫存現金（銀行存款）日記帳

年		憑證號	摘要	收入		支出		餘額
月	日			對應帳戶貸方	借方	對應帳戶借方	貸方	

四、總分類帳的登記方法

在多欄式日記帳核算形式下，由於庫存現金日記帳和銀行存款日記帳都按對應帳戶設置專欄，具備了庫存現金和銀行存款科目匯總表的作用，所以，月末可以根據多欄式日記帳的本月收入、支出發生額合計數分別登記庫存現金或者銀行存款總分類帳戶，根據對應帳戶的發生額合計數登記其他總分類帳戶。

（一）貨幣資金總分類帳的登記

庫存現金和銀行存款總分類帳戶的借方，可以根據多欄式日記帳收入欄借方的本月發生額合計數登記；庫存現金和銀行存款總分類帳戶的貸方，可以根據多欄式日記帳支出欄貸方的本月發生額合計數登記。

（二）其他總分類帳戶的登記

對於收款業務所涉及的其他總分類帳戶，可以根據多欄式日記帳收入欄中對應帳戶（貸方）發生額本月合計數登記，記入有關總分類帳戶的貸方；對於付款業務所涉及的其他總分類帳戶，可以根據多欄式日記帳支出欄中對應帳戶（借方）發生額本月合計數登記，登記總分類帳有關帳戶的借方；對於轉帳業務，則可以根據轉帳憑證直接登記，或者根據轉帳憑證匯總表進行登記。

五、多欄式日記帳核算形式的帳務處理程序

（1）根據原始憑證編制匯總原始憑證。
（2）根據原始憑證或者匯總原始憑證編制收款憑證、付款憑證和轉帳憑證。
（3）根據收款憑證、付款憑證逐日逐筆登記多欄式現金日記帳和銀行存款日記帳。
（4）根據原始憑證或匯總原始憑證、收款憑證、付款憑證和轉帳憑證登記各種明細分類帳。
（5）根據轉帳憑證，定期編制轉帳憑證匯總表。
（6）根據多欄式現金日記帳和銀行存款日記帳逐日逐筆登記總分類帳。

（7）根據轉帳憑證匯總表登記總分類帳。

（8）月末，將各總分類帳戶餘額與各總分類帳戶所屬的現金日記帳、銀行存款日記帳的餘額以及各明細分類帳戶的餘額核對相符。

（9）根據總分類帳餘額和各明細分類帳的記錄編制財務報表。

多欄式日記帳核算形式帳務處理程序如圖10-5所示。

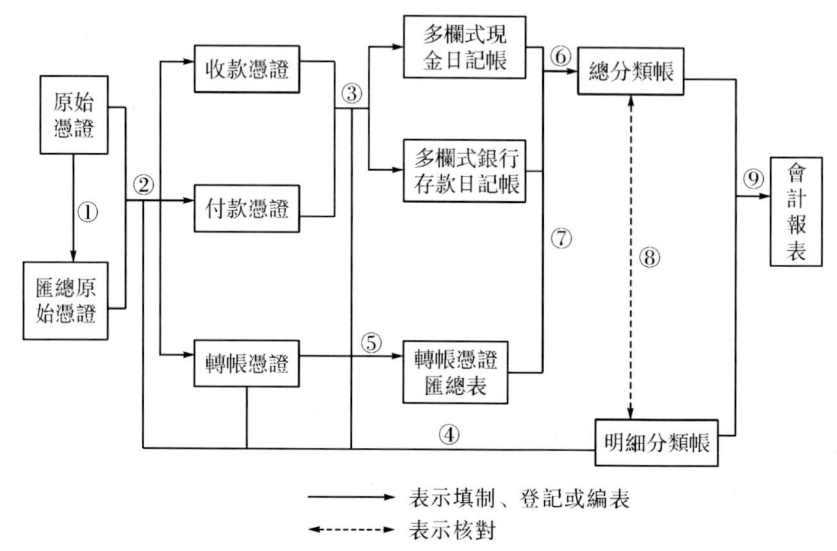

→ 表示填制、登記或編表
--→ 表示核對

圖 10-5　多欄式日記帳核算形式帳務處理程序示意圖

第七節　通用日記帳核算形式

一、通用日記帳核算形式的特點

通用日記帳核算形式的特點是根據所有交易或者事項的原始憑證，按所涉及的會計科目，以分錄的形式記入通用日記帳，月末根據通用日記帳記錄的會計分錄登記總分類帳。可見，通用日記帳是記帳憑證與日記帳的結合體。它既是一本日記帳，又是一本記帳憑證登記簿；它不僅包容了所有總帳科目，而且涵蓋了所有交易或者事項。

二、通用日記帳核算形式設置的憑證和帳簿

（一）憑證設置

通用日記帳核算形式下的通用日記帳事實上已經取代了記帳憑證，成為登記總帳的依據。所以，通用日記帳核算形式不再需要專門設置和填制記帳憑證。

（二）帳簿設置

（1）日記帳簿的設置。在通用日記帳核算形式下，一般也不再需要再專門設置庫

存現金日記帳和銀行存款日記帳。通用日記帳本身就是日記帳，通過通用日記帳中有關庫存現金的記錄可以瞭解庫存現金的每日收付金額和餘額，也可以通過有關銀行存款科目的記錄瞭解銀行存款的每日收付金額和餘額，並且與開戶銀行之間有關銀行存款收付金額和餘額進行對帳。但是，為了加強對庫存現金和銀行存款的管理，經營規模較小、交易或者事項較少的企業，也可以在通用日記帳之外，單獨設置三欄式庫存現金日記帳和銀行存款日記帳，根據通用日記帳的會計分錄及其所附的有關原始憑證或者匯總原始憑證進行登記。

（2）其他帳簿的設置。除了日記帳可設置或不設置之外，總分類帳及其所屬的明細分類帳的設置方法及格式與記帳憑證核算形式相同。

三、通用日記帳的登記

在通用日記帳核算形式下，交易或者事項發生後，可以直接根據原始憑證或匯總原始憑證登記通用日記帳。通用日記帳的登記方法是：將交易或者事項發生的時間登記在「日期欄」內，將交易或者事項內容概括在摘要欄內，將應借應貸的會計科目過入會計科目欄內，將借方科目金額填入借方欄內、貸方科目金額填入貸方欄內。通用日記帳的格式如表 10-117 所示。

表 10-117　　　　　　　　　　通用日記帳

年		原始憑證	摘要	會計科目	借方	貸方
月	日					

四、總分類帳的登記方法

由於通用日記帳的記錄實際上就是各項交易或者事項的會計分錄，所以，通用日記帳核算形式下的總分類帳是直接根據通用日記帳中的每一筆會計分錄逐筆登記的。值得一提的是，在通用日記帳核算形式下，明細分類帳的登記方法與其他會計核算形式類似，可以直接根據原始憑證、匯總原始憑證進行登記，或者根據通用日記帳的記錄進行登記。

五、通用日記帳核算形式的帳務處理程序

（1）根據原始憑證編制匯總原始憑證。
（2）根據原始憑證或者匯總原始憑證登記通用日記帳。
（3）根據原始憑證或者匯總原始憑證、通用日記帳登記明細分類帳。

（4）根據通用日記帳逐筆登記總分類帳。

（5）月末，將各總分類帳帳戶餘額與其所屬的各明細分類帳戶的餘額合計數核對相符。

（6）根據總分類帳和各明細分類帳的記錄編製財務報表。

通用日記帳核算形式帳務處理程序如圖 10-6 所示。

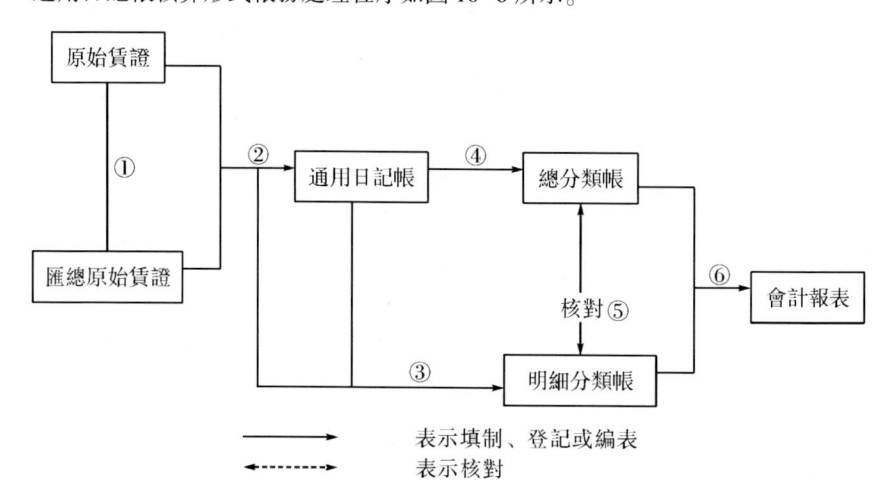

圖 10-6　通用日記帳核算形式帳務處理程序示意圖

六、通用日記帳核算形式的優缺點及適用範圍

（一）通用日記帳核算形式的優點

利用通用日記帳代替記帳憑證，可以簡化會計核算程序，減少編製記帳憑證的工作量。通用日記帳核算形式保留了記帳憑證核算形式的優點，便於序時瞭解企業各項交易或者事項的具體情況。

（二）通用日記帳核算形式的缺點

通用日記帳核算形式下，所有會計科目均集中於通用日記帳帳簿中，不便於進行會計分工。直接根據原始憑證或者匯總原始憑證登記通用日記帳容易出現差錯，且不便於查找。

（三）通用日記帳核算形式的適用範圍

綜合上述各項優缺點，通用日記帳核算形式適用於交易或者事項比較簡單、使用會計科目較少的企業。

本章小結

本章就中國會計實務中常見的幾種主要會計核算形式，包括記帳憑證核算形式、

匯總記帳憑證核算形式、科目匯總表核算形式、日記總帳核算形式、多欄式日記帳核算形式和通用日記帳核算形式的特點、憑證與帳簿的設置、帳務處理程序、優缺點及適用範圍進行了系統的介紹。通過本章的學習，大家可以全面地瞭解組織會計核算工作的一般要求，把握其基本規律，並鞏固以前各章所學的知識。

思考題

1. 什麼是會計核算形式？各種核算形式的區別是什麼？合理選擇會計核算形式有哪些要求？
2. 記帳憑證核算形式的特點、帳務處理程序、優缺點及適用範圍是什麼？
3. 匯總記帳憑證核算形式的特點、帳務處理程序、優缺點及適用範圍是什麼？
4. 科目匯總表核算形式的特點、帳務處理程序、優缺點及適用範圍是什麼？

練習題

一、單項選擇題

1. 各種帳務處理程序的主要區別是（　　）。
   A. 填制會計憑證　　　　　　B. 登記總帳
   C. 編制會計報表　　　　　　D. 登記明細帳
2. 根據記帳憑證逐筆登記總分類帳，這種帳務處理程序是（　　）會計核算形式。
   A. 記帳憑證　　　　　　　　B. 匯總記帳憑證
   C. 科目匯總表　　　　　　　D. 多欄式日記帳
3. 記帳憑證處理程序比較適用於（　　）的企業。
   A. 生產經營規模較大，業務較多但所用科目較少
   B. 生產經營規模較大，業務較多
   C. 生產經營規模較小，業務較簡單
   D. 生產經營規模較小，業務較複雜
4. （　　）是一種最基本的核算組織程序，也是其他核算組織程序的基礎。
   A. 記帳憑證核算組織程序　　B. 科目匯總表核算組織程序
   C. 匯總記帳憑證核算組織程序　D. 日記總帳核算組織程序
5. 科目匯總表的匯總範圍是（　　）。
   A. 全部科目的借方餘額　　　B. 全部科目的貸方餘額
   C. 全部科目的借、貸方發生額　D. 部分科目的借、貸方發生額
6. 匯總記帳憑證核算形式登記總帳的依據是（　　）。
   A. 記帳憑證　　　　　　　　B. 原始憑證
   C. 匯總記帳憑證　　　　　　D. 科目匯總表

7. 匯總記帳憑證核算形式適用於（　　）的企業。
　　A. 規模較大、經濟業務不多　　　B. 規模較小、經濟業務不多
　　C. 規模較小、經濟業務較多　　　D. 規模較大、經濟業務較多
8. 科目匯總表的缺點主要是不能反應（　　）。
　　A. 帳戶借方、貸方發生額　　　　B. 帳戶借方、貸方餘額
　　C. 帳戶對應關係　　　　　　　　D. 各帳戶借方、貸方發生額合計

二、多項選擇題

1. 各種帳務處理程序的相同之處是（　　）。
　　A. 根據原始憑證編制匯總原始憑證
　　B. 根據總帳和明細帳編制會計報表
　　C. 根據收、付款憑證登記現金日記帳
　　D. 根據原始憑證及記帳憑證登記明細分類帳
2. 以記帳憑證為依據，根據有關帳戶的貸方設置，按借方帳戶歸類的有（　　）。
　　A. 科目匯總表　　　　　　　　　B. 匯總轉帳憑證
　　C. 匯總付款憑證　　　　　　　　D. 匯總收款憑證
3. 匯總記帳憑證帳務處理程序下，記帳憑證一般應採用（　　）形式。
　　A. 一借一貸　　　　　　　　　　B. 一借多貸
　　C. 一貸多借　　　　　　　　　　D. 多借多貸
4. 記帳憑證核算形式的優點是（　　）。
　　A. 簡單明了，易於理解　　　　　B. 登記總分類帳的工作量小
　　C. 便於瞭解經濟業務動態　　　　D. 總帳頁篇幅長
5. 科目匯總表核算形式的特點是（　　）。
　　A. 根據記帳憑證登記總帳
　　B. 根據一定時期的全部記帳憑證編制科目匯總表
　　C. 根據科目匯總表登記總分類帳
　　D. 根據匯總記帳憑證登記總帳
6. 登記總分類帳的依據可以是（　　）。
　　A. 記帳憑證　　　　　　　　　　B. 匯總記帳憑證
　　C. 科目匯總表　　　　　　　　　D. 多欄式現金日記帳
7. 在各種會計核算程序下，明細分類帳可以根據（　　）登記。
　　A. 原始憑證　　　　　　　　　　B. 原始憑證匯總表
　　C. 記帳憑證　　　　　　　　　　D. 匯總記帳憑證
8. 中國經濟單位採用的一般核算形式有（　　）。
　　A. 分散核算形式　　　　　　　　B. 科目匯總表核算形式
　　C. 通用日記帳核算形式　　　　　D. 日記總帳核算形式

三、判斷題（表述正確的在括號內打「√」，不正確的打「×」）

1. 記帳憑證是登記各種帳簿的唯一依據。（　　）
2. 任何會計帳務處理程序的第一步都是將所有的原始憑證匯總編製為匯總原始憑證。（　　）
3. 匯總記帳憑證應按月填製，每月填製一張。（　　）
4. 記帳憑證核算形式一般適用於規模小且經濟業務較少的單位。（　　）
5. 匯總記帳憑證可以明確地反應帳戶之間的對應關係。（　　）
6. 匯總收款憑證是按貸方科目設置、按借方科目歸類、定期匯總、按月編製的。（　　）
7. 科目匯總表不僅可以起到試算平衡作用，而且可以反應帳戶間的對應關係。（　　）
8. 企業應根據自身規模大小、業務繁簡、工作基礎強弱、經營業務特點而選擇採用何種會計核算形式。（　　）
9. 記帳憑證核算形式是適用於一切企業的會計核算形式。（　　）
10. 在科目匯總表核算形式下，總分類帳必須逐日逐筆進行登記。（　　）

四、業務練習題

習題一

（一）目的：練習記帳憑證帳務處理程序。

（二）資料：某廠 2015 年 8 月初各帳戶的餘額如下表所示。

某企業 2015 年 8 月初帳戶餘額

單位：元

會計科目	借方餘額	貸方餘額
庫存現金	2,000	
銀行存款	600,000	
應收帳款	40,000	
其他應收款	800	
原材料	95,000	
庫存商品	100,000	
生產成本	50,000	
固定資產	1,000,000	
累計折舊		300,000
短期借款		100,000
應付帳款		100,000
應付職工薪酬		20,000
應交稅費		20,000
應付利息		2,800
實收資本		1,245,000
盈餘公積		40,000
本年利潤		60,000
合計	1,887,800	1,887,800

該廠 8 月份發生如下經濟業務：

(1) 1 日，採購員張興出差回來報銷差旅費 900 元，上月出差時預借 800 元，補付現金 100 元；

(2) 2 日，購進材料 4,000 千克，金額 40,000 元，增值稅 6,800 元，全部款項尚未支付；

(3) 3 日，結轉上述材料的採購成本；

(4) 5 日，收回客戶所欠貨款 30,000 元，存入銀行；

(5) 7 日，銷售產品 500 件，貨款 50,000 元，增值稅 8,500 元，全部款項已收存銀行；

(6) 10 日，通過銀行發放職工工資 20,000 元；

(7) 11 日，倉庫發出材料，其中生產產品耗用 15,000 元，車間一般耗用 1,000 元，行政管理部門耗用 500 元；

(8) 12 日，以銀行存款支付前欠供應商款項 50,000 元；

(9) 16 日，銷售產品 300 件，金額 30,000 元，增值稅 5,100 元，款項尚未收回；

(10) 17 日，以銀行存款支付廣告費 5,000 元；

(11) 18 日，以存款支付電費 2,600 元，其中生產車間 1,600 元，行政管理部門 1,000 元；

(12) 19 日，從銀行提取現金 5,000 元備用；

(13) 25 日，以銀行存款 2,000 元對外捐贈；

(14) 30 日，計提本月固定資產折舊 7,000 元，其中生產部門固定資產折舊 5,000 元，行政管理部門固定資產折舊 2,000 元；

(15) 30 日，計提本月應付利息 600 元；

(16) 30 日，分配本月職工工資 22,000 元，其中生產工人工資 12,000 元，車間管理人員工資 5,000 元，行政管理人員工資 5,000 元；

(17) 30 日，按工資總額的 14% 計提職工福利費；

(18) 30 日，結轉本月製造費用 13,300 元；

(19) 30 日，結轉本月完工產品成本 28,000 元；

(20) 30 日，結轉本月銷售產品成本 35,000 元；

(21) 30 日，計提本月稅金及附加 544 元；

(22) 30 日，結轉本期損益；

(23) 30 日，按本月利潤總額的 25% 計算所得稅費用，並結轉。

(三) 要求：設置有關總分類帳、現金和銀行存款日記帳；編制收款、付款和轉帳憑證，並逐筆登記總分類帳、現金和銀行存款日記帳；編制試算平衡表；根據總分類帳編制本月資產負債表和利潤表。

習題二

（一）練習科目匯總表帳務處理程序。

（二）資料：同習題一資料。

（三）要求：按旬編制科目匯總表，並據以登記總帳。

第十一章　會計工作組織

【學習目標】通過本章的學習，學生應理解會計工作組織的意義及會計工作的組織形式，瞭解會計機構的設置和對會計從業人員條件、職責、權限等的有關要求，瞭解會計法規體系的構成內容，以及會計檔案管理的基本要求等。

【引導案例】A、B兩家企業的規模基本接近，經營業務範圍基本相同，且兩家企業的顧客群也分布在同一城市，所以，兩家企業競爭非常激烈。A企業的經營者小周為了獲取B企業的相關信息，通過朋友認識了B企業的會計小李，並很快與小李成了好朋友。小李在得知小周的想法後，向小周提供了本企業的一些會計信息，他認為這樣做對本企業並無不利影響，而且從朋友感情上來說，如果朋友有需要的地方，就應當盡力協助。請你說明小李的做法有什麼不妥。

第一節　會計工作組織概述

會計工作的組織主要包括會計機構的設置、會計人員的配備與教育、會計法規製度的制定和執行、會計手段的運用等。會計組織工作是完成會計工作任務、發揮會計工作作用的重要保證。

一、組織會計工作的意義

會計工作是指運用一整套會計專門方法對會計事項進行處理的活動。會計工作是一項綜合性、政策性較強的管理工作，也是一項嚴密細緻的工作。它是企業經營管理的重要組成部分，同時又與統計、業務工作及其他各項管理密切相關。會計工作的好壞，直接影響著各個基層企業生產經營的好壞，也關係到國家的政策、法令、法規能否順利貫徹。因此，為了協調會計工作同其他管理工作的關係，監督財經政策和製度的貫徹執行，加強經濟責任制，正確處理各方面的經濟關係以及協調會計工作內部各環節之間的關係，我們就要合理、科學地組織會計工作，以便具體實施對會計工作的有效管理。

會計工作組織就是為了適應會計工作的綜合性、政策性和嚴密細緻性的特點，對會計機構的設置、會計人員的配備、會計製度的制定與執行等項工作所做的統籌安排。科學地組織會計工作，具有十分重要的意義。

（一）有利於保證會計工作的質量，提高會計工作效率

正確地組織會計工作，使會計工作按照事先規定的手續和處理程序有條不紊地進

行，可以防止錯漏或及時糾正發生的錯漏，提高會計工作的質量和效率。

（二）有利於促進企業內部經濟責任制的落實

正確地組織會計工作，可以使會計工作同其他經濟管理工作更好地分工協作、相互配合，確保會計工作與其他經濟管理工作協調一致，共同完成經濟管理工作的任務。

（三）有利於完善內部會計控制，強化企業經營管理製度

正確地組織會計工作，可以促使會計單位內部各部門更好地履行自己的經濟責任，管好和用好資金，厲行節約，增產增收，提高經濟管理水平，講求最佳經濟效益。各事業、機關、團體等單位，雖然其業務性質與企業不同，但也需要實行經濟責任制，也需要組織好會計工作，促使各部門少花錢、多辦事，努力增收節支。

二、組織會計工作的要求

（一）政策性要求

遵守國家的統一規定，是對組織和處理會計工作的首要要求。為了充分發揮會計的作用，國家對會計工作的重要方面都做了統一的規定，各企業、事業、機關團體等單位必須貫徹執行《中華人民共和國會計法》，遵照《企業會計準則》的要求和會計製度的規定，制定本企業、本單位的會計製度。

（二）適用性要求

要根據各會計主體經營管理的特點組織會計工作，適應各單位行業特點、規模大小、經營特色，做出切合實際的安排並制定具體實施辦法。

（三）效率性要求

在保證工作質量的前提下，要盡量節約耗用在會計工作上的時間和費用。會計證、帳、表的設計，各種程序、措施的規定，會計機構的設置和會計人員的配備等，都要符合精簡節約的原則，既要把工作做好，又要減少人、財、物的耗費。

第二節　會計機構和會計人員

一、會計機構

（一）會計機構設置

會計機構是各單位辦理會計事務的職能機構，會計人員是直接從事會計工作的人員。建立健全會計機構，配備數量和素質相當的、具備從業資格的會計人員，是各單位做好會計工作、充分發揮會計職能作用的重要保證。

《中華人民共和國會計法》規定，各單位應當根據業務的需要設置會計機構，或者在有關機構中設置會計人員並指定主管會計人員；不具備設置條件的，應當委託經批

准設立從事會計代理記帳業務的仲介機構代理記帳。《會計基礎工作規範》規定，各單位應當根據會計業務的需要設置會計機構；不具備單獨設置會計機構條件的，應當在有關機構中配備專職的會計人員。《會計基礎工作規範》還規定，沒有設置會計機構和配備會計人員的單位應當根據《代理記帳管理暫行辦法》委託會計師事務所或者持有代理記帳許可證書的其他代理機構進行代理記帳。

(二) 會計機構內部稽核製度和內部牽制製度

1. 會計機構內部稽核製度

內部稽核製度是內部控製製度的重要組成部分。會計稽核是會計機構本身對於會計核算工作進行的一種自我檢查或審核工作。建立會計機構內部稽核製度的目的在於防止會計核算工作上的差錯和有關人員的舞弊行為，是規範會計行為、提高會計質量的重要保證。從會計工作的實際情況看，會計機構內部稽核工作一般包括以下主要內容：

(1) 審核財務、成本、費用等計劃指標項目是否齊全，編制依據是否可靠，有關計算是否正確，各項計劃指標是否互相銜接等，然後再對審核結果提出建議和意見，以便修改和完善計劃與預算。

(2) 審核實際發生的經濟業務或財務收支是否符合現行法律、法規、規章製度的規定。對審計中發現的問題，及時予以制止或者糾正。

(3) 審核會計憑證、會計帳簿、財務會計報告和其他會計資料的內容是否真實、完整，計算是否正確，手續是否齊全，是否符合有關法律、法規、規章製度的規定。

(4) 審計各項財產物資的增減變動和結存情況，並與帳面記錄進行核對，確定帳實是否相符。帳實不符時，應查明原因，並提出改進措施。

2. 內部牽制製度

實行內部牽制製度，即錢帳分管製度，主要是為了能讓會計人員之間相互制約、相互監督、相互核對，提高會計核算工作質量，防止會計事務處理中發生失誤和差錯以及營私舞弊等行為。

內部牽制製度，也是內部控製製度的重要組成部分。內部控製製度是指凡涉及款項和財物收付、結算及登記的任何一項工作，必須由兩人或兩人以上分工辦理，以起到相互制約作用的一種工作製度。例如，在支付現金和銀行存款時，應由會計主管人員或其授權的代理人審核、批准，出納人員付款，記帳人員記帳；單位購入材料物資，應由採購人員辦理採購、報帳手續，倉庫人員驗收入庫，記帳人員登記入帳；發出材料時，應經使用單位領導批准，經辦人員領用，倉庫人員發料，記帳人員記帳；單位發放工資時，應由工資核算人員編制工資單，出納人員向銀行提取現金和發放工資，記帳人員記帳，等等。

二、會計人員

會計人員是指企事業等單位中從事會計工作的工作人員，包括會計機構負責人、會計主管人員，具體從事會計工作的會計師、會計員和出納員。

（一）會計從業人員應具備的條件

根據中國《會計法》和《會計基礎工作規範》的規定，會計從業人員必須具備兩個條件：

（1）必須取得會計從業資格證書。

（2）必須有必要的知識和專業技能，熟悉國家有關法律、法規、規章和國家統一的會計製度，遵守職業道德。

（二）會計機構負責人、會計主管人員應具備的條件

中國《會計法》規定，擔任會計機構負責人和會計主管的人員除了要具備一般會計人員應具備的條件外，還應具備會計師以上專業技術職務資格或者從事會計工作三年以上。概括來說，會計機構負責人和會計主管人員應具備的條件主要有：

（1）堅持原則，廉潔奉公。

（2）具備會計專業技術資格。

（3）主管一個單位或者一個單位內重要方面的財務會計工作時間不少於兩年。

（4）熟悉國家財經法律、法規、規章製度，掌握財務會計理論及本行業業務的管理知識。

（5）有較強的組織能力。

（6）身體狀況能適應和勝任本職工作。

（三）總會計師應具備的條件

總會計師是在單位負責人的領導下，主管經濟核算和財務會計工作的負責人。總會計師是單位領導成員，協助單位負責人工作，直接對單位負責人負責。總會計師作為單位財務會計的主要負責人，全面負責本單位的財務會計管理和經濟核算，參與本單位的重大經營決策活動，是單位負責人的參謀和助手。按照《總會計師條例》的規定，擔任總會計師的人員應當具備以下條件：

（1）堅持社會主義方向，積極為社會主義市場經濟建設和改革開放服務。

（2）堅持原則，廉潔奉公。

（3）取得會計師專業技術資格後，主管一個單位或單位內部一個重要方面的財務會計工作的時間不少於三年。

（4）要有較高的理論政策水平，熟悉國家財經紀律、法規、方針和政策，掌握現代化管理的有關知識。

（5）具備本行業的基本業務知識，熟悉行業情況，有較強的組織領導能力。

（6）身體健康，勝任本職工作。

（四）會計人員的職責和權限

1. 會計人員的職責

根據《會計法》的規定，會計人員的職責如下：

（1）進行會計核算。會計人員必須按照會計法規的要求，做好記帳、算帳和報帳工作。

(2) 實行會計監督。在會計核算的同時，會計人員應履行會計監督的義務，對各會計事項的合法性、合理性和合規性實施會計監督，對不真實、不正確和不合法的原始憑證不予受理；對記載不準確、不完整的原始憑證應予以退回，要求重開或更正補充；對帳簿記錄與實物、款項及有關資料不符的問題，有權處理的應及時進行處理，無權處理的，應立即向本單位負責人報告，請求查明原因，做出處理。

　　(3) 擬定本單位辦理會計事務的具體辦法，選擇本單位辦理具體會計事項的會計政策。

　　(4) 參與制定經濟計劃、業務計劃、財務計劃，編制預算，在增收節支、杜絕浪費等方面發揮積極作用。

　　(5) 辦理其他會計事項。如協助企業其他管理部門做好企業管理的基礎工作，提供關於企業改制、合併、分立、投資等方面的會計信息等。

2. 會計人員的主要權限

　　(1) 會計人員有權要求本單位有關部門、人員認真執行本單位制定的計劃和預算；有權督促本單位負責人和本單位其他有關人員遵守財經法紀和本單位財務會計製度。如果本單位負責人有違反國家法紀的情況，會計人員有權拒絕辦理付款、報銷等業務。如存在被迫辦理的情況，會計人員有權向有關部門檢舉揭發。

　　(2) 會計人員有權參與本單位編制計劃、制定定額、對外簽訂經濟合同的工作，有權參加有關的生產、經營管理會議和業務會議，有權瞭解企業的生產經營情況和計劃、預算、定額的執行情況，並有權提出自己的意見和建議。

　　(3) 會計人員有權對本單位所有的會計事項進行會計監督，有權對本單位業務部門和業務人員經辦的業務進行監督和檢查，各業務部門應予以積極協助。

　　為了保障會計人員順利地履行其職責和權限，《會計法》明確規定：單位負責人為第一會計責任主體，這為會計人員依法履行職責提供了必要保證。

(五) 會計人員的崗位責任制

　　企業應建立健全會計機構的崗位責任制，以便加強會計管理，分清職責，提高工作效率，正確考核會計人員的工作業績。本著這一要求，各會計工作崗位的職責如下：

　　(1) 會計主管崗位。會計主管是企業會計工作的組織者和領導者。其主要職責是：領導本單位的財務會計工作；組織制定和貫徹本單位的財務製度；組織編制和實施本單位財務成本、銀行借款等計劃；組織實施全面的經濟核算；參與生產經營會議和經營決策等；負責編制和審核本單位的財務會計報告；負責會計人員的考核、管理和聘用等。

　　(2) 出納崗位。出納是企業貨幣資金的主要管理者。其職責主要有：按照國家有關現金和結算管理製度的規定，辦理現金收付和銀行結算業務；保管庫存現金；編制和審核有關原始憑證，登記有關現金日記帳和銀行存款日記帳；保管有關印章、空白收據和空白支票並按規定用途使用等。

　　(3) 財產物資核算崗位。該崗位主要針對企業固定資產和庫存的核算和管理。其職責主要包括：簽訂有關固定資產管理、使用、核算辦法的合同；負責固定資產的明

細核算、編制固定資產報表、計提固定資產折舊、參與固定資產的清查；分析固定資產使用效果；組織參與庫存材料的管理、核算和清查。

（4）工資核算崗位。該崗位的職責主要包括：監督工資基金的使用情況；審核和發放工資、獎金和津貼等；負責工資費用的分配和明細核算等。

（5）往來結算崗位。該崗位主要負責核算和管理本單位與其他單位或個人在經濟往來中發生的結算款項。其主要職責包括：登記應收、應付款明細帳；及時清算、結算資金；分析應收帳款的帳齡，計提壞帳準備，核算壞帳損失；參與制定資金管理製度等。

（6）總帳報表崗位。該崗位的主要職責是：負責登記總帳，並與有關的日記帳和明細帳進行核對；進行總帳餘額的試算平衡，編制資產負債表，並與其他會計報表核對；參與財務狀況和經營成果的綜合分析；制訂或參與制訂財務計劃，參與企業的生產經營決策等。

（7）稽核工作崗位。該崗位的職責是：負責稽核工作的組織安排，明確負責稽核工作的職責範圍；負責審核會計憑證、會計帳簿和會計報表。

（8）成本費用核算工作崗位。該崗位的職責是：會同有關部門制定成本的管理與核算辦法；參與編制成本費用計劃，並分析其執行情況；負責登記生產成本、製造費用和管理費用等費用明細帳，編制成本費用報表；指導車間和班組進行成本核算，參與在產品和產成品的清查盤點等。

（六）會計人員的職業道德

會計職業道德是會計人員在進行會計活動、處理會計關係時所形成的職業規律、職業觀念和職業原則等。它既是會計行業對本行業在職業活動中行為的要求，又是會計行業對社會應負的道德責任與義務。它不僅要約束和調整會計人員的職業行為，更為重要的是約束和調整會計人員的行為動機和內心世界。動機是行為的先導，有什麼樣的動機就有什麼樣的行為。會計行為是由內心信念來支配的，信念的善與惡，將導致行為的是與非。因此，應對有思想、有情緒、有慾望的會計人員，通過職業道德的引導、激勵、規勸、約束等方式，使其樹立正確的職業觀念，達到自律。會計職業道德的內容分為八個方面。

1. 誠實守信

（1）會計人員在工作中要養成實事求是的工作作風。做老實人、辦老實事、說老實話，從原始資料的取得、憑證的整理、帳簿的登記、報表的編制，到經濟活動的分析，都要做到實事求是，如實反應、正確記錄；嚴格以經濟業務憑證為依據，做到手續完備、帳目清楚、數字準確、編報及時；盡量減少和避免各種失誤，嚴格按照國家會計製度和會計法規記帳、算帳、結帳，保證帳證、帳帳、帳表、帳實相符。

（2）保持職業審慎的態度。會計人員在處理會計業務時，對會計政策的選擇、收入的確認應謹慎遵循會計信息質量的要求。對於註冊會計師來說，一是要注意評價自身的業務能力，正確判斷自身的知識、經驗和專業勝任能力等方面是否能夠承擔業務委託所帶來的責任；二是應對客戶和社會公眾盡職盡責；三是應當嚴格遵守職業技術

規範和道德準則,對執行的各項工作都妥善規劃並加以監督;四是謹慎地選擇客戶,以職業信譽為重,不接受任何違背職業道德的附加條件,不得承辦不能勝任的業務,不得對未來事項的可實現程度做出保證。

(3) 會計人員要注重職業操守。首先,會計人員自己要對自己所從事的職業有一個正確的認識和態度,尤其是註冊會計師在接受委託後,要積極主動地完成相關業務,維護委託人的合法權益。在履約的過程中,不擅自中止合同、解除委託,不濫用委託人的授權,不超出委託人的委託範圍而從事活動;對在執業過程中所獲服務單位的商業秘密,除法律規定及單位領導人同意外,不能私自向外界提供或洩露單位的會計信息。

2. 客觀公正

(1) 端正態度,做到客觀公正。會計人員應做到尊重事實,不為他人所左右,不因個人好惡而取捨,不欺上瞞下,不唯領導是從,不弄虛作假。會計從業人員應不為個人和集團利益截留上交款項,不偷稅逃稅損害國家利益,不偽造、變造會計憑證、會計帳簿,不報送虛假的會計報表。註冊會計師在執業過程中必須一切從實際出發,注重調查研究,對企業資料和會計信息進行鑒定和公證。註冊會計師只有深入瞭解實際,才能求得主觀與客觀一致,做到審計結論有理有據,客觀公正。

(2) 加強價值觀和人生觀的修養。科學的價值觀和人生觀是公正的基礎。價值觀是人們對價值的根本觀點和看法,包括對價值的本質、功能、創造、認識、實現等有關價值的一系列問題的基本觀點和看法。人生觀就是指人們對人生的目的和意義的總的觀點。會計人員要繼承中國優秀的道德文化傳統,加強職業道德修養,徹底摒棄「金錢至上、金錢萬能」的人生哲學,在不義之財面前絕不動心,在利益誘惑之下決不貪占便宜,在自己的崗位上保持潔身自好的高尚品德。

(3) 熟練掌握相關的法規,堅持客觀公正的原則。會計工作反應單位經濟活動的全過程,會計人員在保證正確核算的同時,通過會計監督使國家、集體和個人在利益上保持一致。會計人員要堅持從國家利益出發,以政策和製度規定為準繩,將客觀事實與公正相結合,分清錯誤與舞弊,拋棄個人的偏見,在實施會計管理中,既尊重客觀原則,又遵守公正原則,否則就會犯堅持客觀而有悖公正的錯誤,或堅持公正卻違反客觀的錯誤。

3. 廉潔自律

(1) 重視會計職業聲望。職業聲望既關係到行業利益,也關係到一個職業中每個從業人員的切身利益,同時也是反應社會對不同職業的認可程度的依據。如果會計人員不能廉潔自律,必然會損害第三者的利益,人們就會失去對會計職業的信任。會計人員必須做到既廉潔又自律,二者不可偏廢。

(2) 自尊、自愛、自立。自尊就是保持做人的尊嚴和會計人員應具有的優良情操;自愛就是愛惜自己作為會計人員的身分,珍惜自己的品質和榮譽;自立就是強調一個人的自覺性以及獨立性。會計人員由於所處經濟環境的特殊地位,極易產生不道德的行為。因此,正人先正己,無私才無畏,只有依靠內心信念的力量,嚴格約束自己的行為,才能做到實事求是、奉公守法。

（3）增強抵制行業不正之風的能力，敢於同違法違紀現象作鬥爭。

4. 恪守規則

（1）認真學習規則，提高會計人員的政策水平。會計人員應掌握的規則分為三類：一是與會計職業活動相關的法律規範，如《中華人民共和國合同法》《中華人民共和國票據法》《中華人民共和國證券法》及相關稅收法規；二是與會計準則相關的法規，主要包括《會計法》《企業會計準則》《會計基礎工作規範》《總會計師條例》《註冊會計師法》《註冊會計師獨立審計準則》《註冊會計師職業道德基本準則》；三是會計製度，包括國家統一發布的《企業會計製度》和《內部控製基本規範》等。

（2）依照規則辦事，提高會計人員遵守準則的自覺性。會計人員要始終堅持原則，維護法律法規和集體利益，光明磊落，秉公辦事；嚴格按照國家制定頒布的與會計工作相關的法律法規，審核憑證、清查財產、編制會計報表、申報納稅；不打「擦邊球」，不以想當然的主觀推斷來代替規則，更不以職務高低、關係遠近來確定執行準則的寬嚴鬆緊程度。對於違反經濟法律法規的行為和人員，會計人員一定要追查責任，並依照有關法律和準則製度的規定對其予以處理。

（3）正確運用規則，提高會計人員執行規則的能力。市場經濟的不確定性，決定各單位的經濟業務也具有高度的不確定性，而會計的有關規則又力求能夠滿足不同單位在相當長的時間內適用。這就要求會計人員要瞭解會計準則制定的理論基礎，具有足夠的專業勝任能力和創新能力，能夠發現新情況，處理新問題。同時，會計人員還要能夠正確處理會計職業權力與職業義務的關係。一方面，會計人員要敢於運用法律法規賦予的職業權力，對於違反國家財經紀律和會計製度的開支，會計人員有權做出拒絕付款、拒絕報銷的決定；另一方面，會計人員要善於運用職業權力，正確對待應負有的職業義務，自覺履行對社會、對他人的責任。

5. 勤勉敬業

（1）勤勉。勤勉就是要求會計人員對會計工作要積極主動，不斷提高職業品質。職業品質是指從事會計工作的人員應具備的作風、態度、良心、職業觀念、職業責任。會計人員要想生存和發展，就必須使自身適應時代發展的步伐，要有危機感、緊迫感，在工作中勤勉敬業，精益求精。

（2）敬業。敬業就是要求會計人員有干好本職工作的事業心、責任感，胸懷全局，立足本職，盡心盡力地做好每項平凡細微的事情。每個從事會計工作的人員，在選擇會計職業那一時刻起，就要樹立「干一行愛一行」的思想，並始終如一地做好工作，把成為本行業行家作為職業理想的首選目標和終身追求。同時，會計人員要具有不怕吃苦、不避嫌怨、不計較個人得失的思想境界，具有「對工作極端負責任」的敬業精神，以及一絲不苟的職業作風。

（3）嚴謹。嚴謹就是要求會計人員對業務開支要認真把好「收付憑證的審核關」和「資金流和物流的管理關」。

6. 提高技能

（1）提高會計實務操作能力。會計實務操作能力包括會計人員的專業操作能力和創新能力。會計工作是一門專業性和技術性很強的工作，會計核算、編制財務報告以

及單位內部會計控製製度設計等都需要紮實的理論功底和豐富的實踐經驗；在進行具體業務處理時，有關會計處理方法的選取、會計估計的變更、會計信息電算化的操作、網路化傳輸等，會計人員都要有相當嫻熟的操作能力。

（2）提高溝通交流能力。溝通交流能力是指會計人員在特定的環境下與他人相互交往與交流的能力，包括適應環境能力、吸收信息能力、表達能力。會計工作既是經濟管理工作，同時也是服務窗口，會計人員在職業活動中涉及各方面、各層次的不同利益的人群，這要求會計人員要具有適應各種不同環境的能力，具有從各方聽取或吸收信息的能力，以及具有準確恰當地運用語言和文字表達的能力。

（3）職業判斷能力。職業判斷能力是指建立在專業知識和職業經驗基礎之上的判斷能力，而不是主觀隨意地猜測，它是職業勝任能力的綜合體現。職業判斷需要職業經驗來支撐。職業經驗是職業實踐的累積和昇華。各個單位、各個不同的時期以及各種不同的環境條件下，會計事項的性質、會計處理的方式、方法都不盡相同，故會計人員不僅需要將所學的知識融會貫通，還需要對實踐進行總結提煉。

7. 參與管理

（1）樹立參與管理的意識，積極主動地做好參謀。具體來說，會計人員要充分利用掌握的大量會計信息去分析單位的管理活動，將財務會計的職能滲透到單位的各項管理工作中，找出經營管理中的問題和薄弱環節，提出改進意見和措施，從而使會計的職能從事後反應拓展到事前的預測分析及事中控制，真正發揮當家理財的作用，成為決策層的參謀助手。

（2）有針對性地參與管理的決策。會計人員應掌握單位的生產經營能力、技術設備條件、產品市場及資源狀況等情況，結合財會工作的綜合信息優勢，積極參與預測，並根據預測情況，運用專門的財務會計方法，從生產、銷售、成本、利潤等方面有針對性地擬訂可行性方案，參與優化決策。對計劃、預算的執行，會計人員要充分利用會計工作的優勢，積極協助、參與監控，為改善單位內部管理、提高經濟效益服務。

8. 強化服務

（1）強化服務意識。會計人員無論是為經濟主體服務，還是為社會公眾服務，都要擺正自己的工作位置，不要認為自己管錢管帳，就高人一等；不要認為自己的工作可以參與管理決策，就自命不凡。會計人員要樹立強烈的服務意識，認識到管錢管帳是職責，參與管理是義務。只有樹立了強烈的服務意識，會計人員才能做好會計工作，履行會計職能，為單位和社會經濟的發展做出應有的貢獻。

（2）注重自身修養。文明服務要求會計人員做到態度溫和、語言文明，謙虛謹慎，彬彬有禮、團結協作，互相支持。會計工作是一個協作互動的工作，製單、記帳、審核、報表、出納、庫存等各個環節都緊密相連。任何一個環節出錯或延遲，都會影響會計信息真實、客觀和及時地傳輸。各個崗位上會計人員之間、會計人員與其他人員之間要團結協作，寬以待人，同時，要正確處理各部門之間以及上下級之間的關係。要尊重領導、尊重同事，要以誠相待、以理服人，做到溝通講策略，用語講準確，建議看場合，小事講風格，大事講原則。

（3）提高服務質量。不同的會計崗位，掌握的會計信息不同，服務的對象也不盡

相同。單位會計人員和註冊會計師的服務內容各有側重：單位會計人員通過客觀、真實地記錄、反應單位的經濟業務活動，為管理者提供真實正確的經濟信息，當好參謀，為股東真實地記錄財產的變動狀況，確保股東資產完整與增值。註冊會計師是接受委託人的委託，提供會計鑒證等服務，要以客觀、公正的態度，正確評價委託單位的經濟財務狀況，為社會公眾及信息使用者服務。

為了更好地使會計人員忠於職守、廉潔奉公、嚴以自律，財政部門、業務主管部門和各單位以督促和教育為主，幫助會計人員提高職業道德水平，樹立會計職業的形象，通過一些正、反方面的典型事例的宣傳，逐步樹立會計人員遵守職業道德的良好風尚。同時，財政部門還將會計從業資格管理、會計專業技術資格考評與會計職業道德檢查三者結合了起來。

(七) 會計人員繼續教育

為了便於會計人員及時更新知識、不斷提高自身素質以適應工作需要，根據統一規劃、分級管理的原則，各地、各部門要認真組織包括國家機關、社會團體、企業、事業單位和其他組織在內的、從事會計工作並已取得會計從業資格的會計人員接受培訓學習，做好會計人員的繼續教育工作。《會計人員繼續教育暫行規定》對會計人員繼續教育的時間和內容提出了明確的要求：

(1) 時間要求。各單位必須在時間上保證會計人員的繼續教育。中高級會計人員繼續教育的時間每年不少於 68 小時，其中接受培訓的時間不少於 20 小時；初級會計人員繼續教育的時間每年不少於 72 小時，其中接受培訓的時間每年累計不少於 24 小時。

(2) 內容要求。會計人員繼續教育的內容要堅持聯繫實際、講求實效、學以致用的原則。教育的具體內容包括會計理論與實務，財務、會計法規製度，會計職業道德規範，其他相關知識與法規等。繼續教育講究「新」和「實」，其內容必須新穎和實用。

第三節　會計工作的組織形式

為了科學地組織會計工作，企業應根據自身規模的大小，經濟業務的複雜程度以及企業內部各組織機構的設置情況，來確定企業會計工作的組織形式。企業會計工作的組織形式一般分為集中核算和非集中核算兩種。

一、集中核算形式

集中核算就是在廠部一級設置專門的會計機構，把整個企業的主要會計工作都集中在會計部門進行。企業內部各部門對本部門所發生的經濟業務不進行全面核算，只填制或取得原始憑證，並對原始憑證進行適當的匯總，定期將原始憑證和匯總原始憑證送交會計部門，由會計部門加以審核，並據以進行總分類核算和明細分類核算。

集中核算組織形式由於核算工作集中，便於會計人員進行分工，便於實行核算工

作的現代化,因而簡化和加速了核算工作,有利於提高工作效率、減少核算費用、集中掌握和瞭解各單位生產經營活動的情況。但由於這種組織形式的核算工作不是直接在單位內部各部門進行的,因而不便於各部門的領導隨時利用核算資料檢查本部門的經濟活動情況。

二、非集中核算形式

非集中核算又稱分散核算。這種組織形式是對企業內部各部門所發生的經濟業務,由各級部門設置並登記帳簿,進行比較全面的核算。各部門可以單獨計算盈虧,編制內部會計報告,定期報送給企業會計部門,以便匯總編制整個企業的會計報表。

非集中核算組織形式可以使各部門經常利用核算資料來領導和檢查本部門的工作,但該組織形式不便於採用合理的憑證整理方法,會計人員的合理分工受到一定的限制,核算工作量較大,核算成本較高。

企業對其內部各部門所發生的經濟業務是採取集中核算還是採取非集中核算方式,抑或兩者相互滲透,主要取決於企業單位的特點及管理要求,要從有利於加強經營管理、加強經濟核算的角度來抉擇。

在實行內部經濟核算制的情況下,企業所屬各部門,特別是業務部門,都由企業核給一定數量的資金,都有一定的業務經營和管理權利,負有完成各項任務的責任,並可按照工作成果取得一定的物質利益。這些部門為了反應和考核各自的經營成果,可以進行比較全面的核算,單獨計算盈虧,按期編報各種內部會計報表。但這些部門不能單獨與企業外部單位簽訂交易合同,也不能在銀行開設結算戶,企業對外部單位發生的債權債務的結算,要統一由企業會計部門負責辦理。因此,這些部門通常被稱作半獨立核算單位。

應該說,集中核算與非集中核算是相對的。單位可以根據管理上的要求,對內部各個業務部門分別採用集中核算或非集中核算形式。集中核算或非集中核算的具體內容和方法不一定完全相同,但是,無論採取哪一種組織形式,各單位對外的貨幣資金收付和債權債務結算等,都應由會計部門集中辦理。

第四節　會計法規體系

會計法規是組織會計工作的基本規範。建立和完善適應社會主義市場經濟需要的會計法規體系,對於充分發揮會計的應有職能,保證其按照一定的目標進行,更好地完成會計工作的任務,推動社會主義市場經濟的發展等方面都具有十分重要的意義。中國現行的會計法規分為四個層次。

一、會計法律

會計法律是指由國家最高權力機關——全國人民代表大會及其常務委員會制定的會計法律規範。在會計領域中,《中華人民共和國會計法》屬於國家法律層次。它是會

計法規體系中權威性最高、最具法律效力的法律規範，是制定其他各層次會計法規的依據，是會計工作的基本法。

現行的《中華人民共和國會計法》是1985年1月21日第六屆全國人民代表大會常務委員會第九次會議通過、根據1993年12月29日第八屆全國人民代表大會常務委員會第五次會議《關於修改〈中華人民共和國會計法〉的決定》修正、1999年10月31日第九屆全國人民代表大會常務委員會第十二次會議修訂的。它共分為七章五十二條，主要對會計核算、會計監督、會計機構和會計人員、法律責任等做出了規定，新修訂的會計法自2000年7月1日起施行。

會計法是適應經濟管理需要和經濟體制改革要求的一項重要經濟立法，是新中國成立以來會計工作經驗和會計理論研究成果的集中體現，是會計工作的準繩、依據和總章程。制定和修訂會計法，對加強會計工作，保障會計人員依法行使職權，充分發揮會計在經濟管理中的作用具有十分重要的意義。

二、會計行政法規

會計行政法規是指由國家最高行政機關——國務院制定的會計法律規範。會計行政法規根據會計法律制定，是對會計法律的具體化或某個方面的補充。

在中國現行的會計法規中，屬於企業會計行政法規的有《企業財務會計報告條例》《總會計師條例》等。

(一) 企業財務會計報告條例

《企業財務會計報告條例》是國務院於2000年6月21日發布的，自2001年1月1日起施行。它共分為六章四十六條，主要對企業財務會計報告的構成、編制、對外提供和法律責任等做出了規定。

(二) 總會計師條例

《總會計師條例》是國務院於1990年12月31日發布並施行的，主要對總會計師的職責、權限、任免與獎勵等做出了規定。

三、部門規章

會計部門規章是指國家主管會計工作的行政部門——財政部以及其他相關部委制定的會計方面的法律規範。制定會計部門規章必須依據會計法律和會計行政法規的規定，如會計監督製度、會計機構和會計人員管理製度、會計基礎工作規範、會計檔案管理辦法等。

(一) 國家統一的會計核算製度

國家統一的會計核算製度指的是企業會計準則，它是規範企業會計確認、計量、報告的會計準則。企業會計準則包括企業會計基本準則和企業會計具體準則兩個層次。

1. 企業會計基本準則

企業會計基本準則是有關會計核算的基本要求和原則。目前執行的企業會計基本

準則是在財政部於 2006 年 2 月 15 日發布的《企業會計準則——基本準則》的基礎上，於 2014 年 7 月 23 日根據《財政部關於修改〈企業會計準則——基本準則〉的決定》進行了部分條款修改的企業會計基本準則。企業會計基本準則作為對會計核算的基本要求，主要規定了會計核算的基本前提、會計核算的一般原則、會計信息質量要求、會計要素和財務會計報告等原則要求。基本準則是制定會計製度和進一步制定具體準則的前提和依據，是企業會計核算的依據和指導思想，也是進行會計監督的依據。

2. 企業會計具體準則

企業會計具體準則是關於經濟業務核算的具體要求，是企業進行會計核算的直接依據。目前已經發布和實施的企業會計具體準則包括：《企業會計準則——存貨》《企業會計準則——長期股權投資》《企業會計準則——投資性房地產》《企業會計準則——固定資產》《企業會計準則——生物資產》《企業會計準則——無形資產》《企業會計準則——非貨幣性資產交換》《企業會計準則——資產減值》《企業會計準則——職工薪酬》等 38 項。

（二）國家統一的會計監督製度

國家統一的會計監督製度是在會計部門規章中有關會計監督的規定，如《會計基礎工作規範》中對於會計監督的規定等。

（三）國家統一的會計機構和會計人員管理製度

國家統一的會計機構和會計人員管理製度主要包括《會計從業資格管理辦法》《會計人員繼續教育暫行規定》等。

（四）國家統一的會計工作管理製度

國家統一的會計工作管理製度主要包括《會計檔案管理辦法》《會計電算化管理辦法》《代理記帳管理暫行辦法》等。

四、地方性會計法規

會計法規體系中除了上述三個層次之外，各省、自治區、直轄市也可以根據會計法律、會計行政法規和會計部門規章的規定，結合本地區的實際情況，制定一些在本行政區域之內實施的地方性會計法規。

第五節　會計檔案管理

一、會計檔案及其組成

會計檔案是國家經濟檔案的重要組成部分，是記錄和反應經濟業務的重要史料和證據，因而也是檢查遵守財經紀律情況的書面證明和總結經營管理經驗的重要參考資料。各單位要認真做好會計檔案的管理工作，必須對其進行妥善保管並予以充分利用。

(一) 會計檔案

會計檔案是指各單位在進行會計核算過程中接收或形成的，記錄和反應單位經濟業務事項的，具有保存價值的文字、圖表等各種形式的會計資料。

(二) 會計檔案的組成

(1) 會計憑證類。包括原始憑證、記帳憑證、匯總憑證、其他會計憑證。

(2) 會計帳簿類。包括總帳、明細帳、日記帳、固定資產卡片、輔助帳簿、其他會計帳簿。

(3) 財務會計報告類。包括月度、季度、半年度、年度財務會計報告（包括會計報表、附表、附註及財務情況說明書）。

(4) 其他類。包括銀行存款餘額調節表、銀行對帳單、納稅申報表、會計檔案移交清冊、會計檔案保管清冊、會計檔案銷毀清冊、會計檔案鑒定意見書及其他具有保存價值的會計資料。

二、會計檔案的管理辦法

為了加強會計檔案的科學管理，統一全國會計檔案製度，做好會計檔案工作，財政部和國家檔案局於 1984 年聯合制定和頒布了《會計檔案管理辦法》，並於 1999 年重新進行了修訂。為適應經濟社會發展和會計信息化建設需要，規範會計檔案（特別是電子會計檔案），提升會計檔案管理工作水平，財政部、國家檔案局於 2015 年對原《會計檔案管理辦法》再次進行了修訂，新的《會計檔案管理辦法》於 2016 年 1 月 1 日起施行。修訂後的《會計檔案管理辦法》要求各單位加強會計檔案管理工作，設立檔案機構或配備檔案工作人員，建立和完善會計檔案的收集、整理、保管、利用和鑒定銷毀等管理製度，採取可靠的安全防護技術和措施，保證會計檔案的真實、完整、可用、安全。

(一) 會計檔案整理歸檔

各單位每年形成的會計檔案，都應由財務會計部門負責按照歸檔範圍和歸檔要求，定期將應當歸檔的會計資料整理立卷，編制會計檔案保管清冊。

(二) 會計檔案的保管

1. 會計檔案歸檔範圍

會計檔案歸檔範圍包括以下會計資料：(1) 會計憑證：原始憑證，記帳憑證。(2) 會計帳簿：總帳，明細帳，日記帳，其他輔助性帳簿。(3) 財務會計報告：月度、季度、半年度、年度財務會計報告。(4) 其他會計資料：銀行存款餘額調節表，銀行對帳單，會計檔案移交清冊，會計檔案保管清冊，會計檔案銷毀清冊，會計檔案銷毀鑒定意見書，其他具有保存價值的會計資料。

對於同時滿足下列條件的，單位內部形成的屬於歸檔範圍的電子會計資料可僅以電子形式歸檔保存，形成電子會計檔案。

(1) 形成的電子會計資料來源真實有效，由計算機等電子設備形成和傳輸；

(2) 使用的會計核算系統能夠準確、完整、有效地接收和讀取電子會計資料，能夠輸出符合國家標準歸檔格式的會計憑證、會計帳簿、財務會計報表等會計資料，並設定了經辦、審核、審批等必要的審簽程序；

(3) 使用的電子檔案管理系統能夠有效接收、管理、利用電子會計檔案，符合電子檔案的長期保管要求，並建立了電子會計檔案與相關聯的其他紙質會計檔案的檢索關係；

(4) 採取有效措施，防止電子會計檔案被篡改；

(5) 建立電子會計檔案備份製度，能夠有效防範自然災害、意外事故和人為破壞；

(6) 形成的電子會計資料不屬於具有永久保存價值或者其他重要保存價值的會計檔案。

滿足上述規定條件、單位從外部接收的電子會計資料附有符合《中華人民共和國電子簽名法》規定的電子簽名的會計檔案，可僅以電子形式歸檔保存，形成電子會計檔案。

2. 會計檔案保管期限

會計檔案的保管期限分為永久、定期兩類。定期保管期限一般分為 10 年和 30 年。會計憑證、會計帳簿及會計檔案移交清冊保管期限為 30 年；中期財務會計報告、銀行存款餘額調節表、銀行對帳單及納稅申報表保管期限為 10 年；固定資產卡片的保管期限為固定資產報廢清理後 5 年。年度財務會計報告、會計檔案保管清冊、會計檔案銷毀清冊及會計檔案鑒定意見書為永久性保管。會計檔案的保管期限，從會計年度終了後的第一天算起。

3. 會計檔案的移交

當年形成的會計檔案，在會計年度終了後，可由單位會計管理機構臨時保管一年，再移交單位檔案管理機構保管。因工作需要確需推遲移交、由會計機構臨時保管的，應當經單位檔案管理機構同意，最多不超過三年。出納人員不得兼管會計檔案。單位會計機構在辦理會計檔案移交時，應當編制會計檔案移交清冊，並按國家有關規定辦理移交手續。移交的會計檔案為紙質會計檔案的，應當保持原卷的封裝；移交的會計檔案為電子會計檔案的，應當將電子會計檔案及其元數據一併移交，且文件格式應當符合國家有關規定。特殊格式的電子會計檔案應當與其讀取平臺一併移交。

(三) 會計檔案的調閱

單位應當嚴格按照相關製度利用會計檔案，在進行會計檔案查閱、複製、借出時應履行登記手續，嚴禁篡改和損壞。單位保存的會計檔案一般不得對外借出。確因工作需要且根據國家有關規定必須借出的，應當嚴格按照規定辦理相關手續。會計檔案借用單位應當妥善保管和利用借入的會計檔案，確保借入會計檔案的安全完整，並在規定時間內歸還。

(四) 會計檔案的銷毀

單位應當定期對已到保管期限的會計檔案進行鑒定，並形成會計檔案鑒定意見書。經鑒定仍需繼續保存的會計檔案，應當重新劃定保管期限；對保管期滿，確無保存價

值的會計檔案，可以銷毀。會計檔案鑒定工作應當由單位檔案管理機構牽頭，組織單位會計、審計、紀檢監察等機構或人員共同進行。經鑒定可以銷毀的會計檔案，應當按照以下程序銷毀：（1）單位檔案管理機構編制會計檔案銷毀清冊，列明擬銷毀會計檔案的名稱、卷號、冊數、起止年度、檔案編號、應保管期限、已保管期限和銷毀時間等內容；（2）單位負責人、檔案管理機構負責人、會計管理機構負責人、檔案管理機構經辦人、會計管理機構經辦人在會計檔案銷毀清冊上簽署意見；（3）單位檔案管理機構負責組織會計檔案銷毀工作，並與會計管理機構共同派員監銷。監銷人在會計檔案銷毀前，應當按照會計檔案銷毀清冊所列內容進行清點核對；在會計檔案銷毀後，應當在會計檔案銷毀清冊上簽名或蓋章。電子會計檔案的銷毀還應當符合國家有關電子檔案的規定，並由單位檔案管理機構、會計管理機構和信息系統管理機構共同派員監銷。

保管期滿但未結清的債權債務會計憑證和涉及其他未了事項的會計憑證不得銷毀，紙質會計檔案應當單獨抽出立卷，電子會計檔案應當單獨轉存，保管到未了事項完結時為止。單獨抽出立卷或轉存的會計檔案，應當在會計檔案鑒定意見書、會計檔案銷毀清冊和會計檔案保管清冊中列明。

單位因撤銷、解散、破產或其他原因而終止的，在終止和辦理註銷登記手續之前形成的會計檔案，應當按照國家有關規定進行處置。

第六節　會計工作交接

會計人員工作交接，是會計工作中的一項重要內容。會計人員調動工作或者離職時，與接管人員辦清交接手續，是會計人員應盡的職責，也是做好會計工作的要求。做好會計交接工作，是保證會計工作連續進行的必要措施，可以防止因會計人員的更換出現帳目不清、財務混亂等現象，同時，其也是分清移交人員和接管人員責任的有效措施。

一、交接前的準備工作

（1）已經受理的經濟業務尚未填制會計憑證的應當填制完畢。

（2）尚未登記的帳目應當登記完畢，結出餘額，並在最後一筆餘額後加蓋經辦人印章。

（3）整理好應該移交的各項資料，對未了事項和遺留問題要寫出書面材料。

（4）編制移交清冊，列明應該移交的會計憑證、會計帳簿、財務會計報告、公章、現金、有價證券、支票簿、發票、文件、其他會計資料和物品等內容；實行會計電算化的單位，從事該項工作的移交人員應在移交清冊上列明會計軟件及密碼、會計軟件數據盤、磁帶等內容。

（5）會計機構負責人（會計主管人員）移交時，應將財務會計工作、重大財務收支問題和會計人員的情況等向接替人員介紹清楚。

二、交接程序

移交人員離職前,必須將本人經管的會計工作,在規定期限內全部向接管人員移交清楚。接管人員應按照移交清冊認真逐項點收。

(1) 根據會計帳簿記錄餘額,對現金進行當面點交,不得短缺。接替人員發現帳簿記錄與現金數不一致或「白條抵庫」現象時,移交人員必須在規定期限內負責查清處理。

(2) 有價證券的數量要與會計帳簿記錄一致。有價證券面額與發行價不一致時,按照會計帳簿餘額交接。

(3) 會計憑證、會計帳簿、財務會計報告和其他會計資料必須完整無缺,不得遺漏。如有短缺,必須查清原因,並在移交清冊中加以說明,由移交人負責。

(4) 銀行存款帳戶餘額要與銀行對帳單核對相符,如有未達帳項,應編制「銀行存款餘額調節表」並調節相符;各種財產物資和債權債務的明細帳戶餘額,要與總帳有關帳戶的餘額核對相符;對重要實物要實地盤點,對餘額較大的往來帳戶要與往來單位、個人核對。

(5) 公章、收據、空白支票、發票、科目印章以及其他物品等必須交接清楚。

(6) 實行會計電算化的單位,交接雙方應在電子計算機上對有關數據進行實際操作,確認數字正確無誤後,方可交接。

三、會計交接的監督

為了明確責任,會計人員辦理工作交接時,必須有專人負責監交。通過監交,能夠保證雙方都按照國家有關規定認真辦理交接手續,保證會計工作不因人員變動而受影響,保證交接雙方處在平等的法律地位上享有權利和承擔義務。移交清冊應當經過監交人員審查和簽名、蓋章,作為交接雙方明確責任的證件。對監交的具體要求是:

(1) 一般會計人員辦理交接手續,由會計機構負責人和會計主管人員監交。

(2) 會計機構負責人和會計主管人員辦理交接手續,由單位負責人監交,必要時主管單位可以派人會同監交。需由主管單位監交或者主管單位認為需要參與監交的通常有三種情況:一是所屬單位負責人因單位撤並等原因不能監交,需要由主管單位派人代表主管單位監交;二是所屬單位負責人有意拖延而不能盡快監交,需要由主管單位派人監督監交;三是不宜由所屬單位負責人單獨監交,而需要主管單位會同監交。

四、交接後的有關事宜

會計工作交接完畢後,交接雙方和監交人員在移交清冊上簽名或蓋章,並應在移交清冊上註明單位名稱、交接日期、交接人和監交人、移交清冊頁數以及需要說明的問題和意見等。接管人員應繼續使用移交前的帳簿,不得擅自另立帳簿,以保證會計記錄前後銜接,內容完整。移交清冊一般應填制一式三份,交接雙方各執一份,存檔一份。

本章小結

　　會計工作的組織主要包括會計機構的設置、會計人員的配備和教育、會計法規製度的制定和執行、會計工作組織形式和會計檔案的管理等。各單位應該按規定設置會計機構，配備會計人員。各類會計人員應具備相應的條件，遵守會計人員職業道德，按規定履行相應的職責和權限。企業應根據自身規模的大小，經濟業務的複雜程度以及企業內部各組織機構的設置情況，來確定企業會計工作的組織形式。會計檔案是國家經濟檔案的重要組成部分，對會計檔案的管理應根據《會計檔案管理辦法》的有關規定來進行。

思考題

1. 什麼是內部牽制製度？其內容是什麼？
2. 什麼是集中核算和非集中核算？
3. 中國《會計檔案管理辦法》對會計檔案的保管和銷毀有哪些規定？
4. 會計工作崗位通常有哪些？分別有什麼職責？
5. 簡述中國現行法規體系。

練習題

一、單項選擇題

1. 下列說法正確的是（　　）。
   A. 會計檔案銷毀清冊需要保管 30 年
   B. 銀行存款餘額調節表需要保管 5 年
   C. 固定資產卡片需要在固定資產報廢清理後保管 5 年
   D. 現金日記帳需要保管 15 年
2. 會計工作的組織不包括（　　）。
   A. 會計機構的設置　　　　　　B. 會計人員的配備
   C. 會計檔案的保管　　　　　　D. 會計報表的編制
3. （　　）是會計法規體系的最高層次。
   A. 會計法　　　　　　　　　　B. 會計行政法規
   C. 會計準則　　　　　　　　　D. 會計製度
4. 下列會計資料中，屬於會計檔案的是（　　）。
   A. 財務預算　　　　　　　　　B. 經濟合同
   C. 會計帳簿　　　　　　　　　D. 預測方法
5. 各單位保存的會計檔案不得借出，如有特殊需要，經（　　）批准，可以提供查閱或者複製，並辦理登記手續。

A. 本單位財務負責人　　　　　B. 單位負責人
C. 本單位會計主管　　　　　　D. 本單位檔案管理主管

6. 中國現行的《會計法》是從（　　）開始實施的。
   A. 1985 年 5 月 1 日　　　　B. 1993 年 7 月 1 日
   C. 2000 年 1 月 1 日　　　　D. 2000 年 7 月 1 日

7. 會計行政法規是由（　　）制定並發布的。
   A. 全國人民代表大會　　　　B. 國務院
   C. 財政部　　　　　　　　　D. 審計署

二、多項選擇題

1. 下列經濟法規屬於會計法規範疇的有（　　）。
   A. 會計準則　　　　　　　　B. 其他有關法規
   C. 會計製度　　　　　　　　D. 會計法

2. 會計檔案按信息載體形式的不同，可以分為（　　）。
   A. 會計憑證　　　　　　　　B. 會計帳簿
   C. 財務會計報告　　　　　　D. 其他

3. 會計檔案定期保存的期限分別為（　　）。
   A. 5 年　　　　　　　　　　B. 10 年
   C. 永久　　　　　　　　　　D. 30 年

4. 一個經濟組織的會計核算工作，按其內容是否完整獨立可以分為（　　）。
   A. 集中核算　　　　　　　　B. 非集中核算
   C. 獨立核算　　　　　　　　D. 非獨立核算

5. 企業會計人員的主要職責有（　　）。
   A. 進行會計核算
   B. 實行會計監督
   C. 制定本單位辦理會計事務的具體辦法
   D. 參與制定經濟計劃、業務計劃、財務計劃、編制預算

三、判斷題（下列表述正確的在括號內打「√」，不正確的打「×」）

1. 國務院財政部主管全國的會計工作。（　　）
2. 企業會計工作和財務工作之間關係密切。（　　）
3. 會計人員的技術職務分為會計員、助理會計師、會計師和高級會計師。（　　）
4. 所有的會計檔案都需永久保存。（　　）
5. 會計檔案是重要的經濟檔案之一。（　　）
6. 未結清的債權債務原始憑證和涉及其他未了事項的原始憑證，應由檔案部門保管到未了事項完結後才能銷毀。（　　）
7. 出納人員不得兼管會計檔案。（　　）
8. 取得會計從業資格證書是從事會計工作的最基本條件。（　　）

國家圖書館出版品預行編目(CIP)資料

基礎會計學 / 吳建新，馬鐵成 主編. -- 第一版.
-- 臺北市：財經錢線文化出版：崧博發行, 2018.12

面；　公分

ISBN 978-957-680-291-1(平裝)

1. 會計學

495.1　107019127

書　名：基礎會計學
作　者：吳建新、馬鐵成 主編
發行人：黃振庭
出版者：財經錢線文化事業有限公司
發行者：崧博出版事業有限公司
E-mail：sonbookservice@gmail.com
粉絲頁　　　　　　網　址：
地　址：台北市中正區延平南路六十一號五樓一室
8F.-815, No.61, Sec. 1, Chongqing S. Rd., Zhongzheng Dist., Taipei City 100, Taiwan (R.O.C.)
電　話：(02)2370-3310　傳　真：(02) 2370-3210
總經銷：紅螞蟻圖書有限公司
地　址：台北市內湖區舊宗路二段 121 巷 19 號
電　話:02-2795-3656　傳真:02-2795-4100　網址：
印　刷：京峯彩色印刷有限公司（京峰數位）

　　本書版權為西南財經大學出版社所有授權崧博出版事業有限公司獨家發行電子書及繁體書繁體版。若有其他相關權利及授權需求請與本公司聯繫。

定價：600元

發行日期：2018 年 12 月第一版

◎ 本書以POD印製發行